Peter Russell DIE ERWACHENDE ERDE

Unser nächster Evolutionssprung

Deutsche Erstveröffentlichung

WILHELM HEYNE VERLAG
MÜNCHEN

HEYNE SACHBUCH
Nr. 01/7254

2. Auflage

Titel der englischen Originalausgabe
THE AWAKENING EARTH.
THE GLOBAL BRAIN
Deutsche Übersetzung von Otto Wilck

ISBN 3-453-01926-1

Inhalt

Einladung

Kommen Sie mit, lieber Leser, begleiten Sie mich auf eine Expedition – eine Erkundung des Potentials der Menschheit im Kontext unseres Planeten – und haben Sie teil an einer Vision unserer evolutionären Zukunft. Die Forschungsreise wird uns über Zeit und Raum hinwegführen und uns aus diesem Abstand vom Jetzt und Hier eine neue Sicht des Menschen und seiner Rolle im Gesamtprozeß der Evolution ermöglichen.

Wir werden sehen, daß sich auf der Erde, unserem kleinen blauen Planeten, Großes und Außergewöhnliches anzubahnen scheint. Den Anzeichen nach steht die Menschheit unmittelbar vor einem Evolutionssprung, wie er nur alle paar Milliarden Jahre vorkommt. Und die Umwälzungen, die zu diesem Sprung führen, vollziehen sich direkt vor unseren Augen beziehungsweise dahinter – in unserem Geist.

So grob formuliert mag die Hypothese wie bloße Phantasie anmuten. Doch ich hoffe, aufzeigen zu können, daß sie eine sehr reale Möglichkeit ist. Eine Möglichkeit zudem, die schon von immer mehr Leuten ernstgenommen wird.

Der Anstoß zu meinen eigenen Forschungen auf diesem Feld erfolgte vor rund zwanzig Jahren, als ich ein Schuljunge war. Ich weiß noch, wie ich eines Abends im Bett lag und darüber nachdachte, wie beängstigend sich die Weltbevölkerung vermehre, welch maßlosen Raubbau wir an sich nicht regenerierenden Rohstoffen treiben und wie wir den Planeten ganz allgemein mißhandeln. Es bedurfte keiner besonderen Mühe, das in die Zukunft zu extrapolieren und zu erkennen, daß es früher oder später zu unmöglichen Situationen kommen müsse (zum Beispiel zu einer Zeit, wo es mehr Menschen gibt, als physisch ernährt werden können). Da aber, so folgerte ich, unmögliche Situationen, wie ihr Name sagt, nicht möglich sind und niemals eintreten, werde sich vorher einiges drastisch, ja dramatisch ändern. Wie und was auch immer, auf die alte Weise lasse sich jedenfalls nicht mehr lange weitermachen.

Rückblickend ist diese Überlegung zwar nicht sonderlich profund, für mich aber stellte sie einen wichtigen Wendepunkt dar. Ich erkannte, daß mir aller Wahrscheinlichkeit nach bevorstehe, irgendwann in meinem Dasein das Ende eines ganzen Komplexes von seit Jahrtausenden anhaltenden Entwicklungs-Trends zu erleben.

Antwort auf die Frage, wie sich dieses Ende äußern werde, glaubte ich damals in gängigen pessimistischen Zukunftsbildern zu finden: nuklearer Holocaust, ökologischer Zusammenbruch, weltweite Hungersnot oder irgendwelche noch nicht voraussehbare Katastrophen. All das schienen Möglichkeiten, der Menschheit Wachstum und unmäßigen Konsum zu dämpfen, zu stoppen oder gar umzukehren.

Im Lauf der Jahre dämmerte dann aber allmählich ein anderes und wesentlich positiveres Bild von der Zukunft auf: Statt in großen Rückschlägen für die Menschheit könne der Umschwung doch in einer Reifung und Vollendung unserer Spezies bestehen.

Unterdessen war ich schon auf der Universität und studierte theoretische Physik. So interessant ich die Naturwissenschaften auch fand, noch mehr faszinierten mich die Vorgänge im menschlichen Geist. Westliche Philosophie und Physiologie boten da zwar einige Einsicht, doch wähnte ich bereits seit längerem, daß in den fernöstlichen Denksystemen eine gewaltige Fülle von Wissen und Weisheit enthalten sei, besonders in den verschiedenen Meditationslehren. Das bewog mich schließlich, einen Winter im Vorland des Himalaja zu verbringen und bei Maharishi Mahesh Yogi zu studieren. Meinem Bewußtsein erschlossen sich dort Dimensionen, von denen ich nicht einmal geträumt hatte. Mir wurde klar: Könnte jeder solche Bewußtseinszustände erreichen, würde sich die Welt ändern – nicht destruktiv durch die Macht der Verhältnisse, sondern konstruktiv aus der inneren Kraft der Menschheit heraus. So kehrte ich nach England zurück und befaßte mich ein paar Jahre hauptsächlich damit, Meditation zu lehren, also andere dabei zu unterstützen, sich neue Seinsweisen zu erschließen.

Meine Vision von einer gewandelten Welt entwickelte sich weiter, obwohl ich dabei sehr auf mich allein gestellt war und mich oft fragte, ob das nicht alles Wahnwitz sei. Eines Tages machte mich ein Freund mit den Werken von Pierre Teilhard de Chardin bekannt. Hier war jemand, der ähnliche Überlegungen zur Zukunft der Menschheit angestellt, sie aber weit tiefer durchdacht hatte und, noch wichtiger, damit nicht überall auf Ablehnung gestoßen war. Ich fühlte mich neu inspiriert und zugleich bestärkt.

In der Folge fand ich auch anderswo Rückhalt: in den in einer Reihe von Wissenschaften gemachten Fortschritten, in den Schriften östlicher wie westlicher Philosophen und Visionäre, in Diskussionen mit anderen sowie in meinen eigenen Erfahrungen und Erkenntnissen. Stück für Stück fügte sich das Puzzle zusammen, und allmählich zeigte sich ein zusammenhängendes Bild. Dabei zeichnete sich immer deutlicher ab, daß wir heute Lebenden allem Anschein nach an der Schwelle einer evolutionären Entwicklung stehen, die nicht minder bedeutsam sein wird, als es vor rund dreieinhalb Milliarden Jahren die Bildung von Leben auf der Erde gewesen ist.

Welcher Art diese Wandlung sein wird und auf welche Weise sie sich vollziehen kann, das, lieber Leser, möchte ich mit Ihnen in diesem Buch erforschen.

Unsere Erkundung wird sich stützen auf die Erkenntnisse und Erfahrungen vieler einzelner – von Mystikern und religiösen Lehrern bis zu Naturwissenschaftlern und Astronauten – sowie auf jüngste Entwicklungen in zahlreichen Disziplinen; Biologie, Chemie, Physik und Astronomie, Psychologie, Physiologie und Medizin, Soziologie und Systemtheorie, wir werden alle zur Erhellung heranziehen. (Doch keine Angst, ich will eine Zukunftsvision mitteilen und kein gelehrtes Traktat vorlegen; wo wir wissenschaftlich werden müssen, drücke ich mich so leicht faßlich aus wie nur möglich.)

Hier und da werden wir uns Ähnlichkeiten zwischen Aspekten der heutigen Gesellschaft und diversen Phänomenen in den genannten Wissenschaften anschauen. In den meisten Fällen handelt es sich dabei nicht um lediglich zur besseren Verdeutlichung angeführte Vergleiche, sondern es soll aufgezeigt werden, daß ein bestimmtes Muster zugrunde liegt – eine Homologie, wie der Fachausdruck für eine solche Übereinstimmung lautet. (Zum Beispiel sind die Knochen im Unterarm des Hundes, des Elefanten, des Seelöwen und der Fledermaus genauso angeordnet wie die im Unterarm des Menschen. Das ist eine ein gemeinsames Grundmuster verratende Homologie.) Finden wir nun übereinstimmende Grundmuster, die sich durch die gesamte Evolution ziehen, gibt uns das starken Grund zu der Annahme, daß die heutige menschliche Gesellschaft tatsächlich *homologen* Entwicklungen folge.

Keine Zukunftsprojektion kann hieb- und stichfest sein, und ich bringe die verschiedenen Argumente und Beispiele auch nicht vor, um damit eine unfehlbare Prognose aufzustellen. Sie sollen lediglich als stützende Indizien dienen und einen Zusammenhang aufzeigen, innerhalb dessen ein solcher Evolutionssprung möglich erscheint und weitere Erforschung lohnt.

Es kommt mir darauf an, meine Sicht in ihrer Gesamtheit zu vermitteln. Das ganzheitliche Bild ist wichtiger als bestimmte Details. Möglicherweise sind Sie in diesem oder jenem Punkt anderer Meinung; ich erwarte gar nicht, daß Sie alles akzeptieren. Man kann sich bei einem Garten an seiner Gesamtanlage erfreuen, auch wenn man nicht mit der Plazierung aller einzelnen Blumen und Büsche einverstanden ist. Sie brauchen nicht alles so zu sehen wie ich. Vielleicht beginnen Sie Verbindungen zu Ihrem eigenen Wissen herzustellen. Wunderbar. Denn genau darum geht es mir: Denkanstöße zu geben – Sie zur Suche nach Möglichkeiten einer positiven Zukunft zu animieren.

Meine eigene Version ist eindeutig hochoptimistisch – manche werden sie sogar utopisch nennen, und dagegen verwehre ich mich gar nicht. Wie wir später sehen werden, kann das Bild, das eine Gesellschaft von sich selbst hegt, entscheidenden Einfluß darauf haben, wie sie ihre Zukunft gestaltet. Sehen wir im Geiste bloß immer Düsternis und Destruktion, ist es nur wahrscheinlich, daß unser Weg dann auch tatsächlich zu ihnen hinführt. Umgekehrt können optimistischere Einstellungen durchaus dazu beitragen, eine bessere Welt entstehen zu lassen. Eine positive Zukunftssicht ist wie das Licht am Ende eines Tunnels, das uns, selbst wenn wir es bloß ganz schwach wahrnehmen, dazu ermutigt, in dieser Richtung weiterzugehen. Es ist die Anziehungskraft einer solchen Zukunft, mit der ich mich in diesem Buch befasse, und nicht das bedrückende Dunkel, das uns jetzt zu umgeben scheint.

Die Expedition wird unser herkömmliches Selbstverständnis in Frage stellen, speziell in bezug auf unseren Platz im Universum. Doch vielleicht entdecken Sie, daß einiges davon sich mit Ihren innersten Gedanken über die Menschheit und den Planeten deckt. Vor allem aber hoffe ich, daß Sie das Ganze aufregend finden.

Ein Wort des Dankes

Als ich dieses Buch begann, glaubte ich, den Stoff und meine Gedanken dazu bereits genügend gegliedert zu haben, um mit dem Schreiben in einem halben, längstens einem ganzen Jahr fertig zu sein. Tatsächlich sind dreieinhalb Jahre daraus geworden, in denen es kaum einen Tag gab, an dem mich das Buch nicht auf diese oder jene Weise beschäftigte. Lektüre brachte immer wieder neue Informationen, Gespräche mit Freunden ließen neue Gedanken und Erkenntnisse aufblitzen, und in beschaulicheren Perioden ergaben sich plötzlich neue Synthesen. So hat sich das Manuskript beim Schreiben weiterentwickelt, ist gleichsam evoluiert – bei einem Buch mit dem Hauptthema Evolution wohl ganz passend.

Das Auftauchen neuer Materialien, Inspirationen und Synthesen könnte ewig anhalten, doch nach nunmehr sechsmaligem Umschreiben ist es an der Zeit, die Feder aus der Hand zu legen und dem Leser zu ermöglichen, mit einigen der Gedanken zu spielen und das vielleicht ebenso faszinierend zu finden wie ich.

Bei einem Buch wie diesem ist es unmöglich, all jene gebührend zu erwähnen, die beigetragen haben, daß es hat entstehen können, ganz zu schweigen von den vielen, die mich schon lange vor seiner Konzeption geistig beeinflußt hatten. Insbesondere bin ich Maharishi Mahesh Yogi für das verpflichtet, was ich im Lauf der Jahre von ihm gelernt habe. Er war der entscheidende Auslöser für mein jetziges Denken, und ohne seine Weisheit hätte ich mich wahrscheinlich nie an dieses Unterfangen herangewagt.

Natürlich haben auch viele andere Denker und Schriftsteller, ältere wie zeitgenössische, auf meine Arbeit eingewirkt. Am meisten verdanke ich da wohl Pierre Teilhard de Chardin, Sri Aurobindo, Walter Stace, Lancelot Law Whyte, Alan Watts und Olaf Stapledon. Da ich nicht darauf aus war, eine wissenschaftliche Abhandlung zu schreiben, habe ich nicht jedes Faktum oder Beispiel mit Quellenangaben versehen, bringe dafür aber am Ende des Bandes ein Literaturverzeichnis, worin alle relevanten Titel mit jeweiliger Kurzbeschreibung angeführt sind.

Ich bin überzeugt, jedes dieser Bücher wird dem Leser eine nicht minder große Quelle der Anregung sein, als das bei mir der Fall gewesen ist.

Unerwähnt bleiben darf auch nicht jenes Ordnungsprinzip innerhalb des Universums, das sich uns als Synchronizität kundtut. Wie oft stelle ich in Gesprächen und beim Lesen fest, daß völlig verschiedenen und auch aus ganz unterschiedlichen Teilen des Planeten stammenden Leuten die gleichen Gedanken und Erkenntnisse kommen – wenn die Zeit für eine Idee reif ist, scheint diese im kollektiven Unbewußten zu kreisen und in vielerlei Gestalt gleichzeitig ans Licht zu treten. Da gebührt die ›Urheberschaft‹ dann keinem einzelnen, sondern dem kosmischen Schöpfergeist, dem Puls der Evolution.

Mein ganz spezieller Dank gilt meinem amerikanischen Verleger Jeremy Tarcher sowohl für seine Begeisterung wie auch für seine ständige Fürsorge, daß alles so klar wie nur irgend möglich werde, worin er eines jeden Autors Erwartung von editorischer Mitarbeit weit übertroffen hat; einem verständnisvolleren und umsichtigeren Verleger bin ich noch nicht begegnet. Zu danken habe ich auch Stephanie Bernstein, die im Auftrag Jeremys von Los Angeles nach England herübergeflogen kam, um mir dabei zu helfen, letzte Hand an die ›endgültige‹ Fassung zu legen. Aus den vorgesehenen vierzehn Tagen wurden sieben Wochen (in denen sie tapfer einen englischen Sommer sowie meinen einfachen Lebensstil ertrug), und es entstand eine neue Schlußfassung. So mühevoll das zuweilen auch war, wir hielten durch, und die Arbeit hat sich gelohnt. Inzwischen wartete mein englischer Verleger geduldig.

Viele andere halfen zu verschiedenen Zeiten. Mary Douglas, die mich eines Tages dazu brachte, von dem Buch nicht bloß immer nur zu reden, sondern endlich mit dem Schreiben anzufangen, hat mir bis zuletzt Mut zugesprochen. Guy Dancey, Michael Carey, Ned und Tinker Beatty, Ruth Bender, Mark Brown, Karen Brown, John St. John, Trevor Williams, Jane Henry und Norrie Huddle leisteten wertvolle konstruktive Kritik am Manuskript in dessen diversen Entstehungsphasen. Ständiges Feedback kam auch von Marion Warr, die darüber hinaus eine stete Quelle der Unterstützung war, indem sie mir mit Güte, Geduld und Verständnis über die schriftstellerischen Tiefs hinweghalf. Verpflichtet bin ich ferner den zahlreichen Freunden, die mich zum Weitermachen drängten, und sei es nur durch unentwegtes Fragen, wann sie denn endlich ein Exemplar bekämen. Und last not least stehe ich in nicht geringer Dankesschuld von Pat Masters, die bereit war, sich bis in die Nächte hinein an die Schreibmaschine zu setzen, wenn ich sie plötzlich mit Arbeit überhäufte, und die das Manuskript so oft getippt hat, daß sie jetzt ganze Passagen des Buches auswendig kennt.

Prolog

1
Die blaue Perle

Liegt von der Erde erst mal
ein aus dem Weltraum aufgenommenes Photo vor...
wird das einen der größten Umdenkprozesse
der Geschichte auslösen.

FRED HOYLE (1948)

Was empfinden wir als Heimat? Für den Menschen, der seinen Nachbarn gegenüber besucht, ist Heimat sein Heim, sein auf der anderen Straßenseite liegendes Reihenhaus mit den Rosenstöcken im Vorgarten. Für den Bauern, der seine Produkte in die Stadt bringt, ist es sein Dorf, für den Reisenden im Ausland sein Vaterland. Das halten wir mehr oder weniger alle so; alle haben wir schon irgendwann einmal unsere Stadt, unser Land oder unser Volk als unsere Heimat bezeichnet. Doch haben wir noch eine größere, weit umfassendere Heimat, deren wir uns allerdings erst in jüngster Zeit bewußt werden, obwohl sie schon immer die unsere gewesen ist: den Planeten Erde.

Als die ersten Astronauten ins All vordrangen und die Erde aus der Ferne zu sehen war, begannen nationale Grenzen ihre Bedeutung zu verlieren. Diese Weltraumpioniere fanden sich nicht mehr mit einem bestimmten Land, einer bestimmten Klasse oder Rasse identifiziert, sondern mit der Menschheit und dem Planeten in ihrer Gesamtheit. Auf der Oberfläche des Mondes stehend, erblickten sie, was vor ihnen noch kein Mensch gesehen hatte: die Erde als eine riesige Kugel, viermal so groß und fünfmal so hell wie der Mond.

Für Edgar Mitchell, dem sechsten Menschen auf dem Mond, war das ein sehr bewegendes Erlebnis, und er empfand ein mystisches Verbundensein mit dem Planeten:

...ein wunderschöner, harmonisch und friedlich wirkender Him-
melskörper, blau mit weißen Wolken, und er verlieh einem ein
starkes Heimatgefühl... ein Gefühl des Seins und Einsseins.
Etwas, das ich unmittelbares Weltbewußtsein nennen möchte.

Mitchell stellte fest, daß es den anderen, die auf dem Mond
waren, ähnlich erging: »Jeder kommt mit dem Gefühl zurück, nicht mehr US-Bürger zu sein – sondern Erdbürger.«
 So empfand auch Astronaut Russell Schweickart einen
tiefen Wandel in seinem Verhältnis zum Planeten:
Dir wird klar, auf jenem kleinen blau-weißen Ding befindet sich
all das, was dir etwas bedeutet: alles, was es gibt an Geschichte
und Musik, Dichtung und Kunst, Tod, Geburt und Liebe, Trä-
nen, Freuden, Spielen – alles auf der winzigen Kugel dort in der
Ferne... Du erkennst, daß du ein Stück von diesem Gesamtle-
ben bist, daß du dazugehörst... Und bist du wieder zurück,
siehst du die Welt ganz anders. Ein solches Erlebnis ändert dein
Verhältnis zur Erde und zu all den Formen von Leben auf ihr.

Die Astronauten waren aber nicht die einzigen, die eine neue
Einstellung gewannen. Die aus dem Weltraum mitgebrach-
ten Photos von unserem Planeten haben bei vielen Erdbe-
wohnern ähnliche Reaktionen ausgelöst – Gefühle der Ehrfurcht und des Verbundenseins: Das ist unsere Heimat,
endlich als Ganzes gesehen, in all ihrer Schönheit und
Herrlichkeit.
 Dieser Erdanblick hatte eine so starke Breitenwirkung, daß
jenes Bild heute in nahezu sämtlichen Bereichen menschlichen Tuns und Treibens anzutreffen ist. Es schmückt die
Wände von Büros wie von Wohnzimmern und prangt auf
Postkarten, T-Shirts, Buchumschlägen und Autoaufklebern.
Ökologische Bewegungen und Weltorganisationen, Bil-
dungsanstalten und Wirtschaftsunternehmen setzen es in
ihr Emblem. In der Werbung ist es schon für alles mögliche
eingespannt worden, von Autos und Schuhen bis zu Buch-
clubs, Banken und Versicherungsgesellschaften. Trotz der
Überbenutzung hat das Bild aber nichts von seiner Großartig-
keit eingebüßt und spricht nach wie vor stark an.

Es ist nicht allein Zufall, daß dieses Photo seine enorme Wirkung zu einer Zeit erreicht hat, in der sich immer mehr Menschen die Frage nach unserem Verhältnis zum Planeten stellen und sich bewußt werden, daß wir sowohl untereinander wie auch mit unserer Umwelt in Eintracht leben müssen. Das Bild ist zum geistigen Symbol unserer Zeit geworden. Es steht für die wachsende Erkenntnis, daß wir und der Planet Teile eines einzigen Systems sind und uns nicht mehr vom Ganzen absondern können.

So lag das wertvollste Ergebnis der Mondexpeditionen vielleicht weniger auf wissenschaftlichem, wirtschaftlichem oder militärischem Gebiet als auf dem unseres Bewußtseins. Das Erreichen des Mondes hat der Menschheit zum ersten Mal in ihrer Geschichte ermöglicht, diese kleine blaue Perle, die seit Millionen Jahren unsere Heimat ist, von oben zu erschauen und in ihrer Gänze zu sehen. »Sehr gut möglich«, meint Edgar Mitchell, »daß das Apollo-Programm unendlich mehr erbracht hat, als geahnt werden konnte.«

Die Erde – ein Lebewesen?

Der Anblick der Erde aus dem Weltraum hat zu einer weiteren Erkenntnis geführt, nämlich daß der Planet in seiner Gesamtheit durchaus ein Lebewesen sein kann. Vielleicht sind wir Erdlinge Flöhen vergleichbar, die ihr ganzes Leben auf einem Elefanten verbracht haben, ohne ihn als Geschöpf zu erkennen. Sie kartographierten das Terrain – all die verschiedenen Hautflächen, Haare und Höcker –, erforschten die chemische Zusammensetzung, skalierten das Temperaturgefälle, klassifizierten die in ihrer Welt lebenden anderen Tiere und glaubten, ihr Habitat voll erfaßt zu haben.

Doch dann machten eines Tages ein paar von den Flöhen einen riesigen Sprung und sahen den Elefanten aus hundert Meter Entfernung. Plötzlich ging ihnen auf: Der lebt ja! Das war die wahrhaft umwerfende Erkenntnis, die der Flug zum Mond gebracht hat: daß der gesamte Planet zu leben scheint – daß es nicht bloß auf ihm von Leben wimmelt, sondern daß er selber ein Organismus ist.

Sich die Erde als Lebewesen zu denken mag anfangs schwerfallen. Schuld daran dürften größtenteils unsere Vorstellungen darüber sein, was Organismen sind und was nicht. Wir erkennen zwar ein breites Spektrum lebender Organismen an, von Bakterien bis zu Blauwalen, aber den gesamten Planeten dazuzurechnen kostet uns einige Überwindung. Doch vor vierhundert Jahren hätte auch kein Mensch geglaubt, daß es in und um uns Organismen gibt, die so klein sind, daß sie sich mit bloßem Auge nicht wahrnehmen lassen. Erst mit der Entwicklung des Mikroskops begann man die Existenz derart winziger Lebewesen zu entdecken. Heute schauen wir durch das ›Makroskop‹ der Erdansicht aus dem Weltraum und beginnen zu vermuten, daß auch etwas so Riesengroßes wie unser Planet ein lebender Organismus sein könnte.

Mit dem Akzeptieren dieser Hypothese tun wir uns um so schwerer, weil die lebende Erde kein Organismus ist, den wir jederzeit von außen her betrachten und beobachten können. Wir sind ja selber Teil von ihr, sind in ihr. Erst wenn wir in den Kosmos hinaustreten, beginnen wir, sie als eigenen Organismus zu erkennen. An die Erde gebunden wie die Flöhe an den Elefanten, hatten wir bis vor kurzem gar keine Möglichkeit, den Planeten in seiner Gänze zu sehen. Eine Zelle in unserem Körper, die einen winzigen Teil von dessen Innerem kurz zu sehen bekäme, würde die wohl vermuten, daß der Körper selber ein Lebewesen ist?

Ein weiterer Grund, weshalb uns die Hypothese nicht gleich einleuchtet, liegt darin, daß unsere landläufigen Vorstellungen von der Erde von jenen Zeitmaßen ausgehen, die für das menschliche Leben zugeschnitten sind. Die Zeitskala des Planeten ist jedoch unendlich größer als die unsere. Der Rhythmus von Tag und Nacht ließe sich als sein Puls betrachten, wobei ein voller Zyklus jeweils hunderttausend Schlägen des menschlichen Herzens entspräche. Bei genügender Zeitraffung würden wir sehen, wie die Luft- und Meersströmungen um die Erde herumwirbeln, um Nahrungsstoffe zuzuführen und Abfallstoffe davonzutragen, nicht viel anders als es das Blut in unserem eigenen Körper tut, das durch seinen Kreislauf ja ebenfalls die Zufuhr von Nahrungsstoffen und die Abfuhr von Schlacken besorgt.

Bei noch stärkerer Zeitraffung – ums Hundertmillionenfache – sähen wir die riesigen Kontinente umherdriften und zuweilen zusammenstoßen, wobei an den Stellen ihres Zusammenpralls gewaltige Gebirge hochbersten. Fadenfeine Flüsse fließen erst in die eine, dann in eine andere Richtung und entwickeln im Zuge ihrer Anpassung an andersartige Landschaften große Mäander. Riesige Wälder und Grassteppen schieben sich über die Erdteile, strecken hier und da Ausläufer in neues, fruchtbares Land aus oder ziehen sich zurück, wenn Boden und Klima anders werden.

Könnten wir ins Innere hineinschauen, sähen wir einen mächtigen Strom von flüssigem Gestein, der zwischen dem Zentrum des Planeten und der dünnen Erdkruste hin- und herfließt und an verschiedenen Stellen durch vulkanische Poren hinaussickert, um die für das Leben unerläßlichen Mineralstoffe anzuliefern.

Verfügten wir über die nötigen Sinne, um geladene Teilchen wahrzunehmen, sähen wir den Planeten nicht nur in das Sonnenlicht und die Sonnenwärme getaucht, sondern auch noch in eine ebenfalls von der Sonne ausgehende Ionenstrahlung. Dieser sogenannte Sonnenwind wird beim Umwehen der Erde von deren Magnetfeld zu einem riesigen vibrierenden kometenartigen Schweif geformt, der sich Millionen Kilometer lang hinter ihr herzieht. Fluktuationen im Erdmagnetismus würden wir als Kräusel und als Farben in diesem Schweif sehen, und die Erde selbst erschiene bloß noch als kleine blaugrüne Kugel an der Spitze dieses gewaltigen Kraftfeldes.

Beim Betrachten des Planeten nach dessen eigener Zeitmaßgabe beginnen wir also eine komplexe Aktivität zu sehen, die an jene erinnert, die man in lebenden Systemen findet. Doch stellen derlei Ähnlichkeiten noch keinen Beweis dar, und es bleibt bei der Frage: Läßt sich der Planet wissenschaftlich genauso als eigenes Lebewesen anerkennen wie beispielsweise eine Bakterie oder ein Wal? Kann die Erde wirklich und wahrhaftig ein lebender Organismus sein?

So abweg ist die Frage heute gar nicht mehr. Im Gegenteil, eine zunehmenden Anklang findende wissenschaftliche Hypothese besagt, die erfolgreichste Methode zur Erforschung und Erkennung der Chemie, Ökologie und Biologie des Planeten bestehe darin, ihn als ganzheitliches lebendes System aufzufassen.

Die Gaia-Hypothese

Einer der Hauptverfechter der Theorie, daß der Planet in seinem Verhalten einem lebenden System gleiche, ist der englische Chemiker und Erfinder Jim E. Lovelock. Interessanterweise sind seine Gedanken, die so vieler Leute Sicht des Planeten grundlegend verändert haben, ebenfalls ein Zufallsprodukt des Weltraum-Wettrennens.

Anfang der sechziger Jahre war Lovelock als Berater eines Teams des California Institute of Technology tätig, das an Plänen zur Erforschung von Leben auf dem Mars arbeitete. Bei ihrer Suche nach anderen Lebensformen standen diese Wissenschaftler auch vor dem Problem, daß sie gar nicht genau wußten, was sie suchten. Andere Lebensformen mochten vielleicht auf ganz anderen Chemien basieren – beispielsweise auf Silizium- statt Kohlenstoffverbindungen – und folglich auf Tests für den auf der Erde bekannten Typ Leben nicht reagieren.

Lovelock kam dabei zu der Überlegung, daß alle Lebensformen, und mögen sie samt ihren chemischen Grundlagen auch noch so verschieden sein, ein gemeinsames Merkmal haben: Jede Lebensform nimmt Materie und Energie auf, setzt sie um und gibt sie wieder ab, was alles zusammen Auswirkungen auf die physische Umwelt hat, die entdeckbar sein müssen. Das heißt, gibt es auf einem Planeten kein Leben, befinden sich die chemischen Bestandteile der Atmosphäre, der Meere und des Bodens infolge ihrer schon Jahrmillionen währenden Interaktion im Gleichgewicht zueinander, so ließe sich ihr jeweiliger Anteil mittels der Gesetze der physikalischen Chemie in etwa voraussagen.

Existiert jedoch irgendeine Form von Leben, dann habe sie so gut wie sicher auf die Umgebung eingewirkt und müsse sich deren Zustand von der allein an Hand der physikalischen Chemie gemachten Voraussage erkennbar unterscheiden.

Als ein sehr einfaches Beispiel dieses Prinzips kann man eine Flasche betrachten, die eine Mischung von Zucker und Wasser enthält. Die physikalische Chemie sagt voraus, daß sich der Zucker lösen wird, bis eine bestimmte Konzentration erreicht ist. Fügt man jedoch Leben in Form von Hefezellen hinzu und läßt diese wachsen, entsteht ein sehr anderes Mischungsverhältnis: Der Gehalt an Zucker ist niedriger und der an Alkohol sowie weiteren chemischen Produkten wesentlich höher als erwartet. Um zu erfahren, ob es in der Flasche Leben gegeben hat beziehungsweise noch gibt, brauchen wir also nur den Zucker- und Alkoholgehalt zu messen.

Am schönsten an Lovelocks Methode zur Feststellung von Leben ist, daß man einen anderen Planeten nicht zu besuchen braucht, um zu erfahren, ob es auf ihm Leben gibt oder nicht. Die chemische Zusammensetzung seiner Atmosphäre läßt sich hier auf der Erde an Hand der von ihm kommenden Infrarot-, Licht- und Radiostrahlung untersuchen. In den sechziger Jahren wußte man bereits so viel über die Atmosphäre des Mars, um sagen zu können, daß sie sich sehr nahe dem chemischen Gleichgewichtszustand bewege; sie zeigte keinerlei Anzeichen der für das Vorhandensein von Leben charakteristischen chemischen Prozesse. Demnach, folgerte Lovelock, sei es höchst unwahrscheinlich, daß es auf dem Mars irgendwelches Leben gebe.

Eine ähnliche Methode wandte Lovelock auf Atmosphäre, Meere und Boden unseres eigenen Planeten an und fand, daß deren chemische Zusammensetzungen weit entfernt sind von dem Gleichgewicht, das die physikalische Chemie voraussagt. Oberflächlich betrachtet, scheint er damit nichts weiter aufgezeigt zu haben, als daß es Leben auf der Erde gibt. Lovelock aber begann diesem Ungleichgewicht eine sehr große Bedeutung beizumessen.

Erstens weicht die Konzentration der Gase in der Erdatmosphäre stark von den Werten ab, die die physikalische Physik voraussagt. Danach wäre zum Beispiel der Sauerstoffgehalt in der Atmosphäre praktisch Null. In Wirklichkeit aber beträgt er rund 21 Prozent. Das gibt insofern zu bedenken, da Sauerstoff ein hochreaktives Gas ist, das sich leicht mit vielen anderen chemischen Elementen verbindet und deshalb rasch absorbiert werden müßte. Zweitens, und noch verwirrender, hält sich die tatsächliche Zusammensetzung der Atmosphäre so, daß sich das Optimum für das Weiterbestehen von Leben ergibt.

Nach vielem Grübeln über solche höchst rätselhaften Fakten kam Lovelock zu der ›einzig möglichen‹ Erklärung: daß die Atmosphäre tagtäglicher Einwirkung durch die vielen Lebensprozesse auf dem Planeten unterliege. Die gesamte lebende Materie auf der Erde, von Viren bis zu Walen, von Algen bis zu Eichen, scheine zusammen mit der Luft, den Meeren und der Landoberfläche ein gigantisches System zu bilden, das die Temperatur und die Zusammensetzung von Luft, Meer und Boden so zu regulieren vermag, daß die optimalen Bedingungen für die Erhaltung von Leben auf dem Planeten gewahrt bleiben. Dieses Konzept nannte Lovelock die Gaia-Hypothese – nach Gaia (oder Ge), der Erdmutter in der griechischen Mythologie. ›Gaia‹ steht hier als Bezeichnung für das gesamte Biosystem – alle Tiere, Pflanzen und Pilze, die auf dem Planeten leben – plus der Atmosphäre, den Meeren und dem Boden.

Mit dem Aufrechterhalten der optimalen Bedingungen für Leben zeigt Gaia ein Merkmal, das allen lebenden Systemen gemein ist: Homöostase (aus griechisch ›homoios‹ = ›gleichartig‹ und ›stásis‹ = ›Stehen, Stillstand‹). Dieser Begriff wurde 1932 von dem amerikanischen Physiologen Walter Bradford Cannon geprägt (siebzig Jahre nachdem der Franzose Claude Bernard das ›Prinzip der Konstanterhaltung des inneren Milieus‹ formuliert hatte): »Die aufeinander abgestimmten physiologischen Prozesse, die die Mehrzahl der stationären Zustände im Organismus aufrechterhalten, sind so komplex und so spezifisch für Lebewesen, daß ich für sie die eigene Bezeichnung ›Homöostase‹ vorschlage. Je nach Bedarf beziehen sie das Gehirn und die Nerven, das Herz, die Lunge, die Nieren und die Milz mit ein, die alle arbeitsteilig zusammenwirken.«

Ein Beispiel für Homöostase ist, daß sich die Temperatur des menschlichen Körpers bei rund 37 Grad Celsius hält. Für die meisten seiner Stoffwechselprozesse ist das der optimale Wert. Mag es draußen auch sehr viel wärmer oder kälter werden, unsere Temperatur variiert selten um mehr als ein, zwei Grad; der Körper kühlt sich ab durch Schwitzen und erwärmt sich durch physische Bewegung, und sei es nur das Zittern beim Frieren. Andere Beispiele für Homöostase sind die Regulierung der Zahl der weißen Blutkörperchen, die Kontrolle des Säure- und Salzhaushalts wie überhaupt des feinen chemischen Gleichgewichts im Blut und des durch die Nieren erfolgenden Wasserausgleichs. Diese Homöostasen, im Verein mit noch vielen anderen, sorgen dafür, daß das für die Lebensvorgänge unseres Körpers optimale innere Milieu gewahrt bleibt. Solcherart regelnde Homöostasen finden sich nicht nur im menschlichen Körper, sondern auch innerhalb von Gaia.

Die Homöostase in unserem gesamten Planeten wird nach Lovelock von Gaia durch mannigfache Überwachung und Modifizierung vieler Schlüsselkomponenten von Atmosphäre, Meer und Boden erhalten. Das von ihm zur Begründung zusammengetragene Material ist sehr faszinierend, doch hier alle Einzelheiten anzuführen würde viele Seiten kosten. Begnügen wir uns darum mit folgender kurzen Aufstellung der Hauptanhaltspunkte für homöostatische Mechanismen in Gaia:

■ *Die Konstanz der Temperatur der Erdoberfläche.* Der Temperaturbereich, in dem Leben am besten sich entwickeln kann, liegt zwischen 15 und 35° C. Die mittlere Temperatur des größten Teils der Erdoberfläche scheint sich schon seit Hunderten von Jahrmillionen innerhalb dieses Bereichs zu halten, und das trotz drastischer Veränderungen in der Zusammensetzung der Atmosphäre und starker Zunahme der Sonneneinstrahlung. (Hätte irgendwann in der Erdgeschichte die Gesamttemperatur diese Grenzen überschritten, wäre das Leben, wie wir es kennen, erloschen.) Ein solches

Verhalten erinnert an das unseres Körpers, der ja auch bei größeren Schwankungen der Außenwärme stets eine optimale Innentemperatur hält.

■ *Die Regulierung des Salzgehalts der Meere.* Dieser beträgt jetzt 3–4 Prozent, und die geologischen Indizien zeigen, daß dieser Wert trotz der ständigen Zuspülung von Süßwasser aus den Flüssen recht konstant geblieben ist. Wäre die Salzkonzentration jemals auf über 4 Prozent gestiegen, hätte sich Leben im Meer über wesentlich andere Organismen entwickeln müssen als über jene, die wir aus Fossilien kennen. Bei Ansteigen auf 6 Prozent, und sei es nur für wenige Minuten, wäre das Leben in den Meeren sofort erloschen, denn bei so hohem Salzgehalt zersetzen sich die Zellwände und fallen die Zellen buchstäblich auseinander. Die Meere wären so etwas geworden wie das Tote Meer – eine für Leben unerträgliche Umwelt.

■ *Die Stabilisierung des Sauerstoffgehalts der Atmosphäre bei 21 Prozent.* Das ist das optimale Gleichgewicht zur Erhaltung von Leben; bei nur ein paar Prozent weniger finden die größeren Tiere und die Fluginsekten nicht mehr genügend Kraft zum Leben, und bei nur ein paar Prozent mehr wird sogar Feuchtvegetation leicht brennbar. (Ein durch Blitzeinschlag entstandener Waldbrand würde sich endlos ausbreiten und schließlich alle Vegetation auf der Erdoberfläche vernichten.)

■ *Die Beimischung einer geringen Menge von Ammoniak in der Atmosphäre.* Sie entspricht gerade dem Quantum, das nötig ist zur Neutralisierung von starken Schwefel- und Salpetersäuren, wie sie beim natürlichen Zusammenkommen von Schwefel- und Stickstoffverbindungen mit Sauerstoff entstehen. (Gewitter zum Beispiel erzeugen Tonnen von Salpetersäure.) Somit ist Sorge getragen, daß der Säuregehalt des Regens und des Bodens innerhalb des für Leben optimalen Bereiches bleibt.

■ *Das Vorhandensein der Ozonschicht in der Atmosphäre.* Sie schirmt das Leben auf der Erdoberfläche gegen Ultraviolett-

Strahlung ab, die die für das Leben wichtigen Moleküle zerstört, vor allem die DNS-Moleküle, die sich in jeder lebenden Zelle finden. Ohne die Ozonschicht würde Leben sehr bald erlöschen.

Auf Grund dieses und anderen ›homöostatischen‹ Verhaltens schließt Lovelock, daß Klima und chemische Eigenschaften der Erde schon immer optimal für die uns bekannten Lebensformen gewesen zu sein scheinen.

Kritiker der Gaia-Hypothese mögen dagegen vorbringen, Ursprung und Erhaltung des Lebens auf dem Planeten seien einer Kette von glücklichen Zufällen zu verdanken. Hätte zum Beispiel die Uratmosphäre einen nur leicht größeren oder geringeren Ammoniakgehalt gehabt, wäre die Erde zu heiß beziehungsweise zu kalt geworden, als daß sich hätte Leben bilden können. Auch daß die Oberflächentemperatur des Planeten trotz stärker gewordener Sonneneinstrahlung nahezu konstant geblieben ist, daß der Gehalt an Kohlendioxid, Sauerstoff, Salzen und vielen anderen Chemikalien den zur Erhaltung von Leben optimalen Bereich nicht verlassen hat und daß es eine Ozonschicht gibt, uns vor tödlichen Mengen von ultraviolettem Licht zu schützen – all das habe sich nur durch Glückszufälle so günstig gefügt.

Genausogut könnte eine Zelle im menschlichen Körper, die dessen Durchstehen von Hitze, Kälte und vielen anderen drastischen Umschwüngen erlebt, dies als ein Zusammenwirken von Zufällen deuten: Ist der Körper erhitzt, schwitze er rein zufällig; ist er unterkühlt, reagiere er rein zufällig mit Schüttelfrost; braucht er Nahrungszufuhr, nehme er rein zufällig die richtige Menge auf; und bloßer Zufall sei auch, daß Zucker-, Säure- und Salzgehalt im optimalen Bereich bleiben und daß rote Blutkörperchen für den Antransport des nötigen Sauerstoffs und den Abtransport der Schlackenstoffe sorgen. Nach dieser Betrachtungsweise hielte sich der Körper also vermöge einer extremen Häufung glücklicher Zufälle von einer Minute zur anderen am Leben.

Dem ist natürlich nicht so. Das Verhalten des Körpers unterliegt einer festen Ordnung, ist nicht Zufall, sondern

Absicht. Der Körper schwitzt, zittert, nimmt Nahrung auf, atmet und reguliert seine inneren Funktionen sowie seinen chemischen Haushalt, um einen homöostatischen Zustand aufrechtzuerhalten und dadurch am Leben zu bleiben.

Ebenso wie für die Aktivitäten des Körpers gibt das auch mehr Sinn für die des Planeten. Es scheint, daß Gaia ein selbstregulierendes, selbsterhaltendes System ist, das seine chemischen, physikalischen und biologischen Prozesse ständig justiert, um die optimalen Bedingungen für Leben und dessen weitere Evolution nicht schwinden zu lassen.

Können wir somit die Biosphäre als einen eigenen lebenden Organismus betrachten? Lovelock ist da vorsichtig; die Atmosphäre sieht er als vergleichbar mit einem Bienenstock oder mit dem Fell einer Katze: ein biologisches Gefüge, dazu bestimmt, eine gewählte Umgebung aufrechtzuerhalten, jedoch nicht direkt selber lebend. Für die isoliert betrachtete Atmosphäre mag das zutreffen, aber gilt es auch für die Biosphäre in ihrer Gesamtheit, von der die Atmosphäre ja ein integrierender Bestandteil ist? An sich mag ein Katzenfell kein Leben haben, aber es ist immerhin Bestandteil der Katze. Ohne ihr Fell wäre diese ein anderes Tier und hätte andere Körpervorgänge. Wenn wir die Atmosphäre, die Meere und den Boden als wesentliche Bestandteile des ganzen Biosystems ansehen, läßt sich dann das System in seiner Gesamtheit als lebend betrachten? Ehe wir diese Frage beantworten, müssen wir uns näher mit den Merkmalen befassen, die allen lebenden Systemen gemein sind, und sehen, inwieweit Gaia ihnen entspricht.

Allgemeine Theorie der lebenden Systeme

Bis Mitte unseres Jahrhunderts wurde jedes wissenschaftliche Objekt mehr oder weniger als isoliertes Gebiet behandelt: Physiologen untersuchten den Körper, Soziologen studierten soziale Gruppen, und Physiker beziehungsweise Techniker erforschten mechanische Systeme. Jede Disziplin hatte ihre eigenen Theorien und Kenntnisse, und zwischen diesen und den in anderen Wissenschaften gemachten Entdeckungen bestand gemeinhin wenig oder überhaupt keine Verbindung.

Ende der vierziger Jahre begannen Biologen wie Ludwig von Bertalanffy und Paul Weiss das zu ändern, indem sie ihre Forschungen auf die Phänomenen ganz verschiedener Gebiete zugrundeliegenden Prinzipien und Eigenheiten konzentrierten. Der Begriff der Homöostase zum Beispiel, anfänglich nur auf physiologische Prozesse angewandt, wurde von Bertalanffy auf ein viel breiteres Feld von Erscheinungen ausgedehnt – von Einzelzellen bis zu ganzen Populationen. Ähnlich sah man den ursprünglich nur in der Technik üblichen Begriff des Feedbacks (der Rückkopplung oder Rückbeeinflussung) als auch auf psychologische und gesellschaftliche Phänomene anwendbar an. Die bei der Entwicklung allgemeiner Modelle gewonnenen Erkenntnisse führten zu jenem interdisziplinären Lehrgebäude, das heute als ›Allgemeine Systemtheorie‹ bekannt ist.

Das Wort ›Theorie‹ ist dabei allerdings etwas irreführend. Die Allgemeine Systemtheorie ist weniger eine bestimmte Theorie als vielmehr eine Sicht der Welt. Sie faßt die Welt auf als eine verflochtene Hierarchie von Materie und Energie. Danach kann nichts für sich allein verstanden werden; alles ist Teil eines Systems. (Ein System wird im allgemeinsten Sinn definiert als eine Menge von Elementen, die zueinander in Beziehung und Wechselwirkung stehen.) Systeme können abstrakt sein, wie beispielsweise mathematische oder metaphysische Systeme, oder aber konkret, wie etwa Telefon- oder Transportsysteme.

Ein Zweig der Allgemeinen Systemtheorie befaßt sich speziell mit lebenden Systemen. In seinem Hauptwerk *Living Systems* stellt James Grier Miller, einer der Pioniere dieser Betrachtungsweise, die These auf, daß alle lebenden Systeme sich aus Subsystemen zusammensetzen, die Materie, Energie oder Information respektive Kombinationen davon aufnehmen, umsetzen und abgeben. Er machte neunzehn Subsysteme aus, die für alle lebenden Systeme kennzeichnend zu sein scheinen.

Tabelle 1: Die 19 Subsysteme eines lebenden Systems mit Beispielen auf den Ebenen Mensch, Gesellschaft und Biosphäre. (Die angeführten Exempel sind nicht erschöpfend; es ließen sich noch viele weitere finden.)

SUBSYSTEM	EBENE
	Mensch
Ingestor Nimmt Materie/Energie über Grenze aus Außenwelt auf	Mund, Nase, Lunge
Distributor Verteilt Materie/Energie durchs System	Blut
Konvertor Wandelt bestimmte Inputs in nützlichere Formen um	Zähne, Magen, Dünndarm, Leber, Bauchspeicheldrüse
Produzent Erzeugt aus Konvertor-Inputs (bzw. -Outputs) feste Verbindungen zum Zweck von Wachstum, Ausbesserung, Bewegung	Protein-Synthese durch DNS Ständige Erneuerung der Oberhaut
Materie/Energiespeicher	Fettgewebe Kalk in Knochen
Exkretor Befördert Abfälle von Materie/Energie aus dem System heraus	Harnröhre, After, Lunge
Motor Bewegt System (bzw. Systemteile) oder Umgebungen	Muskeln
Stützwerk Gibt dem Gefüge statischen Zusammenhalt	Knochengerüst
Input-Transduktor Sensorische Rezeptoren für Information aus Außenwelt	Augen, Ohren Wärme- u. Kältepunkte in Haut u. Schleimhäuten
Interner Transduktor Übermittelt Information über Veränderungen im System	Hypothalamus des Zwischenhirns (überwacht u. a. Wärme- u. Salzhaushalt des Blutes)

Menschliche Gesellschaft (Land bzw. Staat)	Biosphäre (Gaia)
Importfirma Fluggesellschaft	Atmosphäre (durchlässig für sichtbares Licht, Infrarot, kosmischen Staub) Vulkane (gewähren Mineralien Ausfluß durch Erdkruste)
Speditionsfirma Pipeline	Temperatur- u. Druckgefälle in Atmosphäre u. Meer . Migrationen, Vogelzüge, wandernde Insekten
Ölraffinerie, Landwirtschaftsbetrieb	Moose u. Flechten, die Mineralien zu Humus umwandeln Pflanzen, die photosynthetisch organische Stoffe aufbauen
Fabrik, Bauunternehmen	Produktion kommt auf zellularer Ebene vor (z. B. durch Chloroplaste, Mitochondrien, RNS) und bei der Fortpflanzung jeder Spezies
Warenlager Stauseen	Tote pflanzliche u. tierische Stoffe im Erdboden Wasser in Meeren u. Atmosphäre
Exportfirma Schornsteine Müllabfuhr	Ablagerungen in Meeren Gasabströmung durch Hochatmosphäre
Autos, Eisenbahnen, Schiffe, Flugzeuge	Gezeiten Klimawechsel Kontinentalverschiebung
Wohnbauten Öffentliche Gebäude	Erdkruste Tragkraft von Luft und Meer
Auslandsnachrichtendienst Wissenschaftliche Forschung	Reaktionen von Tieren u. Pflanzen auf Tageszeiten, Jahreszeiten, Erdbeben
Demoskopien Politische Parteien	Reaktionen von Tieren u. Pflanzen auf Klimaveränderungen, Überschwemmungen, Dürren, Umweltverschmutzung

SUBSYSTEM	EBENE
	Mensch
Kanal und Netz Leitungsbahnen zum Übermitteln von Information an alle Systemteile	Zentrales u. peripheres Nervensystem
Decoder Übersetzt Input-Information in verständlichen internen Code	Netzhaut des Auges Kortikales Sehzentrum
Assoziator Verknüpft Informationsinhalte (erstes Stadium des Lernprozesses)	Schläfen- u. Stirnlappen des Großhirns
Memory Speichert verschiedenartige Information unterschiedlich lange Zeit	Gesamtes Gehirn
Dezidierer Nimmt von anderen Subsystemen Information auf und liefert ihnen Information zur Kontrolle des Gesamtsystems	Verschiedene Gehirnzentren Rückenmark Hirnanhangdrüse
Codierer Übersetzt interne Information zu Mitteilungen an Außenwelt	Sprachzentrum des Gehirns
Output-Transduktor Setzt Information in andere Materie/ Energieformen um und gibt sie an Umwelt weiter	Artikulation, Mimik
Reproduktor Läßt andere, ähnliche Systeme entstehen	Geschlechtsorgane
Grenze Hält System zusammen, schützt vor Druck von Außenwelt, verwehrt oder gestattet Zugang/Abgang diverser Inputs u. Outputs	Haut

Menschliche Gesellschaft (Land bzw. Staat)	Biosphäre (Gaia)
Bücher, Zeitschriften, Telefone, TV Postwesen, Konferenzen	Migrationen, Vogelzüge Samenverbreitung bei Pflanzen Zugang zu Nahrung
Übersetzer, Dolmetscher Außenministerium	Kommunikation zwischen Arten: Reaktionen auf Reaktionen anderer Lebewesen
Schüler, Studenten	Veränderte Habitate u. Verhaltensweisen
Bibliotheken Datenbänke	Veränderte Gene als ›Chronik‹ evolutionärer Adaptionen
Regierung Justizapparat Wählerschaft	Erdboden Kommunikation zwischen Arten
Tagespresse	Verschiebungen in Zusammensetzung der Atmosphäre
TV-Sender Regierungssprecher	Hochatmosphäre, Gasabströmung, Strahlung Veränderte Albedo (Rückstrahlvermögen) des Planeten
Kolonien im Ausland Sozialreformer	Dieses Merkmal in Biosphäre (noch) nicht festgestellt In Weltraum abgegangene Viren? Interplanetarer Reiseverkehr?
Zoll Staatsgrenze	Unten: Erdkruste Oben: Hochatmosphäre

Die ersten acht davon befassen sich mit Materie-Energie-Prozessen und zeigen im wesentlichen, wie ein lebendes System physische Materie und Energie aufnimmt, verdaut, nutzt und ausscheidet. Alle lebenden Systeme haben zum Beispiel einen *Ingestor*, eine Einrichtung zur Aufnahme von Materie und Energie; das kann ein Spalt in einer Zellwand, eine in ein Organ hineinführende Arterie, der Mund eines Lebewesens oder ein großer Seehafen sein. Die nächsten neun Subsysteme beschäftigen sich mit Informationsprozessen – dem sensorischen Wahrnehmen der Umwelt und dem Abstrahieren, Einordnen und Speichern dieser Information. Ein solches Subsystem ist der *Input-Transduktor*, der Information in das System überträgt. Das kann der Rezeptor in der Haut einer Nervenzelle, das Auge eines Lebewesens oder der Auslandsnachrichtendienst eines Staates sein. Die zwei letzten Subsysteme, *Reproduktor* und *Grenze*, involvieren sowohl Materie-Energie-Prozesse wie auch Informationsprozesse. Der Reproduktor führt zur Schaffung neuer, seinem eigenen ähnlicher Systeme, und zwar infolge Weitergabe von physischer Materie und von Information über das ursprüngliche System. Die Grenze hält das ganze System zusammen und überwacht gewissermaßen Ein- und Ausfuhr von Materie, Energie und Information.

Betrachten wir das gesamte Biosystem aus der Perspektive der Allgemeinen Theorie der lebenden Systeme, finden wir jedes der neunzehn kennzeichnenden Subsysteme am Werk – auch wenn das Merkmal des Reproduktors bisher noch nicht festgestellt werden konnte. Der Ingestor beispielsweise entspricht der Hochatmosphäre, durch die Sonnenenergie und kosmischer Staub aufgenommen werden, und der Erdkruste, durch die Mineralien hochwallen. Der Input-Transduktor, das sind die vielen Pflanzen und Tiere, wie sie auf tages- und jahreszeitliche Veränderungen oder auf Erdbeben und Sonnenfleckenaktivität reagieren. Tabelle 1 zeigt die Anwendbarkeit aller neunzehn Subsysteme auf den menschlichen Körper und auf das Biosystem des Planeten Erde und außerdem auf die menschliche Gesellschaft – ein Punkt, auf den wir später noch zurückkommen werden.

Daß das Biosystem über jedes der neunzehn für Leben charakteristischen Subsysteme zu verfügen scheint – ist diese Entdeckung schon der Beweis, daß wir es tatsächlich mit einem lebenden System zu tun haben? Miller legt überzeugend dar, daß jedes dieser Subsysteme vorhanden sein müsse (auch wenn sich einige davon nicht leicht bestimmen lassen; wissen wir doch beispielsweise noch immer nichts Genaues über die Speicherung von Gedächtnismaterial sowohl in der Zelle wie im menschlichen Gehirn) – aber reichen sie als Beweis eines lebenden Systems aus?

Die Antwort lautet: So gut wie sicher nein. Ein Auto zeigt ja auch viele dieser Charakteristika, und es ließe sich durch Umbau und Zusatzausstattung so herrichten, daß es alle erfüllt, selbst die Reproduktion, falls man das unbedingt will, aber ein lebendes System würde es dadurch noch lange nicht.

Alle lebenden Systeme haben nämlich ein weiteres Merkmal, das sie deutlich von nichtlebenden Systemen unterscheidet. Das ist die Fähigkeit, trotz sich ständig verändernder Umwelt einen hohen Grad von innerer Ordnung zu bewahren (womit wir uns im 3. Kapitel noch näher befassen werden).

Unser Körper behält unter vielfältigsten Bedingungen stets dieselbe Grundstruktur bei, und hat er Schaden genommen, sucht er sich wieder instand zu setzen. Veränderungen passen wir uns an, und aus Erfahrungen lernen wir. Maschinen dagegen zeigen dieses Charakteristikum gewöhnlich nicht. Sie nutzen sich ab und gehen kaputt; sie sind nicht selbstorganisierend.

Beispiele nichtlebender Systeme, die sowohl die neunzehn entscheidenden Subsysteme enthalten und zugleich selbstorganisierend sind, lassen sich nicht finden. Deshalb scheint es heute berechtigt, das Erfülltsein dieser zwei Bedingungen als ausreichend anzusehen, um ein System der Klasse der lebenden Systeme zuzuordnen.

Wie es aussieht, weist Gaia beide Kriterien auf. Ihre selbstorganisierende Natur ist durch Lovelocks Arbeit über die Fähigkeit des Biosystems zur Erhaltung planetarer Homöostase bereits hinlänglich demonstriert worden. Und Millers Kriterien erfüllt sie ebenfalls. Beides zusammen liefert ein starkes Argument, Gaia als eigenes lebendes System zu betrachten.

Der Mensch innerhalb von Gaia

Wenn sich die gesamte Biosphäre als ein einziges lebendes System entwickelt hat, in welchem all die zahlreichen Subsysteme verschiedene und voneinander abhängige Rollen spielen, kann man die Menschheit, die ja ein Subsystem dieses größeren planetaren Systems bildet, nicht davon abtrennen oder isoliert behandeln. Worin besteht also ihre Funktion innerhalb von Gaia?

Auf diese Frage bekommt man zwei widersprüchliche Antworten: Entweder daß die Menschheit einem riesigen Nervensystem gleiche, einem Globalhirn, in dem jeder von uns eine einzelne Nervenzelle bildet. Oder, pessimistischer, daß wir Menschen so etwas wie ein planetares Krebsgeschwür seien.

Im Sinne der ersten Antwort kann die menschliche Gesellschaft gleich unserem eigenen Gehirn als ein einziges gigantisches Datenerfassungs- und Kommunikationssystem gesehen werden. Wir ballen uns zusammen zu Gemeinden, zu Dörfern, Städten und Metropolen, ganz so wie sich in einem großen Nervensystem Zellen zu Knotenpunkten, den Ganglien, ballen. Die Verbindungen zwischen den ›Ganglien‹ und den Einzelzellen stellen riesige Informationsnetze dar.

Die langsamen Kommunikationssysteme der Gesellschaft, wie etwa das Postwesen mit seiner Versendung von bestimmten Objekten in andere Teile des Systems, gleichen den relativ langsamen chemischen Kommunikationsnetzen des Körpers, zum Beispiel dem Hormonalsystem. Unsere schnelleren, auf Elektronik basierenden Fernkommunikationssysteme (Telefon, Rundfunk, Computer-Netze usw.) entsprechen den Milliarden winzigen Fasern, die die Nervenzellen im Gehirn verbinden.

In jeder Sekunde sausen Millionen Nachrichten durch das globale Netz, genauso wie im menschlichen Gehirn unablässig Nachrichten hin- und herjagen. Unsere Bibliotheken und Archive sonstiger Art kann man auffassen als Teil des kollektiven Gedächtnisses von Gaia. Sprache und Wissenschaft befähigen uns, viel von dem Geschehen in unserer Umwelt zu verstehen, und wir überwachen das Verhalten des Planeten auf ähnliche Weise, wie das Gehirn das Verhalten des Körpers überwacht. So ließen sich die westlichen und die östlichen Kulturen als die beiden Hälften von Gaias Gehirn sehen: die rational-analytische linke und die mehr intuitive rechte. Und der Menschen Wissensdrang könnte Gaias Mittel sein, mehr über sich selbst und das Universum, in dem sie lebt, zu erfahren.

Viele der obigen Parallelen beziehen sich auf die höheren mentalen Funktionen – Denken, Wissen, Wahrnehmung und Bewußtsein –, die mit dem Kortex zusammenhängen, der aus einer dünnen Schicht Nervenzellen bestehenden Rinde des menschlichen Gehirns. Vielleicht wäre es deshalb treffender, in der Menschheit den Kortex des Planeten zu sehen.

Entwicklungsgeschichtlich ist der Kortex ein realtiv später Zusatz, denn er entstand größtenteils erst mit den Säugetieren. Er ist nicht lebensnotwendig; entfernt man einem Tier die Hirnrinde, arbeiten dessen Herz, Lunge, Verdauung und Stoffwechsel trotzdem weiter. Ähnlich ist der Planet Erde über vier Milliarden Jahre lang ohne die Menschen ausgekommen, und er braucht sie auch jetzt nicht zum Leben.

Das bringt uns zu der erwähnten Antwort, daß die Menschheit ein bösartiger, immer stärker wuchernder Tumor sei und daß der Planet ohne sie besser dran wäre. Diese Vorstellung überkam Edgar Mitchell, als er auf dem Mond stand. Unmittelbar nach dem Gefühl des Einseins mit dem Planeten in seiner Gesamtheit hatte er die entgegengesetzte Empfindung, »daß sich unter dieser blauen und weißen Atmosphäre ein Chaos ausbreitet, das die Bewohner des Planeten Erde unter sich züchten – ein Außer-Kontrolle-Geraten von Bevölkerungswachstum und Technologie. Die

Mannschaft des ›Raumschiffs Erde‹ steht praktisch in Meuterei gegen die Ordnung des Universums.«

Die Ähnlichkeit mit einer Krebsgeschwulst ist nicht von der Hand zu weisen. Die moderne Zivilisation scheint sich rücksichtslos über die Oberfläche des Planeten zu fressen und innerhalb von Jahrzehnten Bodenschätze zu verbrauchen, die seit Milliarden Jahren Gaias Erbe sind. Gleichzeitig droht die Menschheit das biologische Gewebe zu zerstören, das zu schaffen Jahrtausende gekostet hat. Große Wälder, die äußerst wichtig sind für das Ökosystem, sehen aus wie von Motten zerfressen, Tierarten werden bis zur Ausrottung gejagt, Seen und Flüsse versauern, und Tagebau und Betonierung veröden weite Gebiete des Planeten. Eine Luftaufnahme von nahezu jeder beliebigen Metropole mit ihren auswuchernden Vororten erinnert wahrhaftig an die Art und Weise, wie manche Krebsgeschwüre im menschlichen Körper um sich greifen. Die technologische Zivilisation hat unstreitig etwas von einem Schmarotzer, der in blinder Gier so lange an seinem altangestammten Wirt frißt, bis dieser lebensunfähig ist.

So konträr diese Auffassungen von der Rolle der Menschheit in Gaia auch sein mögen, es ist durchaus denkbar, daß sie beide richtig sind. Vielleicht sind wir wirklich Teil eines globalen Nervensystems, machen derzeit eine besonders schnelle Entwicklungsphase durch und vermögen dem Planeten alles das zu sein, was uns unser eigenes Gehirn ist. Wobei es allerdings den Anschein hat, als sei dieses Nervensystem in einem sehr kritischen Stadium außer Kontrolle geraten und drohe eben den Körper zu zerstören, der seine Existenzgrundlage ist.

Wenn wir also unsere Rolle als Teil des planetaren Hirns erfüllen wollen, muß unserem schädlichen Tun entgegengewirkt und der negative Trend ins Gegenteil verkehrt werden. Dafür ist es unerläßlich, daß wir unser Verhalten zu uns selbst, zu unseren Mitmenschen und zum Planeten in seiner Gesamtheit aufs radikalste ändern. Wie wir sehen werden, verlangt das eine nicht eben geringe Umstellung des menschlichen Bewußtseins. Um voll zu erkennen, was das sowohl für die Menschheit wie für Gaia bedeuten kann und wie es sich bewirken läßt, ist es hilfreich, uns erst einmal unsere Vergangenheit anzuschauen – also den gesamten Evolutionsprozeß. Wenn wir sehen, welche Prinzipien ihm zugrunde liegen und wohin er bisher geführt hat, können wir eine klarere Vorstellung davon bekommen, wie es weitergehen wird.

I

Evolution in Vergangenheit, Gegenwart und Zukunft

2
Die bisherige Evolution

*Die Materie hat das Stadium
beginnender Selbsterkenntnis erreicht ...
Mittel ihres Wissens über Sterne
ist den Sternen der Mensch.*

GEORGE WALD

Was verstehen wir unter Evolution? Für die meisten Menschen bedeutet dieser Begriff wohl lediglich die stufenweise Entwicklung der vielen Arten von Lebewesen, eine aus der anderen und vermutlich so, wie es Charles Darwin in seinem epochemachenden Werk *Die Entstehung der Arten durch natürliche Zuchtwahl* dargestellt hat. Hier aber wollen wir Evolution in einem weit größeren Kontext als dem des Ursprungs und der Entwicklung von Leben betrachten. Wir werden in der Zeit zurückgehen, um uns anzuschauen, wie sich, lange vorm Beginn des Lebens, das Universum entfaltet hat, wie erst einmal Materie entstanden ist und sich entwickelt hat, denn ohne diese frühere Evolution hätte es niemals zu Leben kommen können. Und wir werden auch in die Zukunft blicken, um zu erforschen, was es über die Evolution der Menschen hinaus noch an Entwicklungen geben kann. Aus dieser Perspektive ist die Evolution des Lebens lediglich ein Akt in einem sonst noch grandioseren kosmischen Schauspiel. Doch beginnen wir beim Anfang, der Entstehung des Universums.

Wie ist das Universum entstanden? Ist es überhaupt entstanden, oder war es schon immer einfach da? Darüber sind viele Theorien aufgestellt worden, physikalische wie metaphysische, religiöse wie philosophische. Die gegenwärtig im Westen gängigste ist das naturwissenschaftliche Modell, das davon ausgeht, daß das Universum vor etwa fünfzehn

Milliarden Jahren mit einem ›Urknall‹ begonnen habe. Nach dieser Theorie entstand das gesamte uns bekannte Weltall aus einer gigantischen superheißen Feuerkugel, die rasch expandierte und abkühlte und aus der im Lauf der Milliarden Jahre dann zahllose Galaxien mit Myriaden von Sternen kondensierten.

Was vor dem Urknall geschehen war, darüber weiß die Naturwissenschaft nichts und wird vielleicht auch niemals etwas wissen. Zeit und Raum begannen erst zu existieren, nachdem der Prozeß des Urknalls eingesetzt hatte – so schwer das für uns auch zu verstehen sein mag. Ebenso weiß die Wissenschaft so gut wie nichts über die erste Hundertstelsekunde des Urknalls. Die Temperatur des Universums betrug weit über eine Billion Grad Celsius, und dabei konnten weder Elektronen noch Protonen oder andere Elementarteilchen existieren. Keine unserer physikalischen Disziplinen vermag zu beschreiben, was bei solcher Überhitze geschieht. Das Äußerste, was wir über das Universum während jener Zeit sagen können, ist, daß es sich in einem Zustand reiner Energie befand, die fast ausschließlich in Form elektromagnetischer Strahlung auftrat. Um eine Anleihe bei einer anderen Schöpfungsgeschichte zu machen: Am Anfang war das Licht.

Allgemein wird heute angenommen, das Universum habe sich nach der ersten Hundertstelsekunde so weit abgekühlt (auf eine Billion Grad Celsius), daß sich Elementarteilchen – Elektronen, Protonen und Neutronen – bilden konnten. Es expandierte dabei rapid und kühlte sich rasch weiter ab. Doch daß sich auch nur einfache Atomkerne oder gar vollständige Atome hätten bilden können, dazu war es immer noch zu heiß. Teilchen, die durch Zufall zusammenkamen, riß die intensive Wärmeenergie sogleich wieder auseinander; Bildung und Zerstörung waren in diesem Stadium eins. Erst nachdem etwa drei Minuten vergangen waren und das Universum ›nur‹ noch zirka 900 000 000° C hatte, konnten Neutronen und Protonen sich zu stabilen Atomkernen verbinden, wobei Wasserstoff- und Heliumkerne die ersten waren. Expansion und Abkühlung gingen weiter, bis nach rund 700 000 Jahren die Hitze auf etwa 4000° C gesunken war, was in etwa der Temperatur unserer Sonne entspricht. Jetzt vermochten Elektronen, Protonen und Kerne zusammenzubleiben und vollständige einfache Atome zu bilden.

Während die intensive Strahlungsenergie die Materie auseinanderdrückte, suchte gleichzeitig die viel schwächere Anziehungskraft der Materie sie wieder zusammenzubringen; unterhalb 4000° C ließ der Strahlungsdruck so weit nach, daß die Gravitationswirkung das Übergewicht bekam und sich Atome zusammenzuklumpen begannen. Wo immer der Zufall sie ein bißchen dichter zusammendrängte, ergab das ein etwas stärkeres Gravitationsfeld, und sie zogen andere Atome zu sich heran. Allmählich nahmen solche Unregelmäßigkeiten zu, und im Lauf von Milliarden Jahren wurden diese Wirbel zu Ur-Galaxien. Innerhalb dieser riesigen Wolken ballten sich die Wasserstoff- und Heliumgase immer massiver zusammen und kondensierten schließlich zu den ersten Sternen.

Inzwischen war das Universum als Ganzes schon wesentlich kälter geworden, selbst nach menschlichen Maßstäben: Seine Temperatur betrug nur noch ein paar Dutzend Grad über dem absoluten Nullpunkt. Während das kalte Gas in die Sterne hineingezogen wurde, gewann es infolge des Gravitationsabfalls jedoch Energie, und diese, im Verein mit der Energie von des Sternes eigener Radioaktivität, erhitzte das Gas wieder auf mehrere Millionen Grad.

Viele dieser frühen Sterne strahlten soviel Hitze aus, daß sie mit der Zeit entflammten und explodierten zu Supernovae, unter Lichtausbruch von der Helligkeit einer ganzen Galaxis. Die riesigen Mengen Energie, die dabei entstanden, ermöglichten es, daß sich nahezu all die anderen chemischen Elemente bilden konnten. Nach den derzeitigen Theorien über Sternentwicklung ist dieser Prozeß als Teil einer thermonuklearen Kettenreaktion zu sehen und haben sich innerhalb solcher Supernovae binnen zehn Sekunden 15 Prozent der schwereren Elemente gebildet.

Die Wucht des Ausbruchs schleuderte diese schwereren Elemente hinaus in den Weltraum. Langsam, im Lauf von

Millionen und aber Millionen Jahren, kondensierten die Trümmer zu neuen Sternen, wobei es zur Bildung noch komplexerer Atome kam. Später explodierten auch diese Sterne und spien ihr Material ebenfalls in den Kosmos. Das hat sich in den vergangenen fünfzehn Milliarden Jahren mehrmals wiederholt, und es wird angenommen, daß unsere Sonne ein Stern vierter Generation ist.

Eine Folge dieser Zirkulation und Regeneration von Materie ist, daß jedes einzelne Atom auf dem Planeten Erde (mit möglicher Ausnahme geringer Mengen von beim Urknall übriggebliebenem Wasserstoff und Helium) in mindestens einem Stern chemische Prozesse durchgemacht hat. Praktisch alle Atome in unserem Körper haben in ihrer eigenen Geschichte irgendwann einmal einen dieser gigantischen stellaren Schmelzöfen passiert oder sind gar darin entstanden. Das bedeutet, die chemische Zusammensetzung unseres Planeten wurde bei seiner Geburt ein für allemal fixiert (abgesehen von ein paar geringfügigen Verschiebungen durch radioaktiven Zerfall und aus dem Weltraum eindringenden kosmischen Staub). Die Atome, aus denen sich heute unsere Körper zusammensetzen, können früher einmal in einem Vulkan gewesen sein, in Gestein, im Meer, in der Atmosphäre, in einer Eiche, in einem Adler und in anderen Menschen der Vergangenheit. Verändert haben sich im Lauf der Äonen lediglich die Verbindungen, die die Atome miteinander eingegangen sind, nicht die Atome selbst.

Die Bausteine des Lebens

Ehe Leben entstehen konnte, mußten sich die Atome zu Molekülen größerer Komplexität verbinden. Die Sterne selbst waren viel zu heiß, als daß sich auch nur einfachste Moleküle hätten bilden können; die starke Energie riß alle Atome, die zusammenkamen, sofort wieder auseinander. Die Entstehung einer großen Vielfalt stabiler Moleküle bedurfte der gemäßigteren Temperaturen, wie sie sich in den Regionen rings um die Sterne fanden. Hier, auf den kühleren

Planeten und vielleicht auch im umgebenden Weltraum, begannen die Atome, sich zu einfachen Molekülen zu verbinden, zu Substanzen wie Wasser, Kohlendioxyd und Salzen verschiedener Art. Unser eigenes Sonnensystem bildete sich wahrscheinlich vor 4,6 Milliarden Jahren aus einer riesigen Wolke interstellaren Staubs. Diese Wolke bestand zwar hauptsächlich aus gefrorenem Wasserstoff, Helium und Eis, doch hatte der Planet Erde das Glück, aus einem Teil von ihr zu kondensieren, wo sich schon mehr Elemente gebildet hatten, darunter auch alle jene, die für die Erhaltung von auf Kohlenstoff basierendem Leben notwendig sind.

Wie das Leben tatsächlich begann, darüber herrscht immer noch große Unklarheit. Die populärste Theorie nimmt an, die Uratmosphäre habe sich zusammengesetzt aus Wasserstoff, Ammoniak, Methan, Kohlendioxyd, Schwefelwasserstoff, Wasserdampf und anderen aus Verbindungen der leichteren Atome gebildeten Gasen. Und dann seien, so wird vermutet, die Gase untereinander die diversen für das Leben erforderlichen chemischen Verbindungen eingegangen. Diese sind bei Temperaturen unter dem Siedepunkt des Wassers stabil, und so können sie sich gebildet haben, sobald sich die Temperatur der Erdoberfläche auf unter 100° C abgekühlt hatte, also vor rund vier Milliarden Jahren – nach dem Zeitmaß der Erde schon sehr bald nach ihrer Geburt.

1953 machte Stanley Miller, damals noch Student an der University of Chicago, einen inzwischen berühmt gewordenen Versuch. Er setzte eine aus Wasser, Methan, Stickstoff, Ammoniak und Spuren von Wasserstoff nachgebildete präbiotische Suppe, also einen ›Urbrei‹, simulierten Blitzen in Form elektrischer Funken aus. Bereits nach Stunden bildete sich eine große Vielfalt organischer Substanzen wie Zucker, Aldehyde, Karboxyle und Aminosäuren, chemischen Verbindungen also, die zu den Grundbestandteilen aller auf unserem Planeten bekannten Formen von Leben gehören.

Der Versuch läßt sich so einfach durchführen, daß er seither Hunderte Male wiederholt worden ist, selbst von Oberschülern, und ähnliche Ergebnisse erbracht hat. Durch Variieren der Anteile der verschiedenen vorhandenen Gase und Ersetzen der elektrischen Entladungen durch ultraviolettes Licht haben spätere Forscher herausgefunden, daß sich mittels solcher Prozesse all die Grundbausteine des Lebens bilden lassen. Auch unter verschiedenen anderen Bedingungen ist das möglich; weitere Experimente haben gezeigt, daß es nicht einmal einer methan- und ammoniakreichen Atmosphäre bedarf. Die gleichen Moleküle lassen sich auch in kohlendioxydreichen Atmosphären, ja sogar in der Eiseskälte gefrorener Meere aufbauen.

Die leichte und unter so verschiedenen Bedingungen mögliche Erzeugbarkeit dieser chemischen Stoffe läßt darauf schließen, daß ihre Bildung nicht nur unausweichlich war, sondern auch fast überall erfolgen konnte. Wo immer diese Bedingungen herrschten – und wahrscheinlich gibt es Milliarden Planeten im Universum, die ähnliche Stadien durchschritten haben –, da wurden, das läßt sich nahezu mit Sicherheit sagen, die Grundbausteine des Lebens geschaffen.

Außerdem ist deren Bildung nicht auf Planeten beschränkt. Versuche haben gezeigt, daß diese Grundmoleküle selbst in fast völligem Vakuum entstehen können, bei Temperaturen nahe dem absoluten Nullpunkt (Verhältnisse, wie sie im interstellaren Raum anzutreffen sind), und vor kurzem hat man viele dieser Verbindungen weit draußen im Weltall entdeckt.

Das Vorkommen von Wasserstoff und sogar Helium im interstellaren Raum ist zwar seit der Anfangszeit der Radioastronomie bekannt, doch bis vor gar nicht langer Zeit glaubten nur wenige Leute, daß es dort komplexere Moleküle gäbe. 1965 wurden in weit draußen im Weltraum liegenden Gaswolken jedoch Moleküle mit der Zyan- und der Hydroxylgruppe entdeckt. Davon angespornt machte sich 1968 an der University of California in Berkeley ein von Charles Townes geführtes Team auf die Suche nach Ammoniak im Weltraum. Die Forscher wurden bald fündig, und zwar in den dünnen Gaswolken, die auf das Zentrum unserer Galaxis zuströmen. Obendrein fanden sie dort auch Wasser vor. Nicht lange danach entdeckte eine Gruppe von Wissenschaftlern des National Radio Astronomy Observatory in West Virginia Formaldehyd in unserer gesamten Galaxis und später auch in vielen anderen Sternsystemen. Inzwischen sind an die hundert organische Moleküle entdeckt worden, darunter all die für die Evolution von Leben nötigen.

Die britischen Astronomen Fred Hoyle und Chandra Wickramashinge vertreten in ihrem Buch *Die Lebenswolke* die These, daß auf den winzigen Staubkörnchen in den interstellaren Wolken Bedingungen geherrscht haben, die der Verbindung dieser Chemikalien zu all den Grundbausteinen des Lebens förderlich waren. Und so seien die Samen des Lebens vielleicht allgemein verfügbar gewesen: umhergetragen von den interstellaren Winden, um auf fruchtbare Planeten zu fallen, sobald sich diese gebildet hatten.

Solche Hypothesen widersprechen durchaus nicht der Theorie von der Entstehung des Lebens aus einem Urbrei; sie wollen vielmehr zeigen, daß diese Grundkomponenten des Lebens auf vielerlei Weise zusammenkommen können – eine kosmische Lebensversicherung. Darüber hinaus machen sie deutlich, daß Leben ein im Universum weitverbreitetes Phänomen ist, eine natürliche Folge chemischer Evolution.

Die Evolution von Leben auf der Erde

Schauplatz für den nächsten Akt im Schauspiel der Evolution waren wahrscheinlich die Urmeere und Bergseen des Planeten. Hier fanden diese chemischen Stoffe – ob nun auf der Erde oder im interstellaren Raum entstanden – die richtigen Bedingungen vor, sich zu größeren Molekülen wie Aminosäuren, Enzymen und Proteinen zusammenschließen zu können. Im Lauf der Zeit verbanden sie sich zu Gruppen und Ketten von zunehmender Komplexität. Die stabileren davon vermochten sich länger zu halten und gingen mit anderen noch größere Einheiten, sogenannte Makromoleküle ein, bestehend aus bis zu mehreren tausend Grundmolekülen und Millionen Atomen.

Etliche dieser Riesenmoleküle entwickelten die Fähigkeit,

andere kleine Moleküle in sich aufzunehmen. Das hing wohl damit zusammen, daß jeder Molekültyp eine eigene dreidimensionale Form hatte; paßte ein kleineres Molekül genau in eine Nische des komplexeren Makromoleküls hinein, gleichsam wie ein Schlüssel in ein Schloß, konnte es aufgenommen werden. Manche Makromoleküle, vor allem die der Desoxyribonukleinsäure (DNS), waren dabei in der Lage, andere kleine Moleküle zu bestimmten Sequenzen zu arrangieren. Durch den Aufbau solcher Sequenzen, die genaue Kopien ihrer selbst waren, erreichten sie das Wesen der Reproduktion.

Hatten komplexe selbstreplizierende organische Moleküle einen festen Halt gewonnen, begannen sie lose Verbindungen mit anderen komplexen Makromolekülen einzugehen. Immer mehr Moleküle schlossen sich den Gruppen an, bis diese schließlich ein Stadium erreicht hatten, wo sie zu in sich geschlossenen Einheiten wurden. So entstanden vor rund dreieinhalb Milliarden Jahren die einfachsten Zellen.

Diese Keimzellen konnten sich in der noch relativ chaotischen Umwelt, in die sie hinein ›geboren‹ wurden, nicht lange halten. Wahrscheinlich war es so, daß das Leben viele Male entstand und immer gleich wieder vernichtet wurde – ähnlich wie jeder in der Feuerkugel des Uranfangs gebildete Atomkern durch die Überhitze sofort wieder auseinandergesprengt worden war. Im Lauf der Zeit baute der Prozeß wiederholten Entstehens und Auslöschens von Leben allmählich eine gastlichere Umwelt auf, bis eine Schwelle überschritten war, hinter der die ›Geburtsrate‹ die ›Sterberate‹ überstieg. Damit hatte das Leben festen Fuß gefaßt.

Die ersten einfachen Zellen waren Blaualgen und Bakterien. Sie atmeten keinen Sauerstoff ein; im Gegenteil, sie erzeugten welchen (mittels Photosynthese) und gaben ihn als Abfallprodukt ab. Dieser Sauerstoff wurde zum ersten größeren Umweltverschmutzer auf dem Planeten, denn für die damaligen Organismen war Oxygen giftig. Anfangs verband sich der freie Sauerstoff mit Mineralien wie Eisen zur Erzeugung verschiedener Oxyde, und solange er auf diese Weise absorbiert wurde, blieb das Leben gesichert.

Nach etwa einer Milliarde Jahren war jedoch alles vorhandene Eisen zu Rost geworden, und der Sauerstoff begann sich in der Atmosphäre zu häufen. Gleichzeitig drohte nun die Ultraviolettstrahlung, die bislang so wertvoll für die Synthese von Aminosäuren und somit notwendig für die Evolution von Leben gewesen war, die Bakterien zu zerstören, die sich entwickelt hatten. Zum Glück wurde diese planetare Krise abgewendet. Der überschüssige Sauerstoff verband sich zu einer Ozonschicht in der Hochatmosphäre und verhinderte so, daß viel Ultraviolett die Erdoberfläche erreichen konnte. Jim E. Lovelock sieht darin Findigkeit – »nicht nach Art der Menschen, die gewöhnlich die alte Ordnung wiederherzustellen suchen, sondern auf die flexible Weise von Gaia: sich Veränderungen anpassen und einen todbringenden Eindringling zum Beschützer machen«.

Während sich der Sauerstoff in der Atmosphäre ausbreitete, entwickelten sich Bakterien, die dieses ›Gift‹ ertrugen. Später dann, vor fast zwei Milliarden Jahren, bildeten sich welche, die den Sauerstoff sogar dazu verwenden konnten, mehr Energie aus ihrer Nahrung herauszuholen, als ihnen durch bloße Photosyntheses möglich war. Sie entwickelten sich schließlich zu Tieren, während die Bakterien, die durch ihre Photosynthese für diese Krise verantwortlich gewesen waren, zu Pflanzen wurden.

Die Sauerstoffanreicherung der Atmosphäre ging weiter, bis vor ungefähr eineinhalb Milliarden Jahren ein Gehalt von 21 Prozent erreicht war – der, wie wir im 1. Kapitel gesehen haben, die optimale Balance zwischen metabolischer Effizienz und Brandgefahr darstellt. Da hörte die Zunahme der Konzentration abrupt auf und ist seither bemerkenswert konstant geblieben.

Von der Zelle zum Organismus

Nachdem sich der Sauerstoffgehalt bei dieser kritischen Marke stabilisiert hatte, kam es zu einer Reihe bedeutsamer Vorwärtsschritte im Evolutionsprozeß:

■ Manche einfachen Zellen begannen sich in andere einfache Zellen hineinzugliedern, so daß komplexe Zellen entstanden. Diese neuen Zellen besaßen als erste einen deutlichen Kern, in den das genetische Material eingekapselt war. Die Entwicklung eines Kerns gestattete es, daß zwei Zellen zusammenkommen und Nachwuchs erzeugen konnten, der eine Mischung von ihrer beider genetischem Material enthielt, das heißt, es wurde die geschlechtliche Vermehrung möglich. Das eröffnete ein größeres Feld für Erfolg und Mißerfolg – bei der Evolution wiegt ein einziger Erfolg eine Million Mißerfolge auf –, und Neuanpassungen konnten sich nun rascher durch die Population verbreiten, wodurch die Evolution beschleunigt wurde.

■ Im Zuge der Herausbildung größerer Verschiedenartigkeit der Zellen entwickelten sich jetzt auch solche, die in der Lage waren, sich von anderen Lebensformen zu ernähren. (Bisher hatten die Zellen von Gasen, Mineralien, organischen Molekülen und Lichtenergie gelebt.) So brauchten sie ihre komplexen Makromoleküle nicht mehr alle aus Zufallsmaterial aufzubauen, sondern konnten viele davon, zum Beispiel Aminosäuren, Proteine und Vitamine, in schon fertiger Form aufnehmen. Das heißt, Zellen waren nun imstande, höher organisierte Materie zu konsumieren.

■ Zur nächsten größeren Entwicklung in der Evolution kam es vor rund einer Milliarde Jahren, und zwar infolge einer Ernährungskrise. Hatten die Zellen eine bestimmte Größe überschritten, vermochten sie nämlich nicht mehr soviel Nahrung aufzunehmen, wie sie brauchte. (Wenn eine Zelle wächst, nimmt ihr Volumen schneller zu als ihre Oberfläche, und die Oberfläche begrenzt ja die aufnehmbare Nahrungsmenge.) Die Evolution reagierte darauf, indem die Einzelzellen nicht mehr größer wurden, sich dafür aber zu größeren Systemen zusammenschlossen. So begannen sich Zellklumpen zu bilden, aus denen dann die ersten vielzelligen Organismen entstanden: einfache Schwämme und später auch Quallen.

■ Innerhalb dieser Gemeinschaften zeigte sich, daß sich mehr erreichen ließ, wenn die einzelnen Zellen sich jeweils auf bestimmte Funktionen spezialisierten. Die einen übernahmen die Verdauung, andere wurden zu einer Schutzschicht und wieder andere übertrugen Botschaften an verschiedene Teile des Organismus. Das verlieh diesem eine höhere Anpassungsfähigkeit und Stabilität, half ihm also, sich auch bei stärker veränderten Umweltverhältnissen am Leben zu halten.

■ Ein weiteres wichtiges Charakteristikum vielzelliger Organismen bestand darin, daß abgestorbene Einzelzellen ersetzt werden konnten, was den ganzen Organismus befähigte, viel länger zu leben als seine Bestandteile.

Vor rund 600 Millionen Jahren begannen sich dann vielzellige Organismen komplexerer Art wie Mollusken und einfache Würmer zu entwickeln. Mit der Zeit bauten sich diese vielzelligen Organismen immer mehr aus. Bestimmte Zellen übernahmen bestimmte Funktionen und gruppierten sich zu Spezialorganen, was dann zu noch komplexeren Organismen führte, von denen sich manche als die Vorstufen heutiger Pflanzen und Tiere erkennen lassen. Vor rund 450 Millionen Jahren begannen die Pflanzen das Land zu besiedeln, und 50 Millionen Jahre später schlossen sich ihnen die Tiere an. (Die Pflanzen deshalb zuerst, weil sie die Sonnenenergie verwerten konnten; sobald sie die Nahrungskette gestartet hatten, folgten die Tiere nach.)

Hier beginnt nun jene Geschichte der Evolution, die wir wohl alle kennen: wie sich diese frühen Organismen über zahlreiche Stufen hinauf zu den Millionen Arten von Pflanzen und Tieren entwickelt haben, die heute auf der Erde leben. Da wir uns aber mehr mit den größeren Sprüngen in der Evolution beschäftigen wollen als mit Einzelheiten ihres Verlaufs, gehe ich hier nicht weiter ins Detail.

Die wichtigste allgemeine Richtung innerhalb dieses Teils der Evolution war die Entwicklung des Nervensystems, das schnellere Kommunikation zwischen den verschiedenen Teilen des Körpers ermöglichte. Bei den Wirbeltieren wurden die wichtigsten Nervenstränge in eine Schutzröhre – den Wirbelkanal der Wirbelsäule – eingeschlossen, und die im

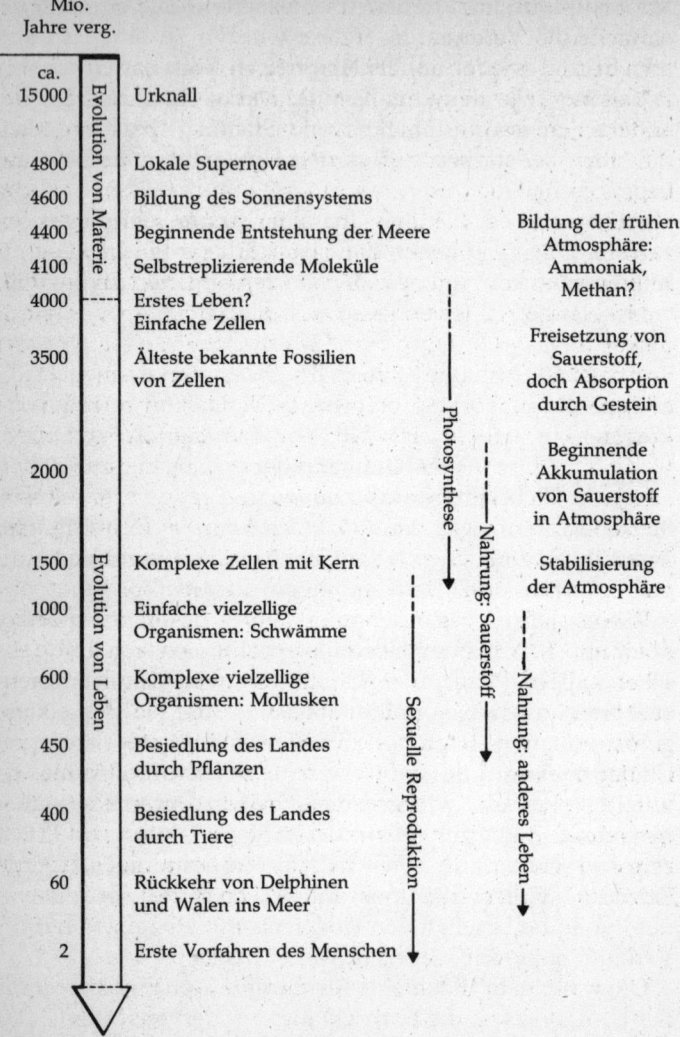

Mio. Jahre verg.			
ca. 15000	Evolution von Materie	Urknall	
4800		Lokale Supernovae	
4600		Bildung des Sonnensystems	
4400		Beginnende Entstehung der Meere	Bildung der frühen Atmosphäre: Ammoniak, Methan?
4100		Selbstreplizierende Moleküle	
4000		Erstes Leben? Einfache Zellen	
3500		Älteste bekannte Fossilien von Zellen	Freisetzung von Sauerstoff, doch Absorption durch Gestein
2000			Beginnende Akkumulation von Sauerstoff in Atmosphäre
1500	Evolution von Leben	Komplexe Zellen mit Kern	Stabilisierung der Atmosphäre
1000		Einfache vielzellige Organismen: Schwämme	
600		Komplexe vielzellige Organismen: Mollusken	
450		Besiedlung des Landes durch Pflanzen	
400		Besiedlung des Landes durch Tiere	
60		Rückkehr von Delphinen und Walen ins Meer	
2		Erste Vorfahren des Menschen	

Photosynthese

Nahrung: Sauerstoff

Nahrung: anderes Leben

Sexuelle Reproduktion

Evolution von Bewußtsein

Abb. 1: Die Hauptetappen der Evolution des Lebens (Maßstab nicht linear).

Kopf liegenden Hauptnervenzentren bildeten sich zu einem einfachen Gehirn aus.

In den letzten fünfzig Millionen Jahren hat das Gehirn ein explosives Wachstum erfahren – eine der eklatantesten Veränderungen in der Evolutionsgeschichte. Vergleichen wir die Hirngewichte mit den jeweiligen Körpergewichten und beginnen bei den Regenwürmern und Insekten mit der Verhältniszahl 1, kommen wir beim Stenonychosaurus (einem der intelligentesten Dinosaurier; er lebte vor rund 75 Millionen Jahren) auf etwa 20 und beim Menschen auf 350.

Noch bemerkenswerter ist, daß der Kortex im Verhältnis dicker und größer wurde. Die höchstentwickelten Kortizes auf diesem Planeten finden sich beim Menschen und bei einigen Delphin- und Walarten. Ob Delphine und Wale klüger oder aber weniger klug sind als Menschen, ist offen; die Forschung auf diesem Gebiet steckt noch in den Kinderschuhen. Vielleicht ist die Frage überhaupt unbeantwortbar, da sie ja eine absolute, auf Menschen wie auf Delphine und Wale gleichermaßen anwendbare Definition von Intelligenz voraussetzt.

Wie es scheint, hat bei Delphinen und Walen vor zwanzig Millionen Jahren – lange vor Auftauchen des ersten Menschen – die Weiterentwicklung des Gehirns aufgehört, woraus wohl geschlossen werden kann, daß sie die völlige Anpassung an ihre nasse Umwelt erreicht hatten. Dagegen ist das menschliche Gehirn ein relativ neues Evolutionsunterfangen, denn es hat sich erst in den letzten drei Millionen Jahren entwickelt. Und höchstwahrscheinlich entwickelt es sich immer noch – was wir aus unserem menschlichen Zeitrahmen allerdings schwerlich erkennen können.

Selbstreflexives Bewußtsein

Die Entwicklung des menschlichen Großhirns und des Kortex führte zu einem weiteren Evolutionssprung, nicht minder bedeutsam als zuvor das Entstehen von Leben: der Herausbildung des selbstreflexiven Bewußtseins. Der

Mensch hat nicht nur Bewußtsein, sondern ist sich seines Bewußtseins auch bewußt.

Bewußtsein ist ein sehr umfassender und deshalb schwer zu konkretisierender Begriff, zumal das Wort in unterschiedlichster Bedeutung gebraucht wird. Eine Lexikondefinition lautet zum Beispiel: »Wissen um äußere Zustände und Vorgänge.« Das würde implizieren, daß während des Schlafes unser Bewußtsein ausgeschaltet ist. Tatsächlich aber haben wir, wenn wir träumen, sehr wohl Erfahrungen, sind innerlich noch ›bei Bewußtsein‹. Außerdem: Jemand, der sich im Koma befindet oder unter Narkose steht, mag den Leuten um ihn herum noch so bewußtlos vorkommen und kann dennoch hinterher in der Lage sein, das inzwischen Geschehene zu berichten. Das Wort ›Bewußtsein‹ wird auch benutzt zur Bezeichnung des Quantums von Aufmerksamkeit, die wir einem Erlebnis oder einem Vorgang zollen. Wenn wir uns beim Essen mehr aufs Tischgespräch als auf die Gerichte konzentrieren, läßt sich sagen, wir essen, ohne uns dessen bewußt zu sein. Weiterhin wird ›Bewußtsein‹ gebraucht im Sinne von ›Überlegung‹ oder ›Absicht‹, etwa beim Treffen einer Wahl in vollem Bewußtsein der Folgen. Wir sprechen auch von eines Menschen gesellschaftlichem, politischem oder ökologischem Bewußtsein und meinen damit seine Art, die Welt zu sehen und zu beurteilen.

Daß der Begriff mit einem solchen Bedeutungsüberschuß behaftet ist, rührt daher, daß wir nur ein einziges Wort dafür haben. Im Sanskrit, der altindischen Hochsprache, gibt es dagegen an die zwanzig verschiedene Wörter für Bewußtsein, alle mit eigener Bedeutung und einige zur Bezeichnung von Begriffen, die wir im Westen kaum kennen. (*Chitta* zum Beispiel ist das ›Geistesmaterial‹ oder ›Erlebensmittel‹ des einzelnen; *chit* bezeichnet das ›immerwährende Bewußtsein‹, von dem das individuelle Geistesmaterial eine Manifestation ist; unter *turiya* wird das Erleben reinen Bewußtseins ohne Objekt verstanden; *dhyana* ist dagegen auf einen Gedanken gerichtetes Bewußtsein; und *purusha*, der Inbegriff von Bewußtsein, hat ein wenig Ähnlichkeit mit unserem Heiligen Geist.)

Hier werde ich ›Bewußtsein‹ so gebrauchen, daß damit das ›Feld‹ gemeint ist, in dem alles Erleben, alle Erfahrung stattfindet. In diesem Sinn ist Bewußtsein Voraussetzung für jegliche Erfahrung, ob nun in Wachzustand, Trance, Koma oder sonstwie.

In diesem Sinn verstanden, ist Bewußtsein nicht auf Menschen beschränkt; jedes Lebewesen, das erlebt und erfährt, hat Bewußtsein. Wohl alle, die sich mal mit anderen Säugetieren, wie Hunden, Katzen oder Pferden, abgegeben haben, sind zu dem Schluß gekommen, daß es sich bei ihnen um Geschöpfe mit Bewußtsein handelt. Sie ›wissen‹, was geschieht. Sie sind keine Automaten. Auch Vögel, Reptilien und Fische scheinen über Bewußtsein zu verfügen, Insekten, Schnecken und Würmer vielleicht ebenfalls. Nach Meinung mancher Forscher soll sogar bei Pflanzen so etwas wie Bewußtheit vorhanden sein.

Ein wichtiges Merkmal bewußter Wesen ist die Fähigkeit, von der Welt, die sie erfahren, innere Modelle zu bilden; je größer das Bewußtsein, um so komplexer die Modelle. Ein Wurm hat vermutlich ein vergleichsweise simples Modell der Realität, während das eines Hundes wesentlich komplexer sein dürfte. Beim Menschen erreichte die Evolution des Nervensystems eine Stufe, wo das Realitätsmodell derart komplex wurde, daß er das eigene Selbst – den ›Modellbauer‹ – in das Modell mit einbeziehen mußte. Mit diesem Selbstbezug setzte das selbstreflexive Bewußtsein ein. Wir erfahren die Welt um und in uns ja nicht nur, sondern wissen auch um unser Sein in ihr und sind uns dieses Bewußtseins bewußt. Wir wissen, daß wir wissen.

Die Emergenz des selbstreflexiven Bewußtseins war bis zu einem gewissen Grad mit der Entwicklung der verbalen Sprache verknüpft. Die Sprache ermöglichte uns breitere und intensivere Kommunikation. Ferner setzte sie uns in den Stand, uns mit abstrakten und hypothetischen Aspekten unseres Erfahrens zu befassen. Mit diesem Werkzeug konnten wir sogar anfangen, über das Wesen unseres eigenen Erfahrens nachzudenken, wodurch wir befähigt wurden, das ›Erfahrene‹ vom ›Erfahrenden‹ (dem Selbst) zu trennen –

eine Trennung und Objektifizierung, die, wie wir im 7. Kapitel sehen werden, Vorteile wie Nachteile hat.

Die Entwicklung der Sprache war auch insofern bedeutsam, als sie zum Austausch von Information zwischen Individuen führte. So ließ sich aus den Erfolgen und Mißerfolgen anderer lernen, ohne alle Erfahrungen selber machen zu müssen. Außerdem entwickelten die Menschen die Schrift, die Fähigkeit, Sprache in Form von Symbolen zu speichern. Durch die Schrift wurde es möglich, Informationen über die Zeit hinweg zu übertragen. Das war für die Beschleunigung der Evolution nicht minder bedeutsam als seinerzeit die Entwicklung der sexuellen Reproduktion bei der Einzelzelle – ebenfalls eine Informationsübertragung. Auch die spätere Erfindung des Buchdrucks und in jüngerer Zeit die Entwicklung des Photokopierens sowie der Fernmeldetechniken haben stark dazu beigetragen, das Evolutionstempo der Zivilisation voranzutreiben.

Damit sind wir in unserem kurzen Überblick über die Evolution auf diesem Planeten bei der Gegenwart angelangt. Urplötzlich, nach dem Zeitmaß der Evolution von einem Augenblick zum andern, ist eine neue Spezies entstanden – ihres Seins und Bewußtseins bewußt und mit ungeheurem Potential zu bewußtem Einwirken auf sich selbst und auf ihre Umwelt.

Dieses geradezu unglaubliche Produkt von 15 Milliarden Jahren Evolution ist schon staunenswert. Hier sind wir nun, jeder von uns aus Quadrillionen Atomen bestehend, die zu Hunderten von Billionen biologischen Zellen zusammengesetzt sind; wir vermögen nicht nur die Außenwelt, sondern auch unsere eigene Innenwelt zu erfahren, sind vielfältigster Empfindungen fähig und können nicht minder vielfältige Wünsche entwickeln. Darüber hinaus sind wir all dieser Dinge sowie unserer selbst bewußt. Wir können unsere Erlebnisse und Erfahrungen unseren Mitmenschen in Worten und auf vielerlei andere Weise mitteilen. Wir sind in der Lage, uns eine beliebig alternative Zukunft vorzustellen und uns zu entscheiden, sie herbeizuführen. Ja, wir vermögen uns sogar Unmögliches vorzustellen. Ferner können wir hier sitzen und über den gesamten Evolutionsprozeß staunen, der Schritt für Schritt zu uns allen geführt hat, zu mir und zu Ihnen, zu Farmen und Fabriken, Autos und Computern, zu Menschen, die auf dem Mond spazierengehen, zum Tadsch Mahal, zum ›Kaiserquartett‹ und zur Relativitätstheorie.

Hätte es vor vier Milliarden Jahren schon Menschen gegeben, wäre es nicht über deren Vorstellungsvermögen gegangen, daß sich die vulkanische Landschaft, die Urmeere und das merkwürdige Gasgemisch in der Atmosphäre stetig zu einem so unfaßbaren und derart komplexen Wesen entwikkeln werden? Und wenn es ihnen gesagt worden wäre, hätten sie es geglaubt?

Wenn man uns heute sagte, was in den nächsten vier Milliarden Jahren Evolution geschehen wird, würden wir das glauben? Käme uns die zukünftige Entwicklung nicht genauso unglaubhaft vor, wie wir selber es bei der Beschreibung der Geburt der Erde waren? Was für unvorstellbare Entwicklungen stehen bevor, nicht nur in Tausenden von Jahrmillionen, sondern auch schon in einer Million Jahren?

Und in den nächsten paar tausend, ja in den nächsten hundert Jahren? Wohin scheint uns die Evolution zu führen? Um das zu erkennen, müssen wir uns einige der allgemeinen Tendenzen und Muster ansehen, die den gesamten Evolutionsprozeß charakterisiert haben.

3
Verborgene Ordnungen in der Evolution

Mit den Kräften der Liebe
suchen die Fragmente der Welt einander,
auf daß die Welt sich vollende.

PIERRE TEILHARD DE CHARDIN

Beim Anschauen des riesigen Panoramas der Evolution verliert man sich leicht in der Vielzahl der stattgefundenen Veränderungen und Entwicklungen. Treten wir jedoch ein Stück zurück und betrachten den Evolutionsprozeß in seiner Gesamtheit, werden bestimmte Muster sichtbar.

Mit als erstes fällt dabei auf, daß das heutige Universum Merkmale aufweist, auf die zu Anfang nichts hindeutete. Unmittelbar nach dem Urknall gab es nur *Energie*. Aus dieser evolvierte eine neue Seinsordnung: stoffliche *Materie*. Äonenlang blieb diese unbelebt, dennoch entwickelte sich aus ihr dann eine weitere neue Ordnung: *Leben*. Das Leben hielt sich und gedieh, und aus lebenden Organismen entstand eine vierte Ordnung: selbstreflexives *Bewußtsein*.

Jede dieser emergierenden neuen Seinsordnungen stellte einen großen Vorwärtsschritt im Evolutionsprozeß dar und brachte zuvor unbekannte und aus den vorherigen Stufen nicht voraussehbare Merkmale und Eigenschaften mit sich. Das neue Ganze wurde mehr als die Summe seiner Teile und war mit den für seine Komponenten zuständigen Erklärungsdisziplinen nicht vorauszusagen.

Bei der Progression von Energie zu Materie, Leben und Bewußtsein können wir das beobachten. Die reine Mathematik zum Beispiel reicht aus, die elektromagnetische Ausstrahlung von Energie zu beschreiben, kann jedoch nicht das Verhalten von Molekülen vorherberechnen; das ist Sache der

Chemie. Die Chemie aber kann wiederum nichts über die lebende Organismen leitenden Prinzipien voraussagen. Und die Biologie vermag nicht bewußtes Erfahren zu beschreiben. Jede dieser Ebenen ist ein neues Phänomen – eine neue Seinsordnung.

Das bedeutet aber keineswegs, daß die Gesetze der niedrigeren Ebenen nicht mehr gültig wären. Die Elementarteilchen in einer Zelle befolgen nach wie vor die Gesetze der Physik, die Atome richten sich weiterhin nach denen der Chemie, und die Makromoleküle verhalten sich so, wie von Molekularbiologen erwartet. Jede neue Ordnung subsumiert all die vorherigen Ordnungen, es geht nichts verloren. Dennoch wird etwas Neues geschaffen, und das neue Phänomen bringt Verhaltensmuster hervor, die eine neue Betrachtungs- und Erklärungsebene erfordern.

Die westliche Naturwissenschaft tut sich mit dem Begriff ›emergierende Seinsordnungen‹ mitunter schwer. Das liegt daran, daß eine ihrer Hauptmethoden zur Erfassung der Welt darin besteht, Phänomene und Prozesse in kleinere Einheiten aufzugliedern. Obwohl wertvoll auf manchen Ge-

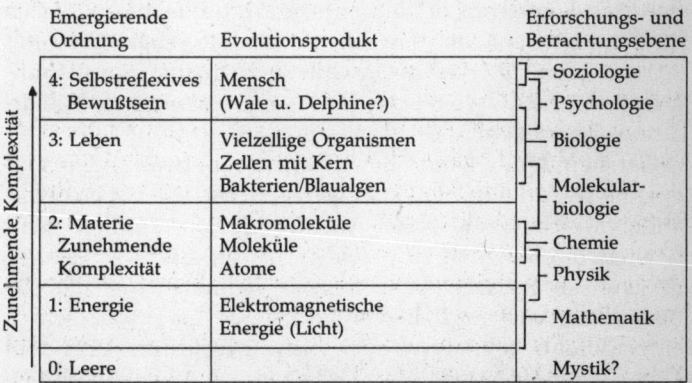

Tabelle 2: Emergierende Ordnungen der Evolution mit den für die einzelnen Stufen relevanten Forschungsdisziplinen. Den Zustand vor dem Urknall habe ich als Nullstufe angesetzt und mit ›Leere‹ bezeichnet.

bieten (wie der physikalischen Chemie, der Technik und der Computer-Programmierung), hat diese sogenannte reduktionistische Methode den Nachteil, daß entstehende neue Eigenschaften des Gesamtsystems nicht erfaßt beziehungsweise nicht behandelt werden.

Der Reduktionismus vertritt den Standpunkt, Bewußtsein könne mit neuralen Vorgängen im Gehirn und Leben mit Prozessen organischer Chemie erklärt werden. Auf ihren logischen Schluß gebracht, landet diese Beweisführung in einer selbstgestellten Falle. Bewußtsein, wird gesagt, sei nichts weiter als der Kulminationseffekt einer komplexen Verwebung von zehn Milliarden Nervenzellen. Eine Nervenzelle sei nichts weiter als ein riesiges Konglomerat von Makromolekülen. Ein Makromolekül sei nichts weiter als ein paar Millionen zusammengereihter Atome und ein Atom nichts weiter als ein Kern, umgeben von einer Wolke rotierender Elektronen, die ihrerseits nichts weiter seien als Eigenwerte einer Wellengleichung genannten Wahrscheinlichkeitsfunktion. Was aber ist ein ›Eigenwert‹ einer Wellengleichung genannten Wahrscheinlichkeitsfunktion? Doch nur ein Modell, geschaffen durch die bewußten Prozesse des menschlichen Geistes, um bestimmte Versuchsergebnisse in der Physik erklären zu können. Die Argumentation hat sich im Kreis gedreht, denn ist nicht der menschliche Geist mit seinen vielen Fähigkeiten einschließlich Kreativität und Sinnerfassung ›nichts weiter‹ als das Wirken von ein paar Milliarden Gehirnzellen?

Ganz eindeutig ist das Bewußtsein aber etwas anderes als eine bloße Anhäufung von Zellen, genauso wie Leben etwas anderes ist als eine bloße Anhäufung von Atomen. Statt Bewußtsein lediglich zu einem Nebenprodukt der Gehirntätigkeit zu erklären, kann man es vielmehr so sehen: Da Bewußtsein sich aus Leben entwickelt, ist das Bewußtsein in einer potentiellen, wenn auch nicht manifesten Form dem Leben bereits inhärent. Und: Da Leben sich aus offensichtlich unbelebter Materie entwickelt, ist das Leben der Materie in nicht manifester Form bereits inhärent. Vielleicht ist das Potential für jede neue Ordnung stets vorhanden und wartet nur auf die speziellen Bedingungen, die es ihm ermöglichen, sich zu manifestieren.

Worin bestehen nun eigentlich diese Bedingungen? Zum nicht geringen Teil in einer progressiven Zunahme an Komplexität.

Evolvierende Komplexität

Das Wort ›komplex‹ bedeutet nicht bloß einfach ›vielteilig‹, sondern schließt auch ein, daß die vielen Teile selbständig sind, zueinander in Wechselwirkung stehen und voneinander abhängig sind (lateinisch *complexus* heißt soviel wie ›geflochten‹ oder ›zusammengefaltet‹). In der heutigen Systemtheorie wird Komplexität manchmal definiert als Eigenschaft von Systemen, die durch die Art und Zahl der zwischen den Elementen bestehenden Relationen festgelegt ist. Komplexität kann folglich im Sinne von drei Grundmerkmalen begriffen werden:

Vielfalt – das System enthält eine große Anzahl von Komponenten meist verschiedener Art.

Organisiertheit – die vielen Komponenten sind zu diversen in Interaktion stehenden Strukturen organisiert.

Verbundenheit – die Komponenten sind durch physische Glieder, Energieaustausch oder irgendeine Form von Kommunikation miteinander verbunden. Diese Konnexität erzeugt und erhält Relationen und organisiert Aktivität innerhalb des Systems.

Mit anderen Worten, wenn etwas als Komplex bezeichnet wird, muß es aus einer Anzahl unterschiedlicher Elemente bestehen, die auf eine Weise organisiert und verbunden sind, daß sie miteinander in Interaktion stehen. Um eine klarere Vorstellung davon zu bekommen, was das bedeutet, wollen wir uns kurz ansehen, wie diese Charakeristika in der Evolution zum Tragen kommen.

VIELFALT

Die Bakterie *Escherichia coli,* die im Darm des Menschen lebt, stellt eine der einfachsten Formen von Leben dar. Und doch enthält eine einzige solche Zelle vier Desoxyribonukleinsäure-Moleküle (mit je etlichen hundert Millionen Atomen), an die 400 000 Ribonukleinsäure-Moleküle (1000 verschiedener Arten aus je rund 100 000 Atomen), zirka eine Million Protein-Moleküle (2000 verschiedener Arten aus im Schnitt je 1000 Atomen) sowie noch etwa 500 Millionen kleinere organische Moleküle.

Vielfalt zeigt sich auch sehr deutlich in einem komplexen Organismus wie dem Menschen, der aus vielen verschiedenen Typen von Zellen besteht (Leberzellen, Hirnzellen, Hautzellen, Blutzellen und Knochenzellen, um nur einige zu nennen).

Zur Emergenz neuer Evolutionsordnungen scheint es einer bestimmten Anzahl von Grundbestandteilen zu bedürfen. Die Basiskomponenten einer lebenden Zelle sind Atome (stabile Einheiten von Materie). Die Zahl der Atome in jeder *Escherichia coli* beträgt 40 000 000 000 (in mathematischer Kurzschrift: 4×10^{10}). Komplexere Zellen, wie beispielsweise Muskelzellen, können bis zu 10^{12} und größere Amöben sogar bis zu 10^{15} Atome enthalten. Andererseits finden wir wenige Zelltypen mit unter 10^{10} Atomen, und Lebensformen mit weniger als 10^{8} Atomen sind nicht bekannt. Rein zahlenmäßig scheint es eine Schwelle zu geben, unterhalb der Leben sich nicht bilden kann.

Ähnliches gilt wohl auch für die Emergenz von selbstreflexivem Bewußtsein aus Leben. Das menschliche Gehirn enthält durchschnittlich rund 10^{11} Nervenzellen, wovon sich 10^{10} im Kortex befinden. Gehirne, deren Kortex unter 10^{9} Neuronen enthält, wie beispielsweise das Hundehirn, zeigen das Phänomen des selbstreflexiven Bewußtseins nicht. Erst bei Erreichen jener Größe, wie sie der menschliche Kortex hat, kommt es zur Herausbildung dieser Fähigkeit und damit zur Entwicklung von Denken, Sprache, Verstand, Wissen, Willensfreiheit, Wissenschaft, Kunst und religiösem Erleben.

Wir dürfen demnach postulieren, daß um die 10^{10} Einheiten erforderlich sind, ehe ein Komplexitätsgrad erreicht werden kann, der ausreicht, eine neue Seinsordnung emergieren zu lassen. Liegt die Zahl der Elemente wesentlich unter dieser Größenordnung, ist nicht genügend Spielraum da für die Organisiertheit und die Wechselbeziehungen, die ebenfalls erforderlich sind.

ORGANISIERTHEIT
Ein Makromolekül wie ein Protein ist keine bloß zufällige Aggregation von Atomen. Vielmehr sind die Atome zu einer bestimmten Struktur gegliedert und organisiert, und ein einziges falsch sitzendes Atom kann die Merkmale und Eigenschaften des Moleküls radikal verändern. Die eine lebende Zelle bildenden Millionen Makromoküle selbst sind zu diversen Organellen (den ›Organen‹ der Zelle) organisiert, die auch ihrerseits organisiert sind, zu bestimmten Zeiten zu bestimmten Zwecken aufeinander einwirken und ihre Tätigkeiten meist auf Arten und Weisen synchronisieren, mit deren Erkenntnis die Biologen gerade erst begonnen haben.

Ähnlich ist unser eigener Körper ein hochorganisierter Verbund von Zellen und Organen. (Die Wörter ›Organismus‹ und ›organisieren‹ gehen, wie Sie vielleicht schon vermutet haben, auf dieselbe Wurzel zurück.) Jeder von uns besteht aus rund 10^{12} lebenden Zellen mit insgesamt 5×10^{25} Atomen, die alle nach einem ganz speziellen Modus organisiert sind, so daß das Endergebnis mehr darstellt als lediglich ein bloßes Konglomerat oder Sammelsurium, nämlich ein Mensch.

VERBUNDENHEIT
Bei einem komplexen Organismus ist nicht nur die Struktur organisiert, sondern auch seine innere Aktivität. Die verschiedenen Teile sind physisch miteinander verbunden, sie tauschen Materie und Energie aus, und zwischen den vielen Komponenten und Subsystemen besteht ein Informationsfluß. Da der Aspekt der Information uns später noch stärker

63

beschäftigen wird, wollen wir uns hier nur kurz anschauen, wie er sich auf den verschiedenen Ebenen zeigt.

Auf der Stufe stofflicher Materie tauschen Elementarteilchen rudimentäre Informationen über ihre Beschaffenheit (also ihre Ladung oder ihren Spin) und ihren Standort aus, und zwar vermittels der physikalischen Grundkräfte (Gravitationskraft, elektromagnetische Kraft und Kern- beziehungsweise Austauschkraft). Erfahren zum Beispiel zwei Teilchen eine elektrostatische Abstoßung, kann man sagen, sie erhalten die Information, daß ihre Ladungen gleichnamig seien.

Weiter höher auf der Evolutionsleiter tauschen komplexe Makromoleküle Informationen vermittels ihrer Gestalt und Struktur aus; manche Moleküle passen so in die Konturen anderer Moleküle hinein wie die Teile bei einem Puzzle-Spiel.

Bei einfachen lebenden Zellen erfolgt die Informationsübertragung durch den Duplikationsprozeß ungeschlechtlicher Vermehrung. Der Evolutionsschritt weiter zur sexuellen Reproduktion verlieh den Genen die Fähigkeit, Informationen von zwei Elternzellen auf eine neue Zelle zu transmittieren und vergrößerte somit das von einer Generation auf die nächste übergehende Informationsquantum.

Bei einfachen Organismen wird der Informationsfluß zur Hauptsache durch chemische Kuriere in Gang gehalten. Diese Kommunikation zwischen den Teilen des Systems besorgen Hormone, und die Weiterleitung von Information an andere Organismen erfolgt durch Pheromone (an die Umgebung abgegebene Chemikalien, zum Beispiel in den Sexual-Lockstoffen von Motten in der Luft und den Geruchsspuren von Ameisen). Komplexere Organismen verfügen über schnellere und beweglichere Kommunikationsformen: Übertragung elektrischer Impulse entlang von Nerven. Und schließlich bei der menschlichen Gesellschaft angelangt, finden wir die Entwicklung einer Vielfalt von Formen interpersoneller Kommunikation vor, wie Sprache, Schrift, Kunst und Musik, wozu in jüngster Zeit noch die elektronischen Kommunikationsnetze gekommen sind.

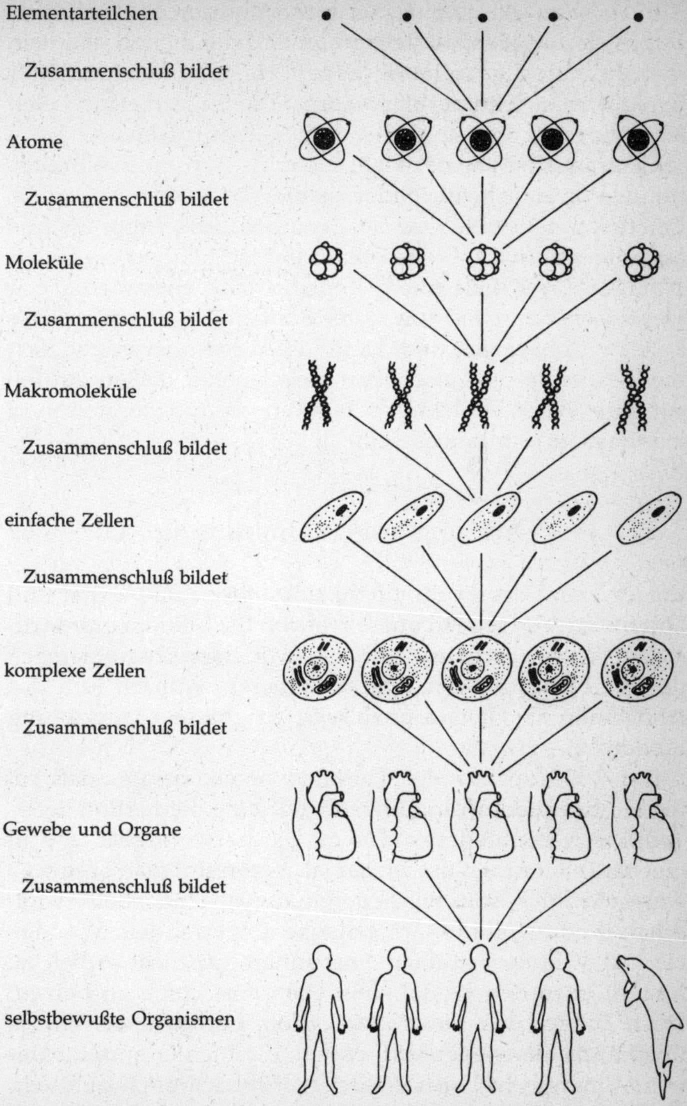

Elementarteilchen

Zusammenschluß bildet

Atome

Zusammenschluß bildet

Moleküle

Zusammenschluß bildet

Makromoleküle

Zusammenschluß bildet

einfache Zellen

Zusammenschluß bildet

komplexe Zellen

Zusammenschluß bildet

Gewebe und Organe

Zusammenschluß bildet

selbstbewußte Organismen

Abb. 2: Evolution als progressiver Zusammenschluß von Einheiten zu größeren Systemen.

Kurz gesagt, als eine der Haupttendenzen der Evolution zeigt sich Komplexitätssteigerung: Einzeleinheiten sammeln sich zu immer größeren Gruppen, die sich im Zuge ihrer Expansion auch immer stärker organisieren, wobei die vielen Komponenten in mannigfache Interaktion treten.

Doch ist Komplexität wohl mehr als nur ein Evolutionstrend. Wie es scheint, bildet sie die Voraussetzung für die Emergenz neuer Ebenen der Evolution. Erst wenn Energie auf eine bestimmte Weise organisiert ist, können die Eigenschaften von Materie emergieren und sich manifestieren; erst wenn viele Einheiten von Materie auf eine bestimmte Weise kollektiv organisiert sind, kann Leben emergieren und sich manifestieren; und erst wenn viele lebende Zellen auf bestimmte Weise kollektiv organisiert sind, emergiert und manifestiert sich Bewußtsein.

Ordnung kontra Unordnung

Dieser Trend der Evolution zu steigender Komplexität und Organisiertheit scheint auf den ersten Blick einem unbestrittenen physikalischem Gesetz zu widersprechen, nämlich dem 2. Hauptsatz der Thermodynamik, wonach sich das Universum als Ganzes unablässig zu größerer Unordnung hinbewegt.

Der 2. Hauptsatz der Thermodynamik besagt, daß bei jedem Energieumwandlungsprozeß eine Reduktion jenes Teils der Gesamtenergie erfolgt, die frei verfügbar und in mechanische Arbeit umsetzbar ist. Verbrennt man beispielsweise ein Stück Holz, wird Energie aus verschiedenen chemischen Bindungen in Wärmeenergie umgewandelt. Von dieser läßt sich ein Teil dazu einspannen, nützliche Arbeit zu leisten, etwa den Kessel einer Dampfmaschine zu heizen. Doch können wir dieses Stück Holz kein zweites Mal, ja überhaupt nie wieder verbrennen; die Menge umsetzbarer freier Energie hat sich reduziert. Ebensowenig läßt sich, durch Zusammenmischen der Asche, des Rauchs und der Wärme, der ursprüngliche Zustand wiederherstellen.

Für jenen Teil der Gesamtenergie des Systems, der nicht mehr frei verfügbar ist und nicht in Arbeit umgesetzt werden kann, haben die Physiker als Maß den Begriff der Entropie. Wenn die nutzbare beziehungsweise freie Energie abnimmt, heißt es, nimmt die Entropie zu.

Entropie ist zugleich eine Zustandsgröße der Zufälligkeit, der ›Unordnung‹ in einem System. Ist die Entropieproduktion im Minium, hat die interne Ordnung ein Maximum. Nimmt die Entropie zu, wird das System ungeordneter. Der 2. Hauptsatz der Thermodynamik besagt also auch, daß jeder Energieumwandlungsprozeß eine Zunahme der Unordnung in dem System bedeutet.

Stellen wir uns als einfaches Beispiel vor, daß man einen Tropfen Tinte in eine Schale mit Wasser gibt. Während die Tinte sich ausbreitet, gehen ihre Moleküle aus konzentriertem und organisiertem Zustand in eine mehr zufällige Verteilung über. Dem physikalischen Laien mag eine schön gleichmäßige Mischung als der geordnetste Zustand vorkommen, für einem Physiker oder Mathematiker aber ist der Zustand größter Ordnung der, bei dem sich die Positionen der Tintenmoleküle am leichtesten bestimmen lassen, was der Fall ist, wenn sämtliche Tintenmoleküle in einem einzigen Tropfen lokalisiert sind. Während die Tinte sich ausbreitet und die Moleküle sich dabei auf mehr dem Zufall überlassene Weise verteilen, verringert sich diese mathematische Ordnung und vergrößert sich die Entropie.

Eine wichtige Folge des 2. Hauptsatzes der Thermodynamik ist, daß solche Prozesse irreversibel, also nicht umkehrbar sind. Systeme gehen nicht von sich aus zu mehr Ordnung über; sich selbst überlassen, bildet sich eine Tintenlösung nicht zu einem konzentrierten Tropfen zurück. Da dieses Gesetz für alle physikalischen Systeme gilt, muß auch die Entropie des Universums als Ganzem zunehmen. Mit anderen Worten, das physikalische Universum bewegt sich hin zu mehr Zufällen als Ordnungszuständen.

Leben aber scheint diesem Trend zu widersprechen. Lebende Systeme zeigen einen hohen Grad von Ordnung. Jedes Lebewesen, von der *Escherichia coli* bis zum Blauwal, ist eine hochorganisierte Ansammlung von Energie und Materie. Und individuelle lebende Systeme wahren nicht nur einen hohen Grad von interner Organisiertheit, sondern bauen während ihres Wachstums und ihrer Entwicklung dieses Geordnetsein noch aus. Leben scheint sich eher zu größerer Ordnung hinzubewegen als zu Unordnung. Nach dem 2. Hauptsatz der Thermodynamik müßte ein System wie unser Körper doch aber an Entropie zunehmen und wieder zu einem Urbrei werden. Widerspricht Leben demnach einem als allgemeingültig angesehenen Gesetz der Physik?

Die Antwort lautet nein, und zwar deswegen, weil der 2. Hauptsatz der Thermodynamik nur für *geschlossene* Systeme gilt, also Systeme, die von ihrer Umwelt derart isoliert sind, daß Materie oder Energie weder hinein- noch hinausfließen können. (Beispiel eines idealen geschlossenen Systems wäre ein so dicht versiegelter Behälter, daß er für Schwingungen, Töne, Licht, Magnetfelder, Röntgenstrahlen und jede andere Form von Energie völlig unzugänglich ist.)

Lebende Systeme aber sind *offene* Systeme, die ständig Materie und Energie mit ihrer Umwelt austauschen. Betrachten wir einen Organismus *mitsamt* seiner ganzen Umwelt als ein einziges System, bleibt der 2. Hauptsatz der Thermodynamik gültig, weil wir jetzt ja im Effekt ein geschlossenes System vor uns haben, und bei dem nimmt die Gesamtenergie zu. Zum Beispiel zeigen Bakterien, die in einem geschlossenen Gefäß leben, eine Abnahme der Entropie (also eine Zunahme ihrer internen Ordnung), obwohl die Entropie des Gefäßes und der Bakterien *insgesamt* zunimmt.

Im Grunde wahrt ein Organismus seine interne Ordnung auf Kosten der Ordnung in der Umgebung; er nährt sich sozusagen von negativer Entropie, indem er unablässig der Umgebung ihre Ordnung aussaugt. Oder andersherum ausgedrückt: Ein Organismus gibt Entropie an seine Umgebung ab. Das kann per Ausscheidung von weniger geordnetem Material oder per Ausstrahlung von Wärme erfolgen (Wärmeenergie ist von hoher Entropie). Im Endeffekt wird also die mit einem System einhergehende lokale Entropieverringerung mit einer Energieerhöhung in der Umgebung bezahlt.

Doch wenn lebende Prozesse dem 2. Hauptsatz der Thermodynamik auch nicht widersprechen, muß gesagt werden, *warum* ein Organismus einen hohen Grad von interner Ordnung aufbaut und wahrt. Warum arbeitet eine bestimmte Ansammlung von Atomen gegen den Trend des übrigen Universums? Wenn der gesamte Evolutionsprozeß als zunehmende Organisierung gesehen werden kann, warum geschieht das dann in einem Universum, das sich auf dem Wege zu zunehmender Unordnung befindet?

Selbstorganisierende Systeme

Lange Zeit gab es keine befriedigenden Antworten auf diese Fragen. In den siebziger Jahren gelang jedoch dem belgischen Physikochemiker Ilya Prigogine, der in Brüssel und an der University of Austin in Texas arbeitete, ein größerer Durchbruch im Erkennen dessen, wie Ordnung aus Unordnung entstehen kann. (1977 wurde ihm dafür der Nobelpreis für Chemie verliehen.) Er bemerkte, daß es ein paar physikalische und chemische Systeme gibt, die auch dann einen höheren Grad von Ordnung in ihrer physikalischen Struktur aufbauen und aufrechterhalten können, wenn ihnen keine solche Ordnung zugeführt wird.

Prigogine und seine Mitarbeiter befaßten sich intensiv mit einer bestimmten chemischen Reaktion, die ein exzellentes Beispiel dafür bietet, wie sich aus einer homogenen Mischung von Substanzen Organisationsmuster bilden können. Bei dieser nach ihren Entdeckern benannten Belousov-Zhabotinsky-Reaktion werden vier Chemikalien (Malonsäure, ein Cersulfat, Kaliumbromat und Schwefelsäure) in bestimmtem Verhältnis gemischt und dann in einer flachen Schale sich selbst überlassen. Schon nach wenigen Minuten kann man konzentrische oder spiralförmige Wellen beobachten, die sich über die Schale ausbreiten, und diese Muster halten sich stundenlang.

Ein wichtiges Merkmal des sich hier zeigenden chemischen Prozesses ist, daß die Reaktionen cross-katalytisch sind, das heißt, die Produkte des einen Zustandes agieren als Katalysatoren für spätere Zustände. Infolgedessen durchlaufen sie eine Reihe von Wiederholungen, und eben das läßt die charakteristischen Muster entstehen. Das Erscheinen dieser geordneten Muster stellt eine Abnahme von Entropie innerhalb der Schale dar, ermöglicht durch die Abgabe einer sogar noch größeren Menge Entropie an die Umgebungen. Die Netto-Entropie des Gesamtsystems (der Schale plus ihrer Umgebung) hat dennoch zugenommen – der 2. Hauptsatz der Thermodynamik bleibt gewahrt.

Prigogine nannte solche selbstordnenden Prozesse *dissipative Strukturen*, da die Entropie, die sie erzeugen, auf die Umgebung dissipiert, also verteilt wird. Eine dissipative Struktur erzeugt fortwährend Entropie, entledigt sich dieser Entropie aber durch ihre ständige Interaktion mit der Umgebung. Während Energie und Materie vereinnahmt werden, werden Entropie (gewöhnlich in Form von Wärme) und einige Endprodukte ausgestoßen – ein Prozeß, den wir durchaus als den ›Stoffwechsel‹ des Systems ansehen können.

Bei ihren Forschungen haben Ilya Prigogine und seine Mitarbeiter schließlich entdeckt, daß drei Voraussetzungen notwendig sind, ehe sich eine dissipative Struktur überhaupt bilden kann:

Offenheit – Materie und Energie müssen zwischen dem System und seiner Umwelt fließen können.

Ungleichgewicht – nur wenn sich das System fern vom Zustand thermodynamischen Gleichgewichts befindet, kann Selbstorganisation bestehen. Nahe dem Gleichgewicht verhält sich das System wie jedes andere physikalische System: mit Zunahme von Entropie.

Selbstverstärkung – bestimmte Elemente des Systems katalysieren die Produktion neuer Elemente derselben Art, das heißt, die Elemente sind selbstreproduzierend.

Wenn durch ein dissipatives System fließende Energie oder Materie fluktuiert, bleibt die innere Organisation so lange erhalten, wie die Fluktuationen sich innerhalb bestimmter Grenzen halten. Das System kann auch geringen physischen Schaden ertragen, ja aufgrund seiner selbstorganisierenden Natur sich sogar ›heilen‹. Übersteigen die Fluktuationen jedoch bestimmte Grenzwerte, treiben sie das System in die Instabilität. In diesem Zustand kann es zusammenbrechen; es kann aber auch in eine neue Organisationsebene übergehen. Mit anderen Worten, ein dissipatives System ist in der Lage, auf größere Fluktuationen in der Umgebung mit *Evolution* zu reagieren.

Charakteristisch für solche Übergänge ist eine Periode von beträchtlichem Chaos innerhalb des Systems. Diese Instabilität geht Hand in Hand mit einem maximalen Fluß von Energie und Materie durch das System und einer maximalen Entropieproduktion innerhalb des Systems, was eine maximale Dissipation von Entropie erfordert. Sollte das System diese Periode überleben, kann das Ergebnis eine Reorganisation und ein neues Regime dynamischer Stabilität sein – ein Phänomen mit wichtigen Implikationen für die Evolution ganz allgemein.

Dissipative Strukturen in der Evolution

Das allgemeine Verhalten von dissipativen Strukturen ähnelt sehr deutlich dem von lebenden Systemen. Und die Ähnlichkeit ist nicht nur oberflächlich. Prigogine hat gezeigt, daß biologische Prozesse, weit davon entfernt, Regeneration in einem auf Unordnung zusteuernden Universum zu sein, an Hand der Prinzipien von dissipativen Strukturen durchaus vorhersagbar sind. Er folgert: »Leben erscheint nicht mehr als eine Insel der Resistenz gegen den 2. Hauptsatz der Thermodynamik..., sondern als eine Folge der allgemeinen physikalischen Gesetze ..., die den Fluß von Energie und Materie funktionelle und strukturelle Ordnung in offenen Systemen aufbauen und aufrechterhalten lassen.«

Biologische Systeme stehen jetzt im Mittelpunkt der Forschung auf diesem Gebiet. Phänomene wie das Wachstum von Pflanzen, die Regeneration von Gliedern in einfachen Organismen, die Reizmuster von Nervenzellen und viele biochemische Prozesse werden heute gut verstanden, indem man darin gleiche Prinzipien am Werke sieht, wie sie in dissipativen Strukturen zu finden sind. Die Theorie ist auf die Hirnforschung erweitert worden und wird auch auf soziale Gruppen wie Bienenschwärme und Schleimpilze angewandt, desgleichen auf wirtschaftliche Interaktionen der Menschen, auf die menschliche Gesellschaft überhaupt, auf Ökosysteme und sogar auf Gaia. Die Theorie der dissipativen Systeme hat uns in der Frage, wie sich lebende Systeme entwickeln, um ein wesentliches Stück weitergebracht.

Sie ist auch anwendbar auf die Evolution allgemein. Erich Jantsch hat das in seinem Buch *Die Selbstorganisation des Universums* umfassend erforscht und aufgezeigt, daß sich der stetige Trend der Evolution zu größerer Komplexität in jeder Stufe als Wirkung von dissipativen Strukturen erklären läßt.

Wie schon erwähnt, können extreme Fluktuationen innerhalb dissipativer Strukturen zur Emergenz neuer Organisationsebenen führen. Evolutionsmäßig gesehen sind diese Fluktuationen Instabilitätsperioden oder Krisen, in denen sich Organismen, wollen sie nicht zugrunde gehen, der veränderten Umwelt anpassen müssen – und dadurch vielleicht zu höheren Organisationsebenen emergieren.

Zu einer frühen Krise (oder Fluktuation) in der Lebensevolution kam es wahrscheinlich, als die einfachen chemischen Verbindungen, von denen sich die ersten primitiven Zellen nährten, anfingen knapp zu werden. Das war praktisch die erste Ernährungskrise. Die Evolution reagierte darauf mit der Photosynthese – der Fähigkeit zur direkten Ernährung durch Sonnenlicht. Bei der Photosynthese entsteht als Nebenprodukt Sauerstoff, und als sich der nach eineinhalb Milliarden Jahren in der Atmosphäre zu massieren begann, brachte das wieder eine größere Veränderung in der Umwelt und eine weitere Krise, diesmal in Form von Luftverschmutzung und -vergiftung. Reagiert wurde darauf mit der Entwicklung von

Sauerstoff atmenden Zellen. Später, als die Zellen komplexer wurden, standen auch sie vor einer Krise: Sie konnten nicht schnell genug Nahrung aufnehmen, um sich bei ihrer zunehmenden Größe zu erhalten. Dieses Problem wurde dann ebenfalls evolutionär gelöst, nämlich durch Bildung vielzelliger Organismen.

Heute ist leicht erkennbar, daß auch die menschliche Gesellschaft etliche große Krisen durchläuft. Betrachten wir die Menschheit aus der Perspektive der dissipativen Strukturen, können wir sehen, daß die beiden Grundmerkmale einer größeren Fluktuation vorhanden sind: zunehmender Durchfluß von Energie und Materie und hohe Entropieproduktion. Wir verbrauchen jetzt mehr Energie und Materie als je zuvor und stehen vor all den sich daraus ergebenden Problemen der Verknappung und Erschöpfung von Ressourcen. Gleichzeitig ist die Entropieproduktion der Menschen in die Höhe geschnellt. Das zeigt sich als zunehmende Unordnung sowohl in der Gesellschaft (zum Beispiel in größer werdender sozialer Unruhe, steigender Kriminalitätsrate und wachsendem ökonomischem Chaos) wie auch in den Umgebungen (zum Beispiel in immer stärkerer Ausplünderung und Verschmutzung der Umwelt).

Alles deutet darauf hin, daß wir uns rapide dem kritischen Punkt nähern. Und dort gibt es nur zwei Möglichkeiten: Zusammenbruch oder Durchbruch. Wenn wir uns dem auf uns ausgeübten Druck nicht anpassen können, wird die menschliche Gesellschaft wahrscheinlich kollabieren. Gelingt uns aber die Anpassung, können wir vielleicht zu einer neuen Organisationsebene emporsteigen. Welchen Weg wir gehen werden, liegt jetzt in erster Linie an uns selbst. Eines ist wohl klar: Das Tempo des Wandels beschleunigt sich, und welche Richtung wir auch einschlagen mögen, größere Veränderungen sind nicht mehr fern.

4

Die Beschleunigung der Evolution

Es ist heute üblich, davon zu reden, daß das Leben immer schneller werde, und voller Nostalgie auf das gemütlichere Tempo zur Zeit unserer Großeltern zurückzublicken. Dabei ist diese Akzeleration gar nicht neu, sondern schon seit 15 Milliarden Jahren im Gange. In der Evolution hat jede neue Entwicklung auf bereits Erreichtem aufbauen können (die Evolution komplexer Makromoleküle zum Beispiel konnte sich die Eigenschaften weniger komplexer Moleküle wie Aminosäuren, Aldehyde und Wasser zunutze machen). Jedes neue Phänomen wurde zu einer weiteren Plattform für die Evolution in ihrem unaufhaltsamen Streben nach immer mehr Komplexität. Je größer diese jeweils wurde, um so breiter die Plattform, auf der die Evolution dann weiterbauen konnte, und um so höher der Grad der Entwicklung. Das führte zu immer schnelleren Wachstumsmustern.

Infolge dieser natürlichen Tendenz zur Beschleunigung sind die großen Entwicklungen in der Evolution nicht in gleichmäßigen Intervallen erfolgt; vielmehr wurden die Abstände immer kürzer. Unter ›kurz‹ sind dabei meist immer noch Jahrmillionen zu verstehen – Zeitbegriffe, die weit jenseits unserer Erfahrung liegen. Um ein greifbareres Bild zu bekommen, wollen wir uns vorstellen, diese 15 Milliarden Jahre seien per Zeitraffer zu einem Mammutfilm von einem Jahr Vorführdauer komprimiert. Und dieses ›Epos des Alls‹ schauen wir uns jetzt im Geiste von Anfang bis Ende an:

Der Urknall, mit dem der Film beginnt, ist schon in einer Hundertmillionstel Sekunde vorbei. Das Universum kühlt sich rasch ab, und innerhalb von 25 Minuten haben sich stabile Atome gebildet. Den Rest des ersten Tages, ja den ganzen Januar hindurch geschehen keine bedeutenden Veränderungen mehr; alles, was wir sehen, ist eine expandierende Gaswolke. Im Februar und März verdichtet sich diese allmählich zu Haufen von Galaxien und Sternen. Während die Wochen und Monate dahingehen, explodieren ab und an Sterne zu Supernovae, und aus den Trümmern kondensieren neue Sterne. Zur Bildung unserer eigenen Sonne und unseres Sonnensystems kommt es schließlich Anfang September – nach nunmehr schon acht Monaten Film.

Nachdem jetzt die Erde entstanden ist, geht es ein wenig schneller voran. Es bilden sich komplexe Moleküle, und zwei Wochen später erscheinen einfache Algen und Bakterien. Dann kommt eine relative Flaute, während der die Bakterien langsam evolvieren und eine Woche lang die Photosynthese entwickeln. Die daraus folgende Anreicherung der Atmosphäre mit Sauerstoff zieht sich fünf Wochen hin, bis Anfang November. Innerhalb einer weiteren Woche bilden sich dann komplexe Zellen mit festen Kernen, was die sexuelle Reproduktion ermöglicht, und von dieser Stufe ab beschleunigt sich die Evolution wieder. Wir haben inzwischen Ende November, und der größte Teil des Films ist bereits abgelaufen. Dabei hat die Evolution von Leben gerade erst begonnen.

Anfang Dezember erscheinen die ersten einfachen vielzelligen Organismen, und etwa eine Woche später kriechen die ersten Wirbeltiere aus dem Meer ans Land. Fast die ganze letzte Woche des Films, von Weihnachten bis zur Mitte des 30. Dezember, beherrschen Dinosaurier das Land.

Gegen Mittag des letzten Tages treten dann unsere noch affenähnlichen Urahnen auf, aber erst ab 23 Uhr gehen sie aufrecht.

Jetzt, nach 365 Tagen und Nächten Film, kommen wir zu einigen der faszinierendsten Entwicklungen. Eineinhalb Minuten vor Mitternacht bildet sich die menschliche Sprache. In der letzten halben Minute beginnt der Ackerbau. Fünfeinhalb Sekunden vor Filmende wird Buddha unter dem Bodhi-Baum Erleuchtung zuteil, und eine Sekunde später erscheint Jesus Christus. In der letzten halben Sekunde vollzieht sich die industrielle Revolution, und in der Zeit von weniger als einer Zehntelsekunde vor 24 Uhr läuft der Zweite Weltkrieg ab.

Wir sind jetzt angelangt beim letzten Einzelbild, den letzten zweieinhalb Zentimetern eines etliche hundert Millionen Meter langen Films. Der Rest der Zeitgeschichte vollzieht sich im Bruchteil eines Augenblicks, dauert kaum länger als der Knall, mit dem der Film begann. Und dabei beschleunigt sich die Evolution immer noch weiter, ohne daß sich ein Nachlassen dieser Akzeleration abzeichnet.

Evolutionssprünge

Wenn wir die evolutionären Veränderungen, die wir soeben haben Revue passieren lassen, in Form einer Kurve darstellen, wird ersichtlich, daß die Entwicklung nicht gleichmäßig langsam oder gleichmäßig schnell vor sich gegangen, sondern in Schüben oder Sprüngen erfolgt ist.

Betrachten wir zum Beispiel den Prozeß, der nach der plötzlichen Bildung von festen Wasserstoffatomen eintrat, rund 70000 Jahre nach dem Urknall. Milliarden Jahre lang evolvierten diese Atome langsam zu einfachen Elementen. Je größer die Vielfalt der entstandenen Atome wurde, um so größer wurde auch das Potential zur Bildung von noch mehr Atomen. So beschleunigte sich im Lauf der Zeit dieser plattformbauende Prozeß, bis ein Stadium erreicht war, wo sich – im Innern explodierender Sterne – die meisten der schwereren Elemente ungemein plötzlich bilden konnten, etwa binnen einer Viertelstunde.

Weitere solcher Schübe erfolgten beim Übergang von Materie zu Leben. Vor der Entwicklung von Sternen mit Planetensystemen gab es evolutionsfähige Mechanismen allein auf der atomaren und der subatomaren Ebene. Mit dem Entstehen des für die Bildung komplexerer Moleküle nötigen kühleren Zustandes hatte die Evolution einen abermaligen festen Halt, wo sie weiter aufbauen und somit schneller voranschreiten konnte. Je komplexer die von ihr erzeugten Moleküle wurden, um so mehr Möglichkeiten ergaben sich für weitere Entwicklungen. So beschleunigte sich der Vorgang, bis dann schließlich einfache Bakterien auftauchten.

Das geschah relativ früh in der Erdgeschichte, vor rund vier Milliarden Jahren. In diesem Stadium betrat die Evolution eine neue Plattform: die Ebene des Lebens. Allerdings war Leben zu dieser Zeit noch recht einfach und bot wenig Vielfalt, so daß sich der Prozeß wieder verlangsamte. Zellen mit einfachem Kern brauchten zehn- bis zwanzigmal so lange dazu, sich aus den Bakterien zu bilden, wie die Bakterien gebraucht hatten, sich aus dem Urbrei zu entwickeln. Durch die Herausbildung von Zellen mit Kern wurde dann aber sexuelle Reproduktion möglich, und die führte wiederum zu größerer Vielfalt und Adaptionsfähigkeit. Mit der Schaffung immer komplexerer Formen verbreitete sich die Lebensplattform und dadurch konnte die Evolution noch rascher fortschreiten.

Die Entwicklung der vielen verschiedenen Tierarten ist aller Wahrscheinlichkeit nach ebenfalls stoßweise erfolgt. Die klassische Sicht der biologischen Evolution, fußend auf Darwins Theorie, nahm an, daß eine Spezies allmählich über eine lange Reihe von geringen Veränderungen evolviere und daß dieser Prozeß im Lauf von Millionen Jahren zur Entstehung völlig neuer Arten führe. Zwar erkennt die große Mehrheit der Naturwissenschaftler das allgemeine Prinzip des Darwinismus an, der Gedanke der kontinuierlichen, stufenweisen Entwicklung hingegen wird in neuerer Zeit angezweifelt.

Gemäß dieser Theorie müßten sich nämlich Fossilien finden lassen, die die sanfte Progression von einer Spezies zur anderen repräsentieren. Tatsächlich aber finden wir immer nur Mengen von Fossilien der einen Art und Mengen von Fossilien jener Art, zu der sie sich entwickelt hat, aber kaum jemals Übergangsformen. Es gibt zu viele *missing links.*

Einige Evolutionstheoretiker, wie zum Beispiel Stephen Jay Gould von der Harvard University, sind heute der Meinung, daß sich individuelle Arten langer Perioden der

Beständigkeit erfreut haben, auf die dann Zeiten rapider Weiterentwicklung gefolgt seien. Wie schnell solche Evolutionssprünge vor sich gehen, ist allerdings noch unklar. Die Vertreter dieser Auffassung nehmen an, daß sie sich in etwa 50 000 Jahren vollziehen (was durchaus schnell wäre, denn bei der Evolution haben wir es ja gewöhnlich mit Jahrmillionen zu tun).

Unter günstigen Bedingungen sollen sie auch schon im Verlauf von 1000 Jahren erfolgen können, und bei einigen heutigen Vogel- und Mottenarten hat man festgestellt, daß es sogar im Zeitraum von nur einer Generation zu größeren evolutionären Veränderungen gekommen ist. Entdeckungen dieser Art deuten darauf hin, daß die Entwicklung von Leben längst nicht so sanft und sukzessiv verlaufen sein dürfte, wie Darwin geglaubt hatte.

Mit dem Auftreten des Menschen machte die Evolution den Sprung von der biologischen Plattform auf eine neue Ebene: die des Bewußtseins. Als Spezies, das steht mit ziemlicher Sicherheit fest, evolvieren wir noch immer, nur geht das, so rasant es aus der Evolutionsperspektive auch erscheinen mag, nach menschlichem Zeitmaß relativ langsam vor sich. Physiologisch unterscheiden wir uns, so weit wir das sagen können, wohl kaum von den Menschen, die vor zehntausend Jahren gelebt haben. Was dagegen evolviert, und zwar sehr schnell, das sind der menschliche Geist und die Art und Weise, wie wir ihn einsetzen.

Das selbstreflexive Bewußtsein verlieh uns die Fähigkeit, unser Geschick selber in die Hand zu nehmen. Wir sind nicht mehr gebunden an einen langen, langsamen Evolutionsprozeß, bei dem die richtigen Adaptionen erst über Versuche und Irrtümer erkundet werden müssen; wir können absehen, was unser Tun bringen wird, und bewußt den Weg oder die Verhaltensweise wählen, bei denen die Wahrscheinlichkeit am größten ist, daß sie uns da hinbringen, wo wir hin wollen – als Individuen wie als Spezies. Das heißt, die Evolution des Menschen hat einen Riesensprung gemacht und ist in ihre bisher rapideste Entwicklungsperiode eingetreten.

Die heutige Akzeleration

Die Dinge wandeln sich heute in vielen Tätigkeitsbereichen derart schnell, daß sich schwer voraussagen läßt, wo wir in fünfzig Jahren sein werden, und sich gar eine Vorstellung von der Zivilisation in tausend oder einer Million Jahren machen zu wollen ist schlechterdings unmöglich.

Darüber hinaus stellen viele der erfolgenden Veränderungen nicht minder bedeutsame evolutionäre Entwicklungen dar als seinerzeit die sexuelle Reproduktion und die Photosynthese. Niemals zuvor hat ein Evolutionsprodukt so aktiv an der Evolutionsbeschleunigung mitgewirkt wie heute der Mensch. Hier nur ein paar Beispiele:

BIOLOGIE
Gleich allen Naturwissenschaften zeigt diese Disziplin in ihrer Entwicklung eine stetig ansteigende Beschleunigungskurve. Um 2000 v. Chr. bei den Babyloniern entstanden und

Abb. 3: Evolution als Kette sprunghafter Übergänge.

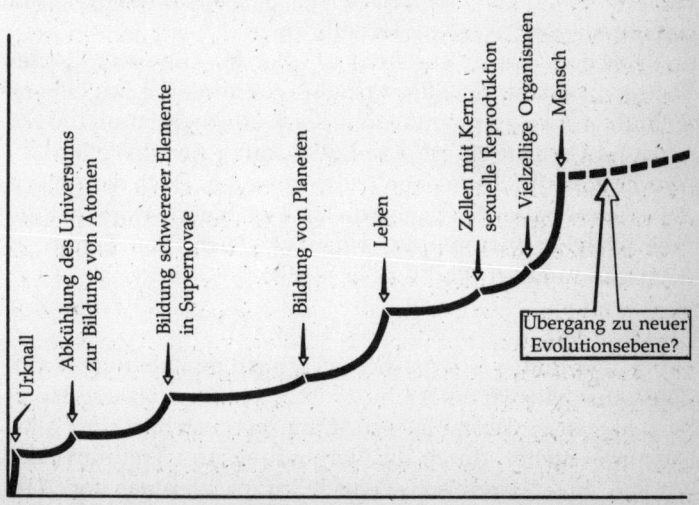

dann von den Ägyptern, Griechen und Römern fortgeführt, bildete sie sich das Mittelalter hindurch langsam weiter aus. In der Renaissance ging es schon rascher voran, mehr aber noch im 17. Jahrhundert mit seiner Entwicklung des Mikroskops und der Entdeckung der Mikroben. Noch stärkere Schrittmacher für die Biologie waren dann Errungenschaften wie die Klassifizierung der Arten, die Entdeckung der Zellen und die Erkenntnis genetischer Prinzipien.

Im 20. Jahrhundert beschleunigte sich das Tempo noch mehr durch die Entwicklung der Biochemie, genauer arbeitender Präzisionsinstrumente sowie der elektronischen Mikroskopie und der Datenverarbeitung mittels Computer. Heute kennen wir sogar die detaillierte Molekularstruktur eines Gens.

Und in allerjüngster Zeit schickt sich der Mensch sogar an, mehr zu werden als bloß passiver Beobachter der lebenden Welt. Im letzten Jahrzehnt haben Biologen auch gelernt, die Gene in einer Zelle zu modifizieren, und damit das Tor zur Schaffung völlig neuer Arten aufgetan. Neue Lebensformen brauchen in ihrer Entwicklung nicht mehr den langsamen Prozeß von Versuch und Irrtum sowie der natürlichen Zuchtauslese zu folgen; sie lassen sich gezielt entwerfen und innerhalb von Monaten hervorbringen.

Evolutionsmäßig gesehen ist das ein überaus großer Schritt. Bis dahin war die einzige Neuerung, die des Lebens Fähigkeit, sich zu modifizieren, stark erweitert hatte, die vor zwei Jahrmilliarden erfolgte Entwicklung der sexuellen Reproduktion durch einfache Zellen gewesen. Doch das voll zu evolvieren hatte eine Milliarde Jahre gedauert, wogegen die menschliche Wissenschaft einen vergleichbaren Schritt in wenigen hundert Jahren geschafft hat.

ATOMPHYSIK

Auch hier finden sich solche ruckartigen Beschleunigungen. Die Lehre, die wir als Atomistik bezeichnen – daß alle Stoffe aus kleinsten Teilchen, den Atomen, bestehen und alles Naturgeschehen durch die Verbindung und Trennung der Atome zu erklären sei – wurde zum erstenmal vor 2500

Jahren von dem griechischen Philosophen Leukippos und seinem Schüler Demokrit vorgebracht. Über zwei Jahrtausende später fand der englische Chemiker John Dalton heraus, daß die einzelnen Elemente verschiedene Atomgewichte haben. Nach der Entdeckung der Elektronen im Jahre 1879 wurde erkannt, daß Atome doch nicht die kleinsten Einheiten sind, sondern sich aus noch kleineren Elementarteilchen zusammensetzen. In den dreißiger Jahren unseres Jahrhunderts gelangten die Physiker dann zu einem Standardmodell, wonach ein Atom aus einem Kern von elektronisch positiven Protonen und Neutronen sowie aus einer kreisenden Hülle von negativ geladenen Elektronen besteht. Damit nahmen Kernphysik und Hüllenphysik ihren Anfang.

Nach Erfindung der Teilchenbeschleuniger brauchten dann auch die Physiker nicht mehr passive Beobachter zu bleiben: Sie waren jetzt in der Lage, manche Elemente in andere umzuwandeln oder sogar völlig neue Elemente zu erzeugen, indem sie den Kern mit Atomteilchen beschossen und so seine Struktur veränderten.

Wie enorm diese Entwicklung ist, wird deutlich, wenn wir uns vor Augen führen, daß der letzte Aufbau neuer Elemente im hiesigen Teil unserer Galaxis von einer Supernova-Explosion vor der Bildung der Erde erfolgte. Anders ausgedrückt, der Mensch setzt einen Prozeß in Gang, der sich auf unserem Planeten schon über vier Milliarden Jahre nicht mehr abgespielt hat.

ENERGIEQUELLEN

Letzten Endes kommt all unsere Energie von der Sonne. (Man könnte vorbringen, die Kernenergie sei eine Ausnahme, da sie in Atome gebunden ist, die sich schon vor unserer Sonne gebildet hatten, aber diese Energie war von einer früheren Sonne gekommen.) Auf der Erde erfolgt die Umwandlung der Sonnenenergie hauptsächlich mittels Photosynthese von Licht durch Pflanzen. Alle Energie in Holz, Torf, Kohle und Öl ist einmal per Photosynthese erzeugt worden, wenn auch zum Teil schon vor Jahrmillionen. In den letzten hundert Jahren haben wir ein grundlegend neues

Mittel zur Nutzbarmachung von Sonnenenergie geschaffen: die Solarzelle. Diese Erfindung stellt evolutionsmäßig eine ebenso bedeutsame Entwicklung dar wie die der Photosynthese vor drei bis fünf Milliarden Jahren.

MOBILITÄT

Im Lauf der Jahrtausende haben die menschlichen Verkehrsmittel gewaltige Progressionen erfahren: von den eigenen Füßen zum Pferd, zu Eisenbahn und Auto, zu Überschall-Jet und zur Weltraumrakete, die in der Stunde 25000 Meilen zurücklegt. Mit jeder neuen Entwicklung stieg die Reichweite sprunghaft an, und zwar mit von Mal zu Mal größerer Erhöhungsrate. Darüber hinaus wurden die Intervalle immer kürzer. Und jetzt stehen wir an der Schwelle zur Besiedlung des Weltraums, einer Entwicklung so bedeutsam wie die Besiedlung des Landes durch die ersten Amphibien vor 400 Millionen Jahren.

KOMMUNIKATION

Ebenso stark progressiv haben sich die Mittel des Menschen zur Übertragung von Information entwickelt: von der Sprache über Zeichnung, Schrift, Druck, Fotografie, Telegrafie, Telefonie, Rundfunk und Fernsehen zu Nachrichtenübermittlung per künstlichen Erdsatelliten. Jede neue Stufe bewirkte eine Steigerung in der Informationsqualität, -quantität und -verfügbarkeit. Ergebnis all dieser Entwicklungen ist, daß die Menschheit zunehmend miteinander verbunden wird – ein, wie wir an späterer Stelle sehen werden, für ihre weitere Entwicklung ganz entscheidender Trend, dessen evolutionsmäßige Parallele wir im Auftauchen der ersten vielzelligen Organismen vor einer Milliarde Jahren finden.

Würde sich heute auch nur eine dieser Entwicklungen vollziehen, lebten wir bereits in einer evolutionsmäßig bedeutsamen Zeit. Aber die Tatsache, daß diese gewaltigen Veränderungen jetzt alle gleichzeitig erfolgen, läßt darauf schließen, daß wir uns inmitten einer Phase befinden, für die es in der Evolution noch keinen Präzendenzfall gegeben hat.

Zudem sind diese Entwicklungen cross-katalytisch – Fortschritt auf einem Gebiet beschleunigt den auf einem anderen. (Die Molekularbiologie zum Beispiel ist durch die Mikroskopie, die Computeranalyse, die theoretische Chemie, die Chromatographie und die Mikroanalyse enorm vorangetrieben worden, und die so erreichten Fortschritte haben dann ihrerseits auf Bereiche wie Medizin, Landwirtschaft, Chemie, Industrie und Technologie rückgewirkt.) Solche Eskalationen infolge simultaner Konvergenz so vielen verschiedenen Wachstums hat es in der Geschichte der Evolution nur ganz wenige gegeben, niemals aber eine von derart rapidem Verlauf oder mit so breitem Spektrum von Implikationen.

Es läßt sich immer weniger die Schlußfolgerung umgehen, daß wir heute Lebenden uns an einem außerordentlichen Punkt der Evolution befinden. John Platt, ein Systemtheoretiker, den die Evolutionsbeschleunigung schon seit langem fasziniert, schreibt in *The Futurist*:

Sprünge um so viele Größenordnungen, auf so zahlreichen Gebieten und mit so häufiger Gleichzeitigkeit sowie die auffallende Unruhe des Planeten sind sichere Anzeichen dafür, daß wir keinen sanften Zyklus oder Akzelerationsprozeß ähnlich denen in historischer Vergangenheit durchlaufen. Jeder, der einsieht, daß es in der Evolution oder in der Menschheitsgeschichte plötzliche Sprünge gegeben hat, wie die Erfindung des Ackerbaus oder die industrielle Revolution, muß aus diesen Evidenzen folgern, daß wir jetzt bei einem weiteren solchen Sprung sind, der jedoch viel konzentrierter und intensiver ist und evolutionsmäßig noch weit bedeutsamer.

Wenn dem so ist, wenn die für unsere Zeit typische eskalierende Beschleunigung einen bevorstehenden Sprung signalisiert – wo führt er uns hin? Wird er gleichermaßen epochal sein wie seinerzeit die Entwicklung von Leben aus unbelebter Materie?

5

Unsere evolvierende Gesellschaft

Sei stets eingedenk:
Du lebst zu einmaliger Stunde in einmaliger Zeit;
hast das unermeßliche Glück,
bei einer neuen Welt Geburt dabeizusein.

THE MOTHER (Auroville)

Von der Entstehung des Universums bis in die Gegenwart ist die Evolution unablässig zu immer höheren Komplexitätsstufen aufgestiegen: Vielfalt, Organisiertheit und Verbundenheit haben ständig zugenommen. Aus dieser verstärkten Komplexität sind neue Evolutionsordnungen emergiert. Es gibt keinen logischen Grund zu der Annahme, daß dieser Trend jetzt aufhören soll. Im Gegenteil, alles deutet darauf hin, daß er unvermindert anhält. Die drei Grundaspekte von Komplexität scheinen sich wieder einmal jenem Punkt zu nähern, wo es zur Emergenz einer neuen Seinsordnung kommen kann, und die Arena für diesen nächsten evolutionären Durchbruch ist die Menschheit selbst.

Um den Komplexitätsgrad der heutigen Gesellschaft richtig bemessen zu können, wollen wir uns zuerst die zunehmende Vielfalt ansehen. Evolutionsmäßig hat Vielfalt drei Hauptmerkmale. Da ist zum einen Verschiedenartigkeit: Entwicklung einer breitgefächerten Reihe von Typen innerhalb der Gruppe. Dazu ist es innerhalb der Menschheit unstreitig gekommen. Wie wir die Vertreter der Spezies Mensch auch unterteilen (nach Nationalität, Rasse, Körpertyp, Beruf oder Religionszugehörigkeit), an Verschiedenartigkeit hat es da keinen Mangel.

Das zweite Kennzeichen von Vielfalt ist Mengenwachstum. Die menschliche Bevölkerung hat sich rapide vermehrt, und viele sehen darin einen negativen Trend. Evolutionsmäßig gesehen ist Mengenwachstum jedoch notwendig, da es zur Komplexität beiträgt, die ja eine Grundlage der Evolution bildet.

Das Wachstum nahezu aller Populationen – ob von Bakterien in einer Schale, von Zellen in einem Embryo oder von Kaninchen in Australien – erfolgt nach einem Muster, das die Mathematiker exponentielles Wachstum nennen und das sich mit der sogenannten exponentiellen Wachstumskurve darstellen läßt. Da die spezielle Natur dieser Kurve wichtig ist für das Verständnis der folgenden Ausführungen, wollen wir uns mit einigen ihrer Eigentümlichkeiten befassen.

Beim exponentiellen Wachstum nimmt die Größe in jeweils gleichen Zeiträumen um einen bestimmten Prozentsatz der jeweils vorigen Größe zu. Das heißt, je größer etwas ist, um so rascher nimmt es noch zu. Ein klassisches Beispiel ist die Bevölkerung: Die Wachstumsrate hängt ab von der Anzahl der bereits lebenden Menschen, und folglich tendiert eine expandierende Bevölkerung zu immer schnellerer Zunahme (vorausgesetzt, daß es nicht durch Krieg, Seuchen, Hungersnot oder ähnliche Katastrophen zu plötzlicher Abnahme kommt). Ein weiteres Beispiel für exponentielles Wachstum ergibt sich, wenn Geld festverzinslich angelegt wird. Die Zinsen werden berechnet nach der ursprünglichen Einlage *und* allen bisher angelaufenen Zinsen; jedes Jahr kommen neue Zinsen und Zinseszinsen hinzu und lassen die typische exponentielle Wachstumskurve entstehen, wie wir sie in Abbildung 4 sehen. Jedes exponentielle Wachstum hat, da es in konstantem Prozentsatz zunimmt, die Wachstumsrate also gleichbleibt, seine bestimmte ›Verdopplungszeit‹. Das ist diejenige Zeitspanne, in der die Größe auf das jeweils Doppelte des vorhergenannten Wertes ansteigt. Es besteht eine einfache mathematische Beziehung zwischen prozentualer Wachstumsrate und Verdopplungszeit: Diese ist gleich 70 (genau: 69,31) geteilt durch Wachstumsrate. Nimmt eine Bevölkerung (oder was sonst gemessen wird) jährlich um 2 Prozent zu, hat sie also eine Verdopplungszeit von 35 Jahren.

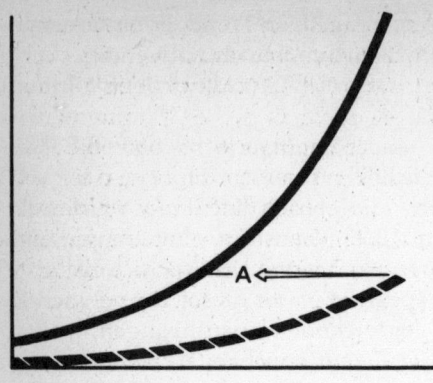

Abb. 4: Exponentielle Wachstumskurve, bei der die Größe (z. B. einer Bevölkerung oder eines auf Zinseszins angelegten Bankguthabens) in jeweils gleichen Zeiträumen um einen bestimmten Prozentsatz der jeweils vorigen Größe zunimmt.

Bei solchen Kurven ist jedoch zweierlei zu beachten: Erstens: Da sie immer steiler ansteigen, werden sie zuweilen fälschlich als asymptotisch bezeichnet, womit gesagt werden soll, daß sie schließlich in die Vertikale übergehen. In Wirklichkeit tun sie das aber nie, denn das würde ja bedeuten, daß die Bevölkerung (oder was immer dargestellt wird) zu einem bestimmten Zeitpunkt die Ebene des Unendlichen erreiche. Zweitens: Exponentielle Wachstumskurven werden oft so gezeichnet wie in obiger Abbildung die ungestrichelte Kurve – meist um zu zeigen, daß die vorliegende Wachstumsrate jetzt phantastische Ausmaße erreicht habe und in naher Zukunft ins Astronomische gehen werde. Doch die Form der Kurve kann täuschen. Die exponentielle Wachstumskurve hat nämlich die faszinierende Eigenschaft, daß bei Dehnung respektive Kontraktion der vertikalen Skala die neue Kurve dieselbe Form hat wie die vorherige zu späterer beziehungsweise früherer Zeit. Verändert man den vertikalen Maßstab der obigen ungestrichelten Kurve so, daß diese auf ein Viertel ihrer Höhe sinkt, ergibt sich die gestrichelte Kurve – und die hat genau dieselbe Form wie die ungestrichelte in ihrem früheren Verlauf bis hoch zum Punkt A. So kann man durch bloßes Dehnen oder Zusammenziehen der Achsenskalen den scheinbaren Krisenpunkt in die Zukunft oder in die Vergangenheit verlegen.

Bei einer exponentiellen Wachstumskurve darf man also nicht allein aus deren Form Folgerungen ziehen, sondern muß die tatsächlichen Wachstumsraten mit berücksichtigen.

Die exponentielle Wachstumskurve ist ein mathematisches Modell, und das natürliche Wachstum hält sich nicht immer exakt an dieses Muster. Das Wachstum der Weltbevölkerung zum Beispiel ist nicht in echter exponentieller Kurve erfolgt. Im Lauf der Jahrhunderte hat sich die Verdopplungszeit ständig verkürzt. Um 1000 v. Chr. gab es rund 340 Millionen Menschen und betrug die Verdopplungszeit noch gut 500 Jahre. Im 17. Jahrhundert war diese auf 300 Jahre gesunken, um 1800 stand sie bereits bei 100, um 1940 bei rund 50 und in den sechziger Jahren bloß noch bei 35 Jahren.

Solches Wachstum, bei dem auch die Wachstumsrate selbst ansteigt, nennt man superexponentiell. Im Fall der Weltbevölkerung ist das superexponentielle Wachstum eine direkte Folge der Entwicklung von Sprache, Schrift, Buchdruck und anderen Kommunikationssystemen, durch die sich im Lauf der Zeit erworbenes Wissen zusammenlegen ließ. Das hat zu besserer medizinischer Fürsorge, gestiegener Produktion, intensiverer Bodennutzung und höherem Lebensstandard geführt – Faktoren, die das Bevölkerungswachstum beschleunigt haben.

In der Praxis kann exponentielles Wachstum nicht ewig anhalten, und superexponentielles natürlich schon gar nicht; irgendwann stößt es auf von der physischen Umwelt gesetzte Grenzen. Bakterien in einer Schale, die sich alle paar Stunden verdoppeln, können damit nur so lange weitermachen, bis sie die Schale gefüllt haben. Und die Menschheit kann, jedenfalls gegenwärtig, nicht mehr tun, als den Planeten füllen. Ab irgendeinem Punkt spürt die wachsende Bevölkerung – gewöhnlich wenn sie auf halbem Wege zum Maximum ist –, die Unfähigkeit der Umwelt, unaufhörlich größer werdende Mengen zu verkraften und zu versorgen. Die Wachstumsrate beginnt sich dann zu verlangsamen, und die Kurve biegt sich allmählich nach unten, wird S-förmig.

Im Fall der Bakterien in einer Schale wird diese Zuwachsverlangsamung bewirkt durch Kräfte wie Nahrungsknappheit und Raummangel – Faktoren, auf die die Bakterien keinen Einfluß haben. Im Fall der menschlichen Bevölkerung können wir mit ähnlichen Formen ›natürlicher‹ Kontrolle rechnen, wie Krankheit, Hungersnot und vielleicht sogar Völkermord aufgrund von Kriegen um immer weniger ergiebig werdende Rohstoff- und Energiequellen. Im Gegensatz zu den Bakterien vermögen die Menschen jedoch die Zukunft vorauszuerkennen und entsprechend zu prädisponieren, beispielsweise durch Geburtenbeschränkung. Das heißt, wir haben die Möglichkeit, den diversen natürlichen Kontrollen vorzubeugen und die Apokalypse abzuwenden.

Jüngste Statistiken über die menschliche Bevölkerung lassen erkennen, daß sich deren Zunahme bereits verlangsamt. Die genauesten Zahlen liegen von den Industrienationen vor, und bei nahezu all diesen nimmt die Fruchtbarkeit (definiert als die Durchschnittszahl der Kinder pro Frau) stetig ab. Schweden ist schon beim Nullwachstum angelangt, und BRD, DDR und USA folgen dichtauf; in diesen drei Ländern ist die Fruchtbarkeit unter die reine Reproduktionsebene gesunken. (Sinken der Fruchtbarkeit unter die

Abb. 5: Weltbevölkerung in den letzten 8000 Jahren.

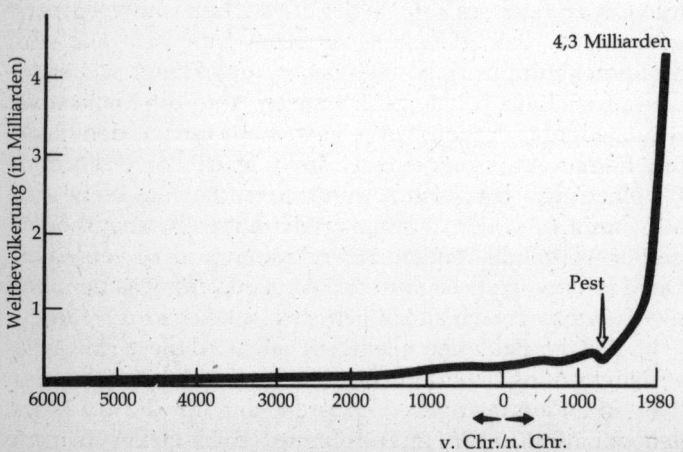

Reproduktionsebene bedeutet aber nicht unbedingt, daß das Bevölkerungswachstum sofort aufhört; nicht selten hält es noch an die zwanzig Jahre weiter an, denn infolge früherer Geburtenraten kann die Zahl der potentiellen Eltern ja immer noch wachsen.) In China mit seinem Viertel der Weltbevölkerung wird jetzt die Politik des ›Pro-Familie-nur-ein-Kind‹ betrieben. Auch dort ist man inzwischen schon unterhalb der Reproduktionsebene und hofft, im Jahre 2000 das Nullwachstum erreicht zu haben.

Die Daten für die übrige Welt sind etwas weniger verläßlich, doch auch so scheint allgemein ein Trend zu sinkendem Wachstum zu herrschen. Die Zahlen für den Gesamtplaneten zeigen, daß die jährliche Wachstumsrate Anfang der sechziger Jahre eine Spitze von 2 Prozent erreicht hatte, um 1970 aber auf 1,9 und 1977 schon auf 1,7 heruntergegangen ist. Wir scheinen jetzt den Mittelpunkt des ›S‹ passiert zu haben. Es gibt verschiedene demographische Prognosen, wie sich ein Anhalten dieser Tendenzen auswirken werde. Alle gehen sie dahin, daß sich im Jahre 2000 die Zahl der Menschen bei etwa 6 Milliarden bewegen und Mitte oder Ende nächsten Jahrhunderts zwischen 8 und 11 Milliarden einpendeln werde.

Die Möglichkeit einer Stabilisierung der Weltbevölkerung bei 10^{10} ist interessant. Wie wir bereits gesehen haben, scheint dies grob die Zahl von Elementen zu sein, die zusammenkommen müssen, ehe eine neue Evolutionsebene emergieren kann. (Etwa so viele Atome befinden sich in einer einfachen lebenden Zelle, und eine annähernd gleich große Zahl Zellen enthält der Kortex des menschlichen Gehirns.) Zeigt sich dasselbe Muster auf höheren Integrationsebenen, kann das als Zeichen dafür angesehen werden, daß sich die Menschheit geschwind jenem Stadium nähert, wo das selbstreflexive Bewußtsein auf dem Planeten zahlenmäßig stark genug vertreten sein wird, die Emergenz der nächsten Ebene zu ermöglichen.

Doch brauchen wir darauf vielleicht gar nicht bis Ende des 21. Jahrhunderts zu warten. Schließlich ist die Zahl 10^{10} kein absolutes Erfordernis, es genügt schon eine von in etwa

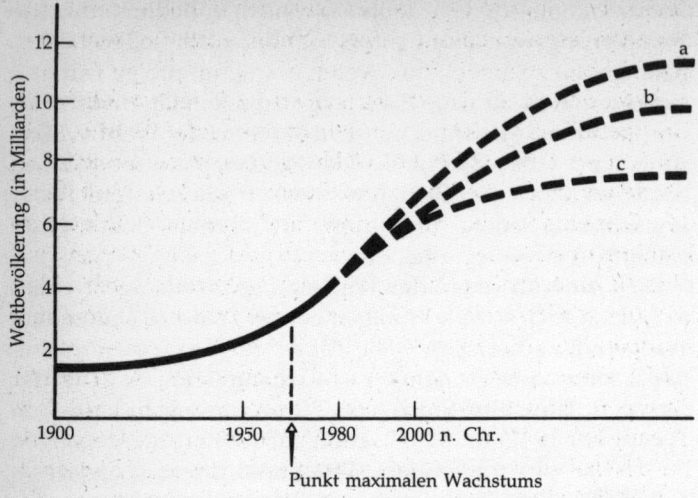

Abb. 6: Künftiges Wachstum der Weltbevölkerung nach Berechnungen von a: UN, b: Weltbank, c: University of Chicago, die ein Absinken der Wachstumsrate und schließlich ein Stabilisieren bei zwischen 8 und 12 Milliarden voraussagen.
(Zu beachten ist, daß die Skalen hier anders sind als in Abb. 5.)

gleicher Größenordnung, sofern sie nicht um mehr als den Faktor 10 abweicht. Somit liegt die derzeitige Weltbevölkerung von rund 4 Milliarden (4×10^9) bereits innerhalb der erforderlichen Quantität, und ob sie noch auf 8 oder gar 11 Milliarden anwächst, ist evolutionsmäßig nicht wichtig.

Organisierung der Gesellschaft

Quantität allein vermag aber noch keinen Evolutionssprung zu bewirken. Zehn Milliarden in einem Stecknadelkopf zusammengebrachte Atome ergeben, so sehr sie auch zueinander passen mögen, noch keine lebende Zelle, und zehn Milliarden Neuronen in einem Glasgefäß ergeben noch kein denkendes Gehirn. Die einzelnen Elemente und ihre Interaktionen müssen zu einer übergeordneten Struktur organisiert sein.

Erster Schritt zu dieser Organisierung ist gewöhnlich die Gruppenbildung. Betrachten wir menschliche Gesellschaft, können wir eine stetige Entwicklung verfolgen: von kleinen Horden nomadischer Jäger und Sammler hin zu ackerbauenden Gemeinschaften, von Sippen und Stämmen zu kleinen Ländern und Staaten, von Völkern zu größeren, über geographische und ethnische Grenzen hinausgehenden Verbänden wie der UdSSR, dem Britischen Commonwealth und der Europäischen Gemeinschaft.

Mit zunehmender Größe und Integration wurden die Gruppen immer organisierter. Genau wie die Zelle ihre Organellen und der Körper seine Organe hat, so hat die Gesellschaft ihre Organisation und ihre Struktur. Hatten in den primitiven Jäger- und Sammlerverbänden noch alle mehr oder weniger die gleichen Aufgaben, haben moderne Gesellschaften dagegen zu einem hohen Grad von Spezialisierung geführt.

Heute ist nahezu jeder Spezialist, und die daraus resultierende Interdependenz und Interaktion der menschlichen Gesellschaft hat eine hochkomplexe Sozialstruktur entstehen lassen. Will man bloß rasch mal mit seinem Wagen zum Supermarkt fahren, um eine Flasche Orangensaft zu kaufen, ist man dabei schon abhängig von einem enggeflochtenen Netz von Leuten, die an unterschiedlichsten Arbeitsstellen werken (um nur ein paar davon zu nennen: Kautschukplantage, Ölquelle, Raffinerie, Stahlwerk, Kupfermine, Kraftfahrzeugwerk, Obstsafterei und Glasfabrik, ganz zu schweigen von den diversen Export-, Import- und Vertriebsfirmen).

Wachsende Organisiertheit in der Gesellschaft findet sich nicht nur auf der physischen Ebene. Mit der Evolution des Menschen kam es zum selbstreflexiven Bewußtsein und zu der Fähigkeit, über die von uns bewohnte Welt nachzudenken. Das eröffnete die Möglichkeit zur Evolution auf mentaler Ebene, und der Trend zu größerer Organisiertheit zeigt sich in uns auf vielerlei Weise.

Intelligenz selbst ist kein Organisationsprinzip innerhalb des menschlichen Bewußtseins. Im allgemeinsten Sinn läßt sich Intelligenz sehen als die Fähigkeit, sensorisches Rohmaterial abstrahierend zu ordnen, Wahrnehmungen zu bedeutungsvollen Einheiten zu gliedern, zwischen ihnen Relationen, Begriffe, Erwartungen, Hypothesen und so weiter herzustellen und somit Handeln zweckvoll zu organisieren.

Die vielen Facetten des menschlichen Wissens können auch als Mittel zur Organisierung unseres Erfahrens der Welt betrachtet werden. Jede einzelne wissenschaftliche Disziplin stellt einen speziellen Weg der Suche nach zugrundeliegenden Regeln und Gesetzen dar; sie alle zeigen die Ordnung der Welt auf, in der wir leben. Ähnlich sucht die Kunst verborgene Ordnungen der Schöpfung bewußt zu machen. Auf diese und noch viele andere Weisen entdecken die Menschen ständig neue Zusammenhänge und organisieren ihre Informationen über die Welt immer mehr.

Die menschliche Gesellschaft hat das noch einen Schritt weiter geführt. Wir organisieren Information nicht nur in uns, sondern können diese Information auch mit anderen teilen. Mit Hilfe vielfältiger Kommunikationsmittel beginnen wir uns auf der Ebene des Bewußtseins zu vereinen und vergrößern dadurch das dritte entscheidende Merkmal von Komplexität: Verbundenheit.

Das Informationszeitalter

Um die Bedeutung der heutigen Entwicklungen auf dem Gebiet der Kommunikation voll zu begreifen, müssen wir zeitlich zurückgehen und uns vor Augen führen, zu was für sozialen Veränderungen es in den letzten 200 Jahren gekommen ist. In dieser kurzen Zeitspanne hat es nämlich in den wichtigsten Berufsbranchen wesentliche Verschiebungen gegeben.

Bis Mitte des 18. Jahrhunderts war die Mehrheit der arbeitenden Menschen auf dem Nahrungsmittelsektor beschäftigt (Landwirtschaft, Fischfang, Vertrieb). Die Zuwachsrate der in diesem Sektor Tätigen glich in etwa der der Bevölkerung selbst. In neuerer Zeit ist sie jedoch infolge der zunehmenden Anwendung von Technologie in der Landwirtschaft hinter ihr zurückgeblieben – die Wachstumskurve hat sich zu dem charakteristischen S verformt.

Von der industriellen Revolution an zeigten die entwickelteren Länder eine stete Zunahme der Zahl der in der Groß- und und in der Kleinindustrie Beschäftigten. Dieses Wachstum erfolgte wesentlich schneller als das bei der Landwirtschaft, und so wurde ein großer Prozentsatz Arbeitskräfte in die Industrie involviert. Diese Verschiebung kann allgemein als ein Wechsel von der Nahrungsmittelherstellung zur Verarbeitung von Bodenschätzen und Energie angesehen werden.

In den USA hatte die Zahl der in der Nahrungsmittelproduktion Beschäftigten eine Verdopplungszeit von 45 Jahren, die der Arbeitskräfte in der Industrie dagegen eine von nur rund 16 Jahren. Das führte dazu, daß die Wachstumskurve der in der Industrie Arbeitenden die der in der Landwirtschaft Tätigen im Jahre 1900 einholte. Beschäftigungsmäßig läßt sich dieses Jahr als eigentlicher Beginn des Industriezeitalters in den USA betrachten. Von da an wurde die Industrie zum dominierenden Beschäftigungssektor; in der Lebensmittelproduktion sind heute nur noch 3 Prozent der US-Bevölkerung tätig.

Im vergangenen Jahrzehnt hat auch das Wachstum der Beschäftigung in der Industrie nachgelassen, und seine Kurve ist S-förmig geworden. Diese Verlangsamung ist eine Folge der zunehmenden Anwendung von Technologie und Automation in der Industrie.

Im letzten Vierteljahrhundert hat sich ein neuer großer Sektor menschlicher Aktivität herausgebildet: Informationsverarbeitung, wozu Bereiche gehören wie Bildungs-, Presse- und Verlagswesen, Buchhaltungs- und Bankwesen, Rundfunk, Fernsehen, Telekommunikation und natürlich auch all die vielen Arbeitsgebiete, deren Grundlage Computer sind. Die Informationsverarbeitung wächst so rasch an, daß ihre Verdopplungszeit nur rund sechs Jahre beträgt.

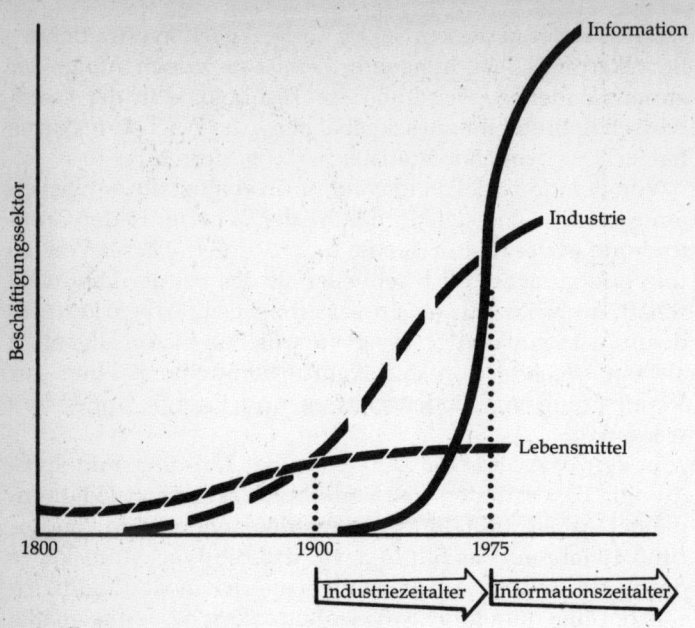

Abb. 7: Wandlungen in der Zahl der Arbeitenden in verschiedenen Branchen: Nahrungsmittelproduktion, Industrie und Informationsverarbeitung.
Die Bevölkerungsstatistik für die USA zeigt, daß im Jahre 1800, also vor der industriellen Revolution, 80 Prozent aller Arbeitskräfte in der Lebensmittelproduktion tätig waren. Um 1900 zog die Industrie gleich; beide Sektoren hatten jetzt einen Anteil von rund 38 Prozent. Diese Verschiebung hat angehalten, und heute beschäftigt die Lebensmittelproduktion nur noch drei Prozent der Arbeitskräfte.
In jüngster Zeit ist ein neuer Sektor mit noch rapiderem Wachstum hinzugekommen: Informationsverarbeitung. Bei ihr beträgt die Verdopplungszeit etwa sechs Jahre, und bereits 1975 hatte sie beschäftigungsmäßig die Industrie eingeholt. Heute ist Information in den Industrienationen die vorherrschende Berufsgruppe.

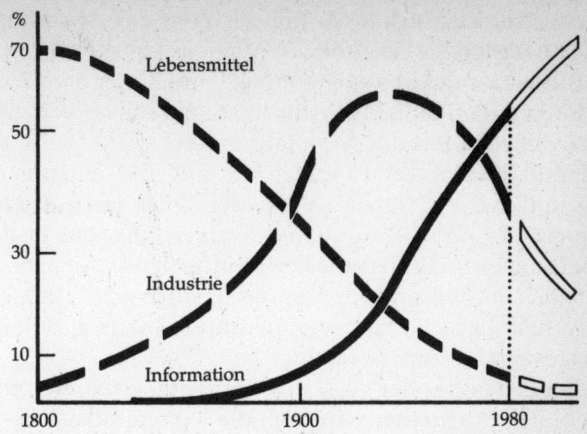

Abb. 8: Die gleichen Daten wie in Abb. 7 (Menge der in den USA in Landwirtschaft, Industrie und Informationsverarbeitung Beschäftigten), jedoch dargestellt als Prozentsatz der Gesamtheit aller Arbeitskräfte. Die Verschiebung der einzelnen Sektoren zueinander kommt hier noch besser heraus. In der zweiten Hälfte des 19. Jahrhunderts arbeiteten rund 50 Prozent in der Landwirtschaft und in den 1930er Jahren über 50 Prozent in der Industrie, während heute, in den 1980er Jahren, mehr als 50 Prozent in der Informationsverarbeitung tätig sind.

Das sich rapid ausweitende Wachstum der Kommunikation hat zu einer weiteren Verschiebung der Beschäftigungssektoren geführt: von der Industrie, also der Verarbeitung von Materie und Energie, hin zur Verarbeitung von Information. Mitte der siebziger Jahre hatte in den USA die Zahl der auf diesem neuen Sektor Beschäftigten die der in der Industrie Tätigen eingeholt. Inzwischen ist Informationsverarbeitung zur vorherrschenden Berufsgruppe geworden – das ›Informationszeitalter‹ hat begonnen.

Die obigen Angaben beziehen sich zwar speziell auf die USA, doch in fast allen Industrienationen läuft die Entwicklung parallel. Selbst die unterentwickelten Länder zeigen ähnliche Tendenzen, obwohl sie hierin natürlich mehr oder weniger stark zurück sind. Mit der Zeit, das ist so gut wie sicher, werden sie nachfolgen. Mag ein Land im Erreichen des Industriezeitalters auch fünfzig Jahre hinter dem Westen her hinken, den Eintritt ins Informationszeitalter vollzieht es dann vielleicht mit nur zehn Jahren Rückstand. Beispiel für ein Land, das trotz seines späten Starts den Westen unstreitig eingeholt hat, ist Japan. Viele der Ölländer des Nahen Ostens, wie Kuwait und Saudi-Arabien, machen in dieser Beziehung ebenfalls rasante Fortschritte. Und China, obwohl jetzt noch vorwiegend ein Agrarland, wird nur für kurze Zeit zur Industriegesellschaft werden und sich dann zur Informationsgesellschaft umgestalten.

Je mehr Länder der Welt ins Informationszeitalter eintreten, um so drastischer wird sich die Kommunikations- und Informationstechnologie auf die Menschheit auswirken, denn das sich ausbreitende Netz elektronischer Synapsen integriert uns ja immer enger.

Ein Rückblick in die Geschichte zeigt, daß diese Tendenz zu fortschreitender Verknüpfung der Menschheit schon seit Jahrtausenden am Werke ist. Die heutige Sturzwoge von Informationstechnologie ist die Frucht von Millionen Jahren menschlicher Arbeit.

Der erste große verbindende Schritt war die Entwicklung der menschlichen Sprache. Sie führte zu einer direkteren Wissensübertragung zwischen einzelnen, als vorher möglich gewesen war, und erleichterte den Zusammenschluß vom Menschen zu einfachen Gemeinschaften und Ansiedlungen. Ein zweiter wichtiger Durchbruch erfolgte mit dem Aufkommen der Schrift vor rund 10000 Jahren. Sie ermöglichte es, Information über Zeit und Raum hinweg zu vermitteln, und förderte so das Wachstum großer Gemeinden und außerdem die Aufzeichnung von Kulturgeschichte und Überlieferungen. Die Fähigkeit der Menschen, schriftliche Information zu verbreiten, wurde dann im 15. Jahrhundert durch die Erfindung des Buchdrucks noch wesentlich erhöht.

Der nächste größere Durchbruch erfolgte Mitte des 19. Jahrhunderts: die Entwicklung der elektrischen Nachrichtentechnik in Form der Telegrafie und später des Telefons.

Jetzt konnten auf der entgegengesetzten Seite der Welt lebende Menschen durch Elektrokabel miteinander verbunden werden, und die Zeit zur Übermittlung einer Nachricht über lange Entfernungen sank plötzlich von Tagen oder gar Wochen auf Sekundenbruchteile.

Schon fünfzig Jahre später war man noch weiter, denn man bediente sich nun als Übertragungsmedium der Radiowellen. Jetzt brauchte man nicht mehr durch Kabel physisch verbunden zu sein, und außerdem ließ sich eine Nachricht einer großen Zahl von Menschen mitteilen; man konnte Information im wahrsten Sinne des Wortes ›rund‹funken. Inzwischen haben der Rundfunk und sein Ableger, das Fernsehen, rapide Verbreitung erfahren und setzen jedermann in den Stand, Ereignisse, die in ganz anderen Teilen der Welt geschehen, als Ohren- oder gar Augenzeuge mitzuerleben.

Zur gleichen Zeit, als sich das Netz von Rundfunk und Fernsehen über den Planeten zog, erfolgte eine nicht minder wichtige Entwicklung in der Informationstechnologie: die der Computer.

Computer hatten ihre Ursprünge im Zweiten Weltkrieg, als die Notwendigkeit entstand, komplizierte Berechnungen und Informationsverarbeitungen viel schneller durchzuführen, als es sich mit Papier, Bleistift und Addiermaschine bewerkstelligen ließ. Da konstruierten dann Wissenschaftler elektronische Rechner, die man damals meist als ›Elektronengehirne‹ bezeichnete, und aus diesen entstanden in den fünziger Jahren die ersten Computer. Obwohl noch unhandlich und nach heutigen Maßstäben langsam arbeitend, brachten sie Leistungsvermögen und Tempo der Informationsverarbeitung um einen Riesensprung voran. In den sechziger und siebziger Jahren wurden in der Kapazität und Arbeitsgeschwindigkeit der Computer geradezu dramatische Fortschritte erzielt. Gleichzeitig wurden die Computer immer kleiner, ja geradezu winzig.

Der Mikroprozessor oder Chip, wie er auch genannt wird, stellte eine regelrechte Revolution in der Computer-Technologie dar. Noch keinen halben Quadratzentimeter groß, leistete ein durchschnittlicher Chip des Jahrgangs 1980 mehr, als sämtliche Computer von 1950 zusammengenommen, und diese Kapazität hat sich inzwischen noch von Jahr zu Jahr verdoppelt. Zu den vielen Vorteilen ihrer Kleinheit kommt hinzu, daß Chips einen erstaunlich geringen Energieverbrauch haben. Mit der Energie, die 1970 ein durchschnittlicher Computer brauchte, lassen sich heute gut und gern fünftausend Taschenrechner gleicher Leistung betreiben. Das heißt, das Verhältnis Information – Energie hat sich ständig erhöht, und steigt jetzt raketenhaft an. Wir können mit immer weniger immer mehr tun.

Während sich 1970 noch fast ausschließlich nur Großbetriebe und staatliche Institutionen Computer leisten konnten, hat es der Chip inzwischen ermöglicht, daß sich potentiell jedermann auf dem Planeten der Computer und der Datenverarbeitung bedienen kann, und zwar ohne damit den Energiehaushalt bedrohlich zu belasten.

Einen weiteren großen Vorwärtsschritt stellte das direkte Verbinden von Computern dar. Die ersten Computer waren selbständige Einheiten, die nur mit Menschen interagierten. Ende der siebziger Jahre wurden jedoch zwei Computer so miteinander verbunden, daß sie auf direktem Wege kommunizieren konnten. Diese Entwicklung hat innerhalb nur weniger Jahre zahlreiche Computer-Netze entstehen lassen, die über die ganze Welt Daten austauschen, und das sehr viel schneller, als Menschen es je könnten. Um 1980 waren bereits Tausende solcher Netze in Betrieb, arbeiteten auf allen möglichen Gebieten, von Warenbestandskontrolle und Flugreservierung bis zu Verbrechensverhütung und wissenschaftlicher Forschung. Und ihre Zahl verdoppelt sich alle zwei, drei Jahre.

Anfänglich war der Gebrauch von Computern auf mathematische Berechnungen und auf die Datenverarbeitung beschränkt, Chips und Netze machen jetzt Computer aber auch in der menschlichen Kommunikation einsetzbar. Was bislang durch die Medien menschliche Stimme respektive Tonträger und Schrift, Druck oder Bild übertragen wurde, läßt sich jetzt in die Computer-Sprache (›bits‹ genannte Zahlenkombinationen aus Nullen und Einsen) übersetzen und als elektronisches Material am Empfängerende dann mit nahezu absoluter Wiedergabetreue ›rekonstruieren‹.

Mit der Weiterentwicklung der Kommunikationstechnologie auf Computer-Basis werden elektronische Post, elektronische Zeitungen und elektronisches Einkaufen zu etwas Alltäglichem werden, desgleichen Bildtelefone, mit denen Rundgespräche möglich sind. Über Terminals von Heim-Computern, die nicht größer als Taschenrechner sind, wird jeder Mensch in der Lage sein, mit zahlreichen anderen Menschen, mit anderen Computern und mit Datenbanken in der ganzen Welt Kontakt aufzunehmen. Mit weiterer Anwendung von simultaner Datenübertragung und -verarbeitung werden sich viele neue Horizonte öffnen, von denen wir uns manche noch gar nicht vorstellen können.

Der Fortschritt in der Computer-Technologie wird nach ›Generationen‹ gemessen. Jede neue Generation basiert auf umwälzenden Weiterentwicklungen. Die Computer der ersten drei Generationen hatten als Elemente jeweils Vakuumröhren, Transistoren und winzige integrierte Schaltkreise. Chips sind Geräte der vierten Generation. Die nächste, also die fünfte Generation, die sich eines besonderen Phänomens bedient, nämlich des Josephson-Effekts (benannt nach seinem Entdecker, Nobelpreisträger Brian Josephson), wird Mitte der achtziger Jahre Einzug halten. Diese Computer arbeiten bei Temperaturen nahe dem absoluten Nullpunkt und werden etwa hundertmal schneller sein als gegenwärtige Geräte. Und die sechste Generation, mit der vermutlich in den neunziger Jahren zu rechnen ist, kann uns gut und gern Computer bescheren, die dem menschlichen Gehirn nicht mehr nachstehen.

Da wird es dann nur noch ein kleiner Schritt sein zur sogenannten UIM, der ultra-intelligenten Maschine, die auf jedem Gebiet der Informationsverarbeitung mindestens so gut wie der Mensch oder gar noch besser arbeiten kann. Ist dieses Stadium erst einmal erreicht, werden wir ein noch phantastischeres Ansteigen der Leistungsfähigkeit von Computern erleben. UIMs lassen sich ansetzen, bessere

Computer zu konstruieren, und die so entstehenden UIMs der zweiten Generation werden den Menschen weit übertreffen. Zweifellos folgen dann UIMs dritter und vierter Generation – natürlich mit exponentiellem Intelligenzwachstum.

Beim Nachdenken über die Zukunft kommt uns leicht jene Vision, die bevorzugtes Sujet vieler Science-Fiction-Autoren ist: Die Computer werden am Ende so intelligent, daß sie die Menschheit als Speerspitze der Evolution ablösen. Eben das aber wäre, obwohl die Weiterentwicklung von Intelligenz bedeutend, nicht im Einklang mit dem Gesamtmuster der Evolution.

In der Vergangenheit ist jede neue Entwicklung aus der Integration und Verbesserung existierender Systeme erwachsen. In keinem Stadium wurde irgendein Zweig der Evolution durch seine Nebenprodukte oder durch Artefakte verdrängt; sie sind stets zusammen evolviert, haben sich mehr integriert als separiert. Wird dem Muster der letzten viereinhalb Milliarden Jahre gefolgt, gehört zum nächsten Stadium die Koevolution der Menschheit und ihrer Erzeugnisse in gegenseitiger Unterstützung. UIMs werden die Menschen nicht ablösen, sondern vielmehr einen weiteren Faktor bilden, der die Integration der Gesellschaft erhöhen und die Evolution der Menschheit zu größerer Komplexität beschleunigt.

Evolution eines Globalhirns

Das Gehirn des menschlichen Embryos durchläuft zwei Haupt-Entwicklungsphasen. Die erste ist eine massive Populationsexplosion der embryonalen Nervenzellen; sie setzt acht Wochen nach der Konzeption ein. Während dieser Phase nimmt die Zahl der Zellen täglich um viele Millionen zu. Nach fünf Wochen verlangsamt sich der Prozeß jedoch, und zwar fast so abrupt, wie er begonnen hat. Die erste Periode der Hirnentwicklung – die Proliferation von Zellen – ist damit abgeschlossen.

Nun setzt die zweite Phase ein: Milliarden isolierte Nervenzellen beginnen, sich zu vernetzen, teils mit ihrer unmit-

telbaren Nachbarschaft, teils aber auch – mittels ausgestreck-
ter Fasern – mit Zellen auf der anderen Hirnseite. Zur Zeit der
Geburt kann eine typische Nervenzelle mit mehreren tausend anderen Zellen in direkter Kommunikation stehen;
manche Zellen bringen es sogar auf eine viertel Million
solcher Kontakte. Diese Vermehrung der Verbindungen hält
das erste Lebensjahr hindurch an.

Ähnliche Trends lassen sich in der heutigen menschlichen
Gesellschaft beobachten. Wir scheinen uns aus der Periode
der massiven ›Zellen‹-Proliferation herauszubewegen und in
eine Phase dichteren Verbundenwerdens einzutreten. Mit
zunehmender Komplexität der Fähigkeit zu weltweiter Kommunikation ähnelt die menschliche Gesellschaft immer mehr
einem planetaren Nervensystem. Das Globalhirn kommt in
Gang.

Diese Aktivierung ist nicht nur für uns sichtbar, sie läßt
sich auch Millionen Kilometer weit draußen im Weltraum
erkennen. Hätte vor 1900 irgendein außerirdisches Wesen
die Aktionsströme des Planeten gemessen, sozusagen ein
›planetares EEG‹ gemacht, wären dabei keine anderen Bewegungen festgestellt worden als jene zufälligen, die natürliche
Ursachen haben, wie etwa Blitze. Heute dagegen durchrasen
den Raum um den Planeten Millionen von verschiedenen
Signalen, seien es nun an eine große Zahl von Menschen
gehende Funksendungen, persönliche Mitteilungen oder
das Geschnatter von Computern, die Informationen austauschen. Werden die benutzbaren Frequenzen zu voll, finden
wir Mittel und Wege, sie effizienter zu nutzen, oder erschließen neue Medien wie zum Beispiel Licht zur Informationsübertragung.

Mit der durch diese Kommunikationstechnologie ermöglichten Sofortverbindung von jedem zu jedem und der
Informationsverbreitung auf immer schnellere Weise und an
immer größere Massen dürfte Marshal McLuhans Vision von
der Welt als ›globalem Dorf‹ bald Wirklichkeit werden. Von
einem abgelegenen Wald-Cottage in England kann ich eine
Nummer auf den Fidschi-Inseln anrufen, und meine Stimme
braucht nicht länger dazu, durch die Telefonleitung die

Fidschi-Inseln zu erreichen, als mein Gehirn benötigt, meinem Finger den Befehl zum Drehen der Wählscheibe zu erteilen. In bezug auf die zur Kommunikationsherstellung benötigte Zeit ist der Planet so klein geworden, daß die anderen ›Zellen‹ des Globalhirns nicht weiter von unseren Gehirnen entfernt sind als unsere eigenen Körper.

Mit dem steigenden Tempo der globalen Interaktion nimmt auch die Komplexität zu. 1980 bestand das weltweite Fernmeldenetz aus 440 Millionen Telefonen und annähernd einer Million Fernschreibern. Doch so verzweigt dieses Netz auch erscheinen mag, gegenüber den Kommunikations-Terminals im Gehirn, den Billionen Sinapsen, durch die unsere Nervenzellen interagieren, ist es winzig klein. Laut John McNulty, einer britischen Computer-Autorität, war das globale Telekommunikationsnetz von 1915 nicht komplexer als ein Gehirngebiet von Erbsengröße. Aber die Informationsverarbeitungs-Kapazität verdoppelt sich alle zweieinhalb Jahre, und wenn diese Zuwachsrate anhält, kann schon im Jahre 2000 das globale Telekommunikationsnetz dem Gehirn an Komplexität gleichkommen. Daß diese Zeit unglaublich kurz erscheint, liegt wahrscheinlich daran, daß nur wenige von uns richtig zu begreifen vermögen, wie schnell das Wachstum wirklich erfolgt.

In der Tat werden die Veränderungen, zu denen das führt, so groß sein, daß ihr volles Ausmaß sehr wohl unsere Phantasie übersteigen kann. Wir werden uns nicht mehr als isolierte Einzelwesen sehen, sondern wissen, daß wir Teil eines sich rapid integrierenden weltweiten Netzes sind: die Nervenzellen eines sich aktivierenden Globalhirns.

6
Emergenz eines sozialen Superorganismus

Wir kennen unser Geschick
genausowenig, wie ein Teeblatt das Geschick
der East India Company kennt.

DOUGLAS ADAMS,
Per Anhalter durch die Galaxis

Die zunehmende Komplexität, die wir soeben innerhalb der
Gesellschaft verfolgt haben, zeigt evolutionsmäßig drei wichtige Wachstumsgebiete: eine Vielfalt von Menschen, deren
Zahl sich bei der entscheidenden Größe 10^{10} stabilisiert, eine
ausgebaute Organisationsstruktur gleich der, die wir bei
allen lebenden Systemen finden, und eine Fähigkeit zu
Kommunikation und Informationsverarbeitung, die sich der
des menschlichen Gehirns nähert. Somit scheint die Gesellschaft die Voraussetzungen für die Emergenz einer neuen
Evolutionsebene zu erfüllen.

Wie kann diese neue Ebene aussehen?

So wie die Materie zu lebenden Zellen organisiert worden
ist und die lebenden Zellen sich zu vielzelligen Organismen
zusammengeschlossen haben, so ist auch zu erwarten, daß
die Menschen sich nach Erreichen eines bestimmten Sta-
diums zu irgendeiner Form von globalem sozialem Superorganismus integrieren. (Ich wähle diesen Ausdruck, weil
›Organismus‹ allein ja einen biologischen Organismus bezeichnet, also einen, der aus vielen Zellen besteht, wogegen
wir jetzt von aus vielen Organismen bestehenden Organismen reden und diese ganz andere Formen annehmen können als biologische.)

Ein sozialer Superorganismus in dem hier gebrauchten
Sinn ist mehr als nur ein lebendes System. Im ersten Kapitel
haben wir bereits gesehen, daß menschliche Gesellschaften

all die neunzehn Merkmale eines lebenden Systems zeigen. Das gleiche gilt für viele andere soziale Gruppen, eine Schiffs-Crew beispielsweise, eine Fabrik und ein multinationaler Trust lassen sich durchaus als lebende Systeme auffassen. Dennoch stellen sie keinen sozialen Superorganismus dar, da keines davon ein selbständiges Ganzes ist.

Vergleichen wir einen sozialen Superorganismus mit einem biologischen Organismus wie dem menschlichen Körper, ähneln solche sozialen Gruppen konstitutiven Organen wie der Schilddrüse, den Augen oder der Leber. Diese sind zwar lebende Systeme, aber sie können nur existieren als Teil eines größeren Organismus, innerhalb dessen sie bestimmte Rollen spielen. Für sich allein sind eine Schilddrüse, ein Auge oder eine Leber nicht lebensfähig. Ebensowenig können eine Schiffs-Crew, eine Fabrik oder ein multinationaler Trust für sich allein bestehen. Sie sind Teil eines größeren Systems, in welchem sie spezielle Funktionen haben. Ein sozialer Superorganismus dagegen muß gleich einem biologischen Organismus ein selbständiges Ganzes und in sich vollkommen sein.

Große Länder wirken schon mehr wie Superorganismen, da sie ja als selbständige Einheiten funktionieren können. Aber wie wir bald sehen werden, fehlt in fast allen menschlichen Gesellschaften ein weiteres Merkmal, das für alle gesunden funktionierenden Organismen unerläßlich ist.

Soziale Superorganismen sind in der Natur nichts Neues. In der Tierwelt gibt es diverse Beispiele von Organismen, die sich zu integrierten sozialen Einheiten zusammenschließen. Tausende Bienen können in einem einzigen Schwarm leben und arbeiten; sie regulieren die Temperatur und Feuchtigkeit ihres kollektiven ›Körpers‹, und das stetige Sterben von Mitgliedern wird durch ebenfalls stetige Geburten ausgeglichen, so daß sich die Kolonie als Ganzes erhält. Wanderameisen bilden Völker oder Staaten, die bis zu 20 Millionen Individuen zählen können. Auf seinen ausgedehnten Raubzügen bewegt sich solch ein Ameisenvolk wie ein einziger Organismus und vermag sogar kleine Wasserläufe zu überqueren, indem sich die Tiere ineinander verklammern und so eine lebende Brücke bilden. Und Termiten bauen regelrechte Millionenstädte mit allem Drum und Dran, von Ventilationsschächten bis zu komplexen Systemen der Nahrungsmittelverarbeitung.

Ähnliche Tendenzen finden sich auch bei höheren Tieren. Viele Fische schwimmen in Schwärmen, wobei diese jeweils als Einheit agieren, ohne von einem Führer geleitet zu werden. Bestimmte Einzelfische übernehmen spezielle Funktionen, beispielsweise die der ›Augen‹, wodurch die anderen davon befreit werden, unentwegt auf der Hut sein zu müssen. Wird Gefahr erspäht, kann der ganze Schwarm dann innerhalb von Sekundenbruchteilen reagieren. Vogelschwärme verhalten sich zuweilen ebenfalls wie Superorganismen. (Einer der größten, der je gesichtet wurde, bestand aus rund 150 Millionen Sturmtauchern, die in über 15 Kilometer Breite von Australien nach Tasmanien flogen.) Zeitlupenfilme von Vogelschwärmen zeigen, wie 50000 Einzeltiere in weniger als einer Siebzigstelsekunde synchron abschwenkten. Nichts deutet darauf hin, daß sie einem Führer folgen; der Schwarm ist zu einem funktionellen Ganzen integriert.

So faszinierend solche Beispiele auch sein mögen, sie vermitteln nur eine spärliche Vorstellung von jenem integrierten Superorganismus, zu dem sich zu entwickeln die Menschheit das Potential hat. Erstens wird dieser Superorganismus nicht bloß so wie bei Bienen, Ameisen oder Vögeln aus ein paar Millionen einzelner Individuen bestehen, sondern er wird sich aus der gesamten Menschheit zusammensetzen – aus Milliarden über den ganzen Planeten verteilten Individuen.

Zweitens gibt es in allen Fällen von tierischen Superorganismen sehr wenig individuelle Vielfalt. In Bienen- und Ameisenvölkern finden sich gewöhnlich nur zwei, drei verschiedene Typen (zum Beispiel Arbeitsbienen, Drohnen und die Königin), und bei Fisch- und Vogelschwärmen sind die Individuen in der Regel sogar alle völlig gleich und übernehmen nur zeitweilig unterschiedliche Funktionen wie ›Auge‹ oder ›Haut‹. Die menschliche Gesellschaft ist demgegenüber extrem spezialisiert, besteht aus Tausenden von verschiedenen Typen, von denen jeder seinen ganz speziellen Beitrag zum Ganzen leisten kann.

Drittens bedeutet ein menschlicher sozialer Superorganismus nicht, daß wir samt und sonders zu individualitätslosen ›Zellen‹ werden müssen, die ihr Eigenleben zugunsten eines Gemeinwohls aufgegeben haben. In den diversen die Gesellschaft bildenden Organen sind wir ja ebenfalls ›Zellen‹, bewahren aber dennoch ein großes Maß von Individualität. Der Wandel zu einem sozialen Superorganismus bedeutet letzten Endes, daß die Gesellschaft ein stärker integriertes lebendes System wird. Wie wir in späteren Kapiteln sehen werden, kann das mehr Freiheit bringen, mehr Möglichkeiten für den einzelnen, sein Selbst zum Ausdruck zu bringen, und somit zu noch größerer Vielfalt führen.

Und viertens ist es höchst unwahrscheinlich, daß der menschliche soziale Superorganismus sich so wie bei den Insekten, Fischen, Vögeln oder anderen Tieren auf physischer Ebene bilden wird. Nach dem, was wir aus den Evolutions-Trends gesehen haben, brauchen wir nicht zu befürchten, daß die Menschen sich als riesige konglomerate Masse in einer Supermegapolis zusammenschließen werden. Mit der Menschheit hat die Evolution ja eine neue Plattform erreicht, auf der sie auf andere Weise weiterbauen kann.

So wie sie seinerzeit, als das Leben aus der Materie emergiert war, auf eine neue Ebene gelangte, nämlich von der physikalischen auf die biologische, hat die Evolution ja auch jetzt eine höhere Ebene erreicht – die des Bewußtseins. Und also dürfen wir annehmen, daß die Integration der Gesellschaft zu einem Superorganismus durch Weiterentwicklung des Bewußtseins und nicht durch physische oder biologische Entwicklung erfolgen wird. Das impliziert ein Zusammenkommen von Geistesinhalten; eben deshalb stellt ja heute die Kommunikation einen so wichtigen Aspekt der Evolution dar, sie ist ein geistesverbindender Prozeß. Die Menschheit wächst geistig immer mehr zusammen – so weit wir körperlich einander auch fern sein mögen.

Die fünfte Evolutionsebene

Ein Philosoph, der sehr viel über eine Integration der Menschheit zu einem einzigen Wesen nachgedacht hat, war Pierre Teilhard de Chardin. Bei ihm finden wir die so seltene Synthese von Wissenschaft und Religion, denn er war sowohl Jesuit wie Geologe und Paläontologe; in den dreißiger Jahren arbeitete er in China, war an der Entdeckung des Schädels vom ›Peking-Menschen‹ beteiligt. Seine Beschäftigung mit dem Evolutionsprozeß brachte ihn dazu, eine allgemeine Evolutionstheorie nicht nur für die Spezies Mensch, sondern auch für den menschlichen Geist zu entwickeln, eine Theorie, in der er darüber hinaus religiöse Erfahrung mit den Fakten der Naturwissenschaft in Einklang zu bringen suchte.

Einer seiner wichtigsten Schlüsse: Die Menschheit sei auf dem Wege zur Vereinigung der gesamten Spezies zu einer einzigen Gruppe mit interaktivem Denken. Analog zu ›Biosphäre‹ (worunter wir alle lebende Substanz verstehen) prägte er den Begriff ›Noosphäre‹ (von griechisch *noos* = Geist) zur Bezeichnung aller denkenden Substanz.

Nachdem die Evolution die Geogenese (die Entwicklung der Erde) und die Biogenese (die Entwicklung des Lebens) durchlaufen habe, befinde sie sich nunmehr in der ›Noogenese‹ (der Entwicklung des Geistes). Dieses Stadium sah er als die ›Planetisation der Menschheit‹ zu ›nur mehr einer einzigen, *in sich selbst geschlossenen* höheren organischen Einheit‹. Und den ›Schlußstein im Gewölbe der Noosphäre‹ bilde der ›Punkt Omega‹.

Ein Philosoph mit ähnlicher Vision war der indische Mystiker Sri Aurobindo, ein Zeitgenosse von Teilhard. Auch bei Aurobindo finden wir eine interessante Kombination von Talenten. Er studierte am King's College in Cambridge Altphilologie und wurde nach seiner Rückkehr nach Indien aktiver politischer Revolutionär. Das trug ihm etliche Jahre in indischen Gefängnissen ein, und während dieser Zeit kamen ihm einige seiner bedeutendsten Gedanken zur Evolution der Menschheit.

Sri Aurobindo sah die Evolution als die ›göttliche Wirklichkeit‹, die sich in immer höheren Seinsformen ausdrücke. Nachdem sie von Materie über Energie und Leben zum Bewußtsein geschritten sei, erfolge jetzt die Transformation von Bewußtsein zu dem, was er das ›Supramental‹ nennt, etwas so hoch über dem Bewußtsein, daß es unsere derzeitigen Träume von Vollkommenheit weit übersteigt. Diese neue Seinsebene über dem Denken sah er kommen durch die zunehmende spirituelle Intensivierung des individuellen Bewußtseins hin zu einem vollkommenen universalen Endbewußtsein, das sowohl individuell wie kollektiv sein werde.

Mit der Konvergenz der Noosphäre im Punkt Omega meinte Teilhard so etwas wie ein integriertes planetares Bewußtsein. Und auch Aurobindo, der das Supramental zwar weit über das individuelle ›Mental‹ stellt, sah dieses neue Phänomen noch allgemein im Sinne von Geist und Bewußtsein.

Die Evolutions-Trends und -muster, die wir uns angeschaut haben, deuten jedoch noch eine weitere Möglichkeit an: die Emergenz von etwas, das über ein einziges planetares Bewußtsein und ein Supramental noch hinausgeht – einer völlig neuen Evolutionsebene, so verschieden von Bewußtsein wie Bewußtsein von Leben und Leben von Materie.

Diese neue Seinsordnung wird das Endergebnis der fortgesetzten Integration der Menschheit und diese somit ihre Basis sein. Doch bleibt sie nicht auf die Menschheit beschränkt, sondern ergibt sich auf planetarer Ebene, also der Gesamtheit von Gaia. (Als hilfreicher Vergleich läßt sich ein Rasterbild heranziehen. Dessen Pünktchen selbst enthalten auch nicht das Bild, sind aber seine Grundlage. Das Bild selbst ergibt sich bei Betrachtung der organisierten Gesamtheit der Punkte.)

Da wir in unserem Wortschatz noch keinen adäquaten Ausdruck für diese fünfte Ebene haben, möchte ich sie als ›Gaia-Feld‹ bezeichnen (analog dazu, daß sich das selbstreflexive Bewußtsein als ›Menschheitsfeld‹ bezeichnen ließe). Das Gaia-Feld wird nicht individuellen Menschen gehören, so wie ja auch das Bewußtsein nicht individuellen Zellen gehört. Das Gaia-Feld wird sich auf *planetarer* Ebene ergeben – aus der Summe der geistigen Interaktionen innerhalb des sozialen Superorganismus.

Wie diese neue Ebene im einzelnen beschaffen sein wird, ist sehr schwer zu sagen. Wenn wir uns eine fünfte Evolutionsebene auch nur vorstellen, tun wir das – wie sollten wir es auch anders können? – an Hand der uns bekannten Begriffe. Aber wie wir bereits gesehen haben, läßt sich nicht jede neue Seinsordnung mit den Begriffen der vorhergehenden Ordnungen voll beschreiben, und das Gaia-Feld wird so neue Merkmale haben, daß sie vom Bewußtsein nicht erfaßbar sind.

Eine Einzelzelle in unserem Körper weiß ja auch nichts über das Bewußtsein, das sich aus dem ganzheitlichen lebenden System entwickelt. Sie mag zwar eine sehr rudimentäre Form von Bewußtheit haben, aber sie hat keine Vorstellung (falls dieses Wort gestattet ist) von unseren Gedanken und Gefühlen. Sie weiß nicht, in welchem Bewußtseinszustand wir uns befinden, ja nicht einmal, ob wir uns überhaupt selbst bewußt sind oder nicht. Und was gar unter selbstreflexivem Bewußtsein zu verstehen ist, könnte sie sich schon überhaupt nicht vorstellen.

So ist es nicht allzu verwunderlich, wenn auch wir es schwierig finden, uns Evolutionsstadien vorzustellen, die so weit über uns hinausgehen wie wir über die Einzelzellen. Da wir Individuen sind, müssen uns die Kollektivphänomene theoretisch unerkennbar bleiben. Wir können nur die ›Zelle‹ kennen, die wir selber sind.

Daß sich aus der Tätigkeit individueller Bewußtseine ein Kollektivphänomen ergeben soll, mag ohnehin seltsam anmuten. Wie können viele getrennte Bewußtseine ein einziges planetares Phänomen entstehen lassen? Die Frage ist ebenso schwer zu beantworten wie jene, vor die sich die Naturwissenschaftler und Philosophen beim menschlichen Bewußtsein gestellt sahen: Wie entsteht aus den elektrischen und chemischen Aktivitäten vieler getrennter Nervenzellen ein einziges integriertes Bewußtsein?

Als sicher läßt sich da nichts weiter sagen, als daß das

Bewußtsein des Menschen irgendwie mit der höchst komplexen und integrierten Interaktion von Milliarden lebender Zellen im Gehirn zusammenhängt. Ohne hier in Einzelheiten zu gehen – es scheint möglich, daß ein partikulares bewußtes Erfahren beziehungsweise Erleben nicht auf die Tätigkeit kleiner Zellgruppen zurückzuführen ist, sondern auf übergeordnete Aktivitätsmuster, auf die Kohärenz des mannigfaltigen Informationsaustauschs, der im Gehirn stattfindet. Auf ähnliche Weise kann sich dieses planetare Feld aus der integrierten Interaktion der Milliarden bewußter Wesen bilden, aus denen die Menschheit besteht. Da deren kommunikative Verkettung ja immer größer wird, steht irgendwann zu erwarten, daß die Milliarden ständig durch das Netz laufenden Informationsaustausche schließlich im Globalhirn ähnliche Kohärenzmuster schaffen, wie wir sie im menschlichen Gehirn finden. Gaia wird dann erwachen und Bewußtsein – beziehungsweise ihr Äquivalent davon – bekommen.

Wie lange wird es bis dahin noch dauern? Teilhard sprach zwar davon, daß die Evolution sich sehr schnell auf den Punkt Omega zu bewege, doch ging er nicht von menschlicher, sondern von kosmischer Zeit aus, und unter ›sehr schnell‹ dürfte er wohl Tausende oder gar Millionen Jahre verstanden haben. Sri Aurobindo dagegen hielt ein weit früheres Eintreten für möglich; vielleicht schon innerhalb der nächsten hundert Jahre.

Doch kann sich diese neue Ebene durchaus noch früher ergeben – schon in den nächsten Jahrzehnten.

Wir sind gewohnt, daß soziale Veränderungen Jahrhunderte oder gar Jahrtausende brauchen, und da fällt es schwer, sich vorzustellen, etwas so Wichtiges und Entscheidendes könne sich in derart kurzer Zeit vollziehen. Doch wie wir im 4. Kapitel gesehen haben, steigt die Veränderungsrate rapid an. In unserem Jahrhundert zeigt sich auf nahezu allen Gebieten menschlichen Tuns und Treibens eine so gewaltige Akzeleration, daß dies auf einen Wechsel oder Umschwung in naher Zukunft hindeutet. Ferner führen die Evolutions-Hauptindikatoren (Vielfalt, Organisiertheit und Verbundenheit) immer schneller jenen kritischen Grad von Komplexität herbei, der für die Emergenz einer neuen Ebene nötig zu sein scheint. In Teil II werden wir mehrere andere Gründe für die Annahme kennenlernen, daß dieser Übergang noch zu unseren Lebzeiten erfolgen kann. Möglich, daß wir kurz davor stehen, einen Bruch mit historischen Mustern zu erleben.

Solch ein Umschwung erfordert fraglos, daß sich die Menschheit in etlichen Dingen baldigst ändert. Man braucht nur eine Zeitung zur Hand zu nehmen, um zu sehen, wie weit die Menschen noch davon entfernt sind, ein zusammenhängendes integriertes Ganzes zu bilden. Dennoch ist die menschliche Gesellschaft mehr als eine lose Ansammlung von Einzelindividuen, die jedes ihre eigenen Wege gehen. Wir befinden uns in einer Art Zwischenphase, wie sie für evolutionäre Übergänge typisch ist.

Evolutionäre Zwischenphasen

Die Haupt-Evolutionsebenen (Energie, Materie, Leben und Bewußtsein) müssen nicht immer gegeneinander abgegrenzt sein. Es gibt Zwischenphasen, in denen die neue Ordnung sich zwar schon bemerkbar macht, sich aber noch nicht voll entwickelt hat.

Nehmen wir als erstes die Gabelung in Energie und Materie. Hier finden wir die sogenannten Elementarteilchen, wie Elektronen und Protonen. Sind diese wirkliche Materie? In manchen Situationen verhalten sie sich wie Teilchen, in anderen aber wie Wellen – was mehr für Energie charakteristisch ist –; ein Paradoxon, hinter das zu kommen schon viele Physiker versucht haben. Betrachten wir die Evolution aber als einen Emergenzprozeß, läßt sich ein Elementarteilchen als an der Grenze zwischen Energie und Materie stehend sehen; es ist Materie, die sich noch im Zustand des Emergierens aus Energie befindet.

Zwischen den beiden Ebenen Materie und Leben stehen die Viren und Makromoleküle wie DNS. Hier ist die Frage: Leben sie? In mancher Beziehung ja, da sie sich unter entsprechenden Verhältnissen zu reproduzieren vermögen. Doch können sie auch Kristalle bilden, sich also verhalten wie viele der einfacheren Moleküle. Sie scheinen sich in jener Zwischenphase zu befinden, wo die Materie noch nicht genügend organisiert ist, um zur Emergenz von richtigem Leben zu führen.

Eine ähnliche Zwischenphase besteht zwischen Leben und selbstreflexivem Bewußtsein. Sie wird eingenommen von Primaten wie den Schimpansen. Gleich anderen Tieren sind sich diese ihrer Umwelt bewußt. Aber sind sie sich auch ihrer selbst bewußt und wissen sie, daß sie wissen? Klar beantworten läßt sich das nicht. In Versuchen, die man mit Schimpansen angestellt hat, denen eine einfache Zeichensprache beigebracht worden war, schienen einige ein rudimentäres Ich-Bewußtsein zu zeigen, denn sie waren in der Lage, mittels ihrer Namen auf sich selber zu verweisen (wobei allerdings noch sehr fraglich ist, wie weit dies einen wirklichen Beweis darstellt). Ohne eine solche Sprache zeigen Schimpansen jedoch – so intelligent und ausdrucksfähig sie auch sind – wenig Anzeichen eines selbstreflexiven Bewußtseins. Nichtsdestoweniger unterscheiden sie und andere Menschenaffen sich darin von allen anderen Tieren, daß sie sich selber zu erkennen vermögen. Wenn sie ein Spiegelbild von sich sehen, ist ihnen klar, daß sie sich sehen und nicht ein anderes Tier derselben Art. Demnach befinden sie sich anscheinend in jener Zwischenphase, die der Emergenz des vollen selbstreflexiven Bewußtseins vorausgeht.

Gegenwärtig scheint die Evolution eine weitere Zwischenphase erreicht zu haben – die zwischen dem Bewußtsein und dem Gaia-Feld. Die Menschheit zeigt heute Merkmale beider Ebenen: Wir sind selbständige bewußte Wesen, und manchmal kommen wir zusammen, um als integriertes Ganzes für einen gemeinsamen Zweck zu funktionieren. In dieser Beziehung erinnert die menschliche Gesellschaft an ein seltsames Lebewesen, den Schleimpilz *Dictyostelium discoideum*, einem ›Organismus‹, der irgendwo zwischen einem losen Verband einzelliger Amöben und einem echten vielzelligen Organismus einzuordnen ist.

Die meiste Zeit ziehen die einen Schleimpilz bildenden Einzelamöben auf totem Holz und Laub umher, suchen nach Bakterien zu ihrer Nahrung und vermehren sich dabei. Wird die Nahrung knapp, schließen sie sich zu kleinen Gruppen von jeweils ein paar Dutzend Individuen zusammen. Diese Gruppen ballen sich dann wiederum zu einem einzigen Klumpen, einem sogenannten ›Grex‹, der nicht selten aus Tausenden von Amöben besteht. Nun beginnen einige der Zellen auf die anderen zu klettern, bis ein halbkugelförmiges Gebilde entsteht, das sich allmählich zu einem Kegel mit einer Warze obendrauf weiterentwickelt. Das Ganze kippt dann zur Seite und wird zu etwas, das wie eine kleine Nacktschnecke aussieht und fähig ist, in Richtung Licht über den Waldboden zu kriechen, wobei die Warze den Weg ertastet.

Wird Nahrung gefunden, löst sich der Grex entweder in Tausende von Einzelamöben auf, die ihre eigenen Wege gehen, oder aber er richtet sich wieder hoch, indem die Amöben so lange aufeinanderkriechen, bis ein dünner senkrechter Stengel von bis zu zwei Zentimeter Höhe entsteht. Auf dessen Spitze bilden andere Amöben eine kleine Kugel und werden zu Sporen, die dann abgeworfen und in der Luft davongetragen werden. Landet eine Amöbe an einer Stelle, wo reichlich Nahrung vorhanden ist, beginnt sie sich zu vermehren und zu verbreiten wie zuvor – bis der Nahrungsvorrat erschöpft ist und der ganze Prozeß von neuem einsetzt.

Parallele Verhaltensweisen finden wir bei menschlichen Gesellschaften, bei primitiven wie bei fortgeschrittenen. Die Kachin zum Beispiel, ein Volk im Norden von Birma, das von dem verstorbenen englischen Anthropologen Edmund Leach eingehend erforscht worden ist, leben die meiste Zeit in getrennten, voneinander unabhängigen Sippenverbänden. Bei Nahrungsknappheit schließen sie sich jedoch zu einer Einheit unter einem König zusammen und bleiben so lange eine einzige Gemeinschaft, bis die Zeiten wieder besser werden. In den hochzivilisierten westlichen Gesellschaften ist es ja nicht viel anders. Solange es keine größeren Katastrophen gibt, verfolgt jeder hauptsächlich seine eigenen Interessen, gibt es aber ein Desaster wie Hungersnot, Überschwemmung oder Krieg, wird gemeinschaftlicher, gemeinsinniger gehandelt und nimmt die Gesellschaft mehr den Charakter eines integrierten Organismus an.

Krisen als Katalysatoren

Wenn wir sagen, die Menschheit befinde sich in einer Zwischenphase, so heißt das nicht unbedingt, daß es auch tatsächlich zur Bildung der nächsten Ebene kommen muß. Übergangsperioden sind gefahrenträchtig, und die heutige ist dafür ein deutliches Beispiel. Wir sind verstrickt in das verwickeltste Netz sozialer, politischer, ökonomischer und moralischer Krisen in der Geschichte der Menschheit. Werden diese Krisen die Emergenz einer neuen Evolutionsebene verhindern? Vielleicht. Weltuntergangsprognosen gibt es ja zur Genüge. Doch bei unserem Rückblick auf die bisherige Evolution haben wir gesehen, daß es eine ganz andere Möglichkeit gibt: daß Krisen Katalysatoren der Evolution sein können.

Anfangs sieht jede Krise schmerzlich und gefährlich aus, und die erste Reaktion ist gewöhnlich, daß man sie aufzuhalten sucht, indem man sich so fest wie nur irgend möglich an die alte Ordnung klammert. Doch wenn eine Möglichkeit besteht, daß aus dieser Krise eine neue Ordnung hervorgeht, kann ein Festhalten am gegenwärtigen Zustand entwicklungshemmend sein und das Problem vielleicht nur noch vertiefen. Stellen wir uns einmal vor, was vor dreieinhalb Milliarden Jahren ein Bakterienkomitee zu den Plänen einer kleinen Gruppe von Bakterien, sich der Photosynthese zu bedienen, gesagt hätte. In etwa wohl dies: »Das bedroht die Umwelt. Der dabei entstehende Sauerstoff ist überaus gefährlich. Er ist giftig für alle bekannten Formen von Leben und obendrein so leicht entzündlich, daß er uns wahrscheinlich samt und sonders zu Asche verbrennen läßt. So gut wie sicher führt er zur Vernichtung des Lebens.« Bestimmt wäre

die Photosynthese als ›egoistisch, unnatürlich und unverant-
wortlich‹ verbannt und verboten worden. Zum Glück für uns
gab es damals kein solches Komitee, und sie konnte einsetzen. Sie bewirkte dann zwar tatsächlich eine größere Krise,
andererseits aber schuf sie die Bedingungen zur Entstehung
der Pflanzen, der Tiere und der Menschen.

Der Komplex weltweiter Probleme, vor den sich die
Menschheit heute gestellt sieht, kann sich als genauso wichtig für unsere weitere Evolution herausstellen, wie es seinerzeit die Sauerstoffkrise war. Niemals in der Menschheitsgeschichte sind die Gefahren so groß gewesen; doch in ihrer
Rolle als Katalysatoren der Evolution sind sie vielleicht genau
das, was nötig ist, uns auf eine höhere Ebene zu bringen.

Daß Krisen sowohl negative wie positive Seiten haben
können, kommt in dem Wort zum Ausdruck, das die Chine-
sen für ›Krise‹ haben: *wei-chi*. Der erste Teil dieses Komposi-
tums bedeutet ›Vorsicht, Gefahr‹, der zweite aber impliziert
etwas ganz anderes, nämlich ›Gelegenheit zu Veränderung‹.

Der Begriff *wei-chi* läßt erkennen, daß beide Aspekte einer
Krise wichtig sind. Wir konzentrieren heute unsere Aufmerksamkeit allein auf die vielen Möglichkeiten einer globalen Katastrophe sowie auf Mittel und Wege, diese aufzuhalten. Und das müssen wir auch weiterhin tun, wenn wir mit
dem ja immer realer werdenden Problem fertig werden
wollen. Gleichzeitig aber können uns diese Krisen veranlassen, einige unserer Grundhaltungen und Wertbegriffe in
Frage zu stellen: Wozu sind wir da? Was wollen wir wirklich?
Ist am Leben nicht noch mehr? Das erschließt uns den
zweiten Krisenaspekt, das *chi* – die Gelegenheit, die Richtung
zu wechseln und aus den ungeheuren und atemberauben-
den Möglichkeiten, die vor uns liegen können, Nutzen zu
ziehen.

Zusammenfassung

Wir begannen unsere Forschungsreise mit der Betrachtung des Planeten Erde aus dem Weltraum und stellten die Frage, ob er ein eigenes lebendes System sein könne. Wenn ja, welche Rolle hat in ihm dann die Menschheit? Macht uns unsere Fähigkeit, Information zu sammeln, zu speichern und weiterzugeben, zu so etwas wie dem Nervensystem des Planeten? Oder gleichen wir eher einem planetaren Krebsgeschwür, das blindlings eben die Umwelt zerstört, von der wir so abhängig sind?

Beim Betrachten der Evolutionsgeschichte vom Urknall bis zur Entstehung der modernen Zivilisation haben wir einen allgemeinen Trend zu höherer Komplexität festgestellt: immer größer werdende Vielfalt, Organisiertheit und Verbundenheit. Bei Erreichen bestimmter Komplexitätsstufen kommt es zur Emergenz von neuen Evolutionsebenen mit gänzlich anderen Eigenschaften. So emergierte Materie aus Energie, Leben aus Materie und selbstreflexives Bewußtsein aus Leben.

Ferner zeigt die Evolution eine Tendenz zur Beschleunigung, besonders vor der Emergenz einer neuen Evolutionsebene. Heute akzeleriert die Veränderungsrate in der menschlichen Gesellschaft derart, daß es schwer ist, die Zukunft auch nur ein oder zwei Jahrzehnte vorauszusagen. Außerdem stellen viele von den Errungenschaften der Menschheit evolutionsmäßig nicht minder wichtige Entwicklungen dar, als es seinerzeit die Erfindung der Photosynthese oder der sexuellen Reproduktion war. Wir leben in der bisher dramatischsten und kritischsten Periode der Menschheitsgeschichte, scheinen kurz vor dem nächsten Evolutionssprung zu stehen.

Bleiben die bisherigen Muster wirksam, kann dieser Sprung die Integration der Menschheit zu einem einzigen Ganzen bringen – einem sozialen Superorganismus. Dieser Superorganismus wird eine Form von Globalhirn sein. Die Zahl der Menschen auf dem Planeten ist nicht mehr allzu weit entfernt von jener der Zellen im menschlichen Gehirn (der magischen Zahl 10^{10}). Ferner zeigt die rapide Entwicklung weltweiter Kommunikationsnetze, daß sich die Menschheit immer schneller einem ähnlichen Grad von Verbundenheit nähert, wie er im Gehirn anzutreffen ist. Wird beides erreicht, können wir die Emergenz einer neuen Evolutionsebene erleben – des Gaia-Feldes, des Planeten Äquivalent von Bewußtsein.

Sicher ist das aber keineswegs. Unstreitig befindet sich die Menchheit in einer Zeit ernstester Krisen und kann auf dem jetzigen Weg nicht mehr sehr lange weitergehen. Evolutionsmäßig gesehen können Krisen aber neue Ordnungs- und Organisationsebenen katalysieren – sofern das System zu den für das Überstehen der Krise unabdingbaren Anpassungen fähig ist. Daß sich die Menschheit verbindet, um ein integriertes Nervensystem zu bilden, reicht natürlich noch nicht aus. Diese vergrößerte Kommunikation allein, das liegt auf der Hand, läßt das Problem nicht verschwinden.

Zehn Milliarden Neuronen, und mögen sie auch durch Billionen Synapsen verbunden sein, ergeben noch kein Bewußtsein, dazu gehört einiges mehr. Und ebenso kann allein dadurch, daß sich die Milliarden Menschen zu einem globalen Nervensystem verbinden, noch kein integrierter sozialer Superorganismus entstehen.

II
Innere Evolution

Die Menschen machen weite Reisen, um zu staunen über die Höhe der Berge, über die riesigen Wellen des Meeres, über die Länge der Flüsse, über die Weite des Ozeans und über die Kreisbewegung der Sterne. An sich selbst aber gehen sie vorbei, ohne zu staunen.

Augustinus (399 n. Chr.)

Synergie

In Teil I haben wir gesehen, daß die Gesellschaft immer komplexer wird und daß wir uns vielen Anzeichen nach in der wichtigsten, dramatischsten und kritischsten Periode der Menscheitsgeschichte befinden – der fortschreitenden Integration der Menschen zu einem einzigen lebenden System.

Doch brauchen wir nicht weit zu schauen, um zu erkennen, daß die Menschheit zugleich am Rande des Abgrunds steht. Paradoxerweise können eben jene technologischen, wissenschaftlichen und sozialen Fortschritte, die uns so weit gebracht haben, auch den Keim zu unserem Untergang in sich bergen. Wir scheinen uns an einem historischen Wendepunkt zu befinden und zwischen zwei völlig entgegengesetzten, einander ausschließenden Richtungen zu schwanken: Durchbruch zum globalen sozialen Superorganismus oder Zusammenbruch zu Chaos und wahrscheinlicher Auslöschung.

Vor die direkte Wahl gestellt, würde sich natürlich wohl kaum ein Mensch für die Katastrophe entscheiden. Als Gruppe aber scheinen wir dennoch in dieses Fahrwasser hineinzutreiben. Unfähig, die Komplexität der Gesellschaft zu loten, zu der wir uns entwickelt haben, können wir diese nicht so steuern, wie wir wollen. Was ist der Grund dafür? Warum haben wir noch nicht mehr von dem Organismus, zu dem wir das Potential besitzen?

Die Antwort liegt in dem, was einen richtig funktionierenden Organismus kennzeichnet – und bis auf die menschliche Gesellschaft funktionieren so gut wie sämtliche Organismen richtig –, nämlich das allen gemeinsame Charakteristikum: ein aus natürlichem Antrieb erfolgendes Zusammenwirken der vielen Bestandteile im Einklang mit dem Ganzen. Dieses Charakteristikum kann man in so unterschiedlichen Organismen wie einem Schleimpilz, einem Eichenbaum oder dem menschlichen Körper arbeiten sehen. Es wird als ›Synergie‹ bezeichnet (von griechisch *synergein* = zusammenwirken).

Synergie schließt keinerlei Zwang oder Beschränkung ein, und ebensowenig wird sie durch bewußte Bemühung zuwege gebracht. Jedes individuelle Element des Systems verfolgt seine eigenen Ziele, und diese Ziele können von Natur aus so angelegt sein, daß sie einander unterstützen. Folglich gibt es, wenn überhaupt, nur wenig Reiberei und Konflikt.

Der Ausdruck ›Synergie‹ wird manchmal benutzt, um zu beschreiben, daß das Ganze größer sei als die Summe seiner Teile. Aber das ist nicht die ursprüngliche Wortbedeutung, sondern nur eine *Folge* von Synergie. Da die Elemente in einem synergetischen System einander unterstützen, unterstützen sie auch das Funktionieren des Systems als Ganzem und steigern somit die Gesamtleistung.

Ein sehr gutes Beispiel eines Systems mit hoher Synergie ist der menschliche Körper. Wir sind ein Sortiment von etlichen Billionen Einzelzellen, die jede für ihre eigenen Belange, zugleich aber für das ›Gemeinwohl‹ arbeiten. Eine Hautzelle in unserem Finger verrichtet ihre Aufgabe als Hautzelle, nimmt diverse Nahrung auf und entledigt sich ihrer Abfallprodukte – sie lebt und stirbt als Hautzelle. Sie befaßt sich nicht direkt mit dem, was beispielsweise mit einer Zelle in unserem großen Zeh oder überhaupt mit all unseren Knochen, Blut-, Gehirn- oder Muskelzellen geschieht. Sie kümmert sich einfach um ihre eigenen Belange. Aber diese sind zugleich die allgemeinen Belange der anderen Zellen im Körper, ja des gesamten Organismus. Ohne diese hohe Synergie wäre jeder von uns nur eine Gallertmasse – jede Zelle würde allein für sich handeln und nichts zum Gemeinwohl des Körpers beitragen.

Synergie in einem Organismus ist unentbehrlich für sein Leben und steht in enger Beziehung zu seiner Gesundheit. Läßt aus irgendeinem Grunde die Synergie nach und erhält der Gesamtorganismus nicht mehr die volle Unterstützung seiner vielen Teile, wird er krank. Geht die Synergie völlig verloren, stirbt der Organismus. Die Einzelzellen können vielleicht weiterleben, das Ganze aber – der *lebende* Organismus – besteht nicht mehr.

Ähnlich stellt in sozialen Gruppen Synergie das Ausmaß dar, in welchem die Aktivitäten der einzelnen die Gesamtgruppe unterstützen. Anthropologen haben beim Erforschen primitiver Stammessysteme entdeckt, daß Gruppen mit hoher Synergie wenig zu Konflikt und Aggression neigen, und das sowohl zwischen den einzelnen wie auch zwischen den einzelnen und der Gruppe. Das bedeutet nicht, daß solche Gesellschaften aus lauter ›guten Menschen‹ bestehen, die sich krampfhaft bemühen, einander zu helfen; es sind einfach Gesellschaften mit so angelegter sozialer und psychologischer Struktur, daß das Tun des einzelnen von Natur aus mit den Bedürfnissen der anderen sowie der Gesamtgruppe in Einklang steht.

Als System gesehen läßt sich die heutige menschliche Gesellschaft wohl kaum anders als eine mit geringer Synergie einstufen. Und wie wir bald sehen werden, sind viele der Krisen, vor denen wir jetzt stehen, Symptome eben dieses Grundmankos. Doch so sehr wir uns auch eine höhere Synergie in der Gesellschaft wünschen mögen, sie läßt sich nicht einfach durch Wunsch, geistige Entscheidung, Argumentation oder Zwang erreichen. Das Maß der Synergie in der Gesellschaft widerspiegelt unser inneres Verhältnis zur Umwelt. Wollen wir zu höherer Synergie kommen, müssen wir einige der Prämissen ändern, die unserem Denken und Verhalten zugrunde liegen. Das heißt, wir müssen uns innerlich nicht minder entwickeln, als wir es äußerlich getan haben.

Speerspitze der Evolution ist jetzt das selbstreflexive Bewußtsein. Soll die Evolution tatsächlich noch höhere Ebenen der Integration erreichen, muß sich der dafür nötige Wandel im Bereich des menschlichen Bewußtseins und insbesondere des Ich-Bewußtseins vollziehen. Praktisch verlegt sich der Evolutionsprozeß jetzt nach innen – in jeden von uns. Um zu sehen, was das bedeutet und wie wir uns innerlich entwickeln können, wollen wir uns zuerst einmal anschauen, wie unser inneres Modell von uns selbst unser Wahrnehmen, Denken und Handeln beherrscht.

7

Das hautverkapselte Ich

> Zwei Vögel,   Der erste Vogel ist
> unzertrennliche   unser eigen Selbst,
> Kameraden,   das sich nährt von Freud
> sitzen auf   und Leid dieser Welt;
> demselben Baum.   der andere ist das
> Der eine knabbert   universale Selbst,
> an den Früchten,   das still und
> der andere schaut zu.   schweigend mit erlebt.

MUNDAKA-UPANISHAD

Jahrtausendelang glaubten die Menschen, die Sonne drehe sich um die Erde. Dieser Glaube war so verbreitet und saß so fest, daß Kopernikus, als er im 17. Jahrhundert ein radikal anderes Weltbild aufstellte und behauptete, daß sich die Erde um die Sonne drehe, mit dieser Theorie keine bereitwillige Aufnahme fand. Es bedurfte eines jahrhundertelangen Streites, bis die alte ›Wirklichkeit‹ abgetan und die neue angenommen worden war.

Diese völlige Umkehrung des Weltbildes war nicht durch Entdeckung irgendwelcher total veränderter Fakten zustande gekommen, sondern durch neue Interpretation der bestehenden Fakten. Die Bewegung der Planeten hatte sich ja nicht geändert, sie wurde lediglich anders gesehen.

Für solche Vorgänge prägte der Philosoph und Wissenschaftshistoriker Thomas S. Kuhn in seinem Buch *Die Struktur wissenschaftlicher Revolutionen* den Begriff ›Paradigmawechsel‹. Unter ›Paradigma‹ (das Wort stammt aus dem Griechischen und heißt soviel wie ›Muster, Standardbeispiel‹) wird dabei das einer bestimmten Wissenschaft jeweils zugrundeliegende Gerüst von Prämissen verstanden. Jedes

Paradigma ist so etwas wie eine Übertheorie. Es liefert ein Grundmodell der Realität innerhalb einer speziellen Wissenschaft und bestimmt auch den Modus, nach dem die in dieser Disziplin tätigen Wissenschaftler denken, Theorien aufstellen und experimentelle Untersuchungen interpretieren.

Einmal angenommen, werden Paradigmen selten in Frage gestellt; in der Regel verewigen sie sich zu wissenschaftlichen Dogmen. Infolgedessen tendieren Wissenschaftler dazu, jene Phänomene zu akzeptieren, die sich dem Modell einfügen, und jene nicht gelten zu lassen, die das nicht tun. Solche nicht einfügbaren Phänomene können sich mit der Zeit aber so etablieren, daß sie sich nicht länger ignorieren lassen – dann kommt es zum erwähnten Paradigmawechsel (womit wir uns später eingehender befassen werden).

Von Kuhn ursprünglich auf naturwissenschaftliche Denkweisen bezogen, wird der Paradigmabegriff inzwischen auch auf viele andere Gebiete angewendet, wie Gesellschaft, Wirtschaft, Politik, Bildungswesen, Gesundheitswesen und unser Weltbild ganz allgemein. Und er läßt sich auch auf den Modus unserer Sicht der ›Realität‹ und unseres Verhältnisses zu ihr anwenden.

Unserem Denken, Wahrnehmen und Erfahren liegen stillschweigende Prämissen über die Welt zugrunde. Beim Sehen zum Beispiel liefern die Augend dem Gehirn sensorische Daten über die Welt ›dort draußen‹. Doch müssen sie erst vom Gehirn organisiert und gedeutet werden, und dazu bedarf es eines Modells von der Welt (also einer Vorstellung davon, wie die Dinge sind). Allein für sich, ohne ein solches Perzeptionsgerüst, sagt das visuelle Rohmaterial nichts, bleibt bedeutungslos, wie die folgende Illustration zeigt.

Den meisten Menschen wird Abbildung 9 nur wie ein Haufen Kleckse vorkommen. Doch kann man sie auch als ein Gesicht sehen, als Brustbild eines Mannes mit Vollbart. Aber ohne visuelles Modell davon, wie ein Gesicht aussieht, sind nur wenige Menschen in der Lage, es auf den ersten Blick zu erkennen.

Betrachten Sie das Bild etwa eine Minute lang, und wenn Sie dann das Gesicht noch immer nicht sehen können (wie es

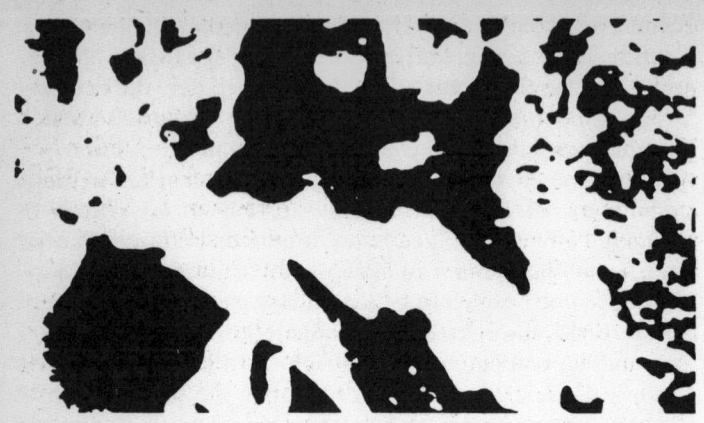

Abb. 9: Eine Luftaufnahme von Baffinland oder bloß lauter schwarze Kleck-
se? Man kann ein Gesicht herauslesen, doch ohne geistiges Modell, wie ein
Gesicht aussieht, dürfte das schwerfallen.

den meisten Leuten geht), schauen Sie sich das Bild auf
Seite 142 genau an. Jetzt müßten Sie ein hinlängliches visuelles Modell haben, mit dem Sie das gelieferte sensorische
Material deuten und das Gesicht ›sehen‹ können. Außerdem
werden Sie es wahrscheinlich immer sehen, solange Sie sich
erinnern, wie es aussehen muß, jedenfalls solange Sie das
Modell beibehalten.

In der Psychologie bezeichnet man die der Bildung und
Deutung von Wahrnehmung zugrundeliegenden Modelle
als ›mentale Einstellungen‹. Sie konditionieren nicht nur das
meiste unserer Erfahrungen, sondern bestimmen auch, was
für jeden von uns ›Realität‹ ist. Auf Grund unserer Einstellungen sind wir prädisponiert, bestimmte Dinge in unserer
Umwelt mehr zu sehen als andere. Haben wir uns zum
Beispiel gerade einen neuen Wagen gekauft, fangen wir
höchstwahrscheinlich an, auf den Straßen wesentlich mehr
Wagen dieser Marke, vor allem gleicher Farbe, zu sehen als
vorher, und bilden uns ein, der Markt sei plötzlich von ihnen

überschwemmt. Dabei hat sich die Zahl dieser Wagen gar nicht verändert, aber unser Geist hat sich auf sie eingestellt, und folglich fallen sie uns leichter auf.

Mentale Einstellungen können starken Einfluß auf unser Verhalten und unsere Leistungen haben. Ein Sportler beispielsweise, der überzeugt ist, einen Weltrekord aufstellen zu können, wird dieses Ziel eher erreichen als einer mit gleichen Fähigkeiten, der jedoch die Einstellung hat, der bestehende Rekord sei praktisch nicht zu brechen.

Desgleichen können sich Einstellungen auf unsere emotionale Realität auswirken. Ein Mensch, der meint, daß er von niemandem respektiert oder geliebt werde und alle Welt gegen ihn sei, hat eine negative mentale Einstellung. Erlebnisse und Gespräche legt er pessimistisch aus, positive, ihn bestärkende Äußerungen tut er ab oder unterbewertet sie – und seine persönliche düstere Realität wird selbstverstärkend.

Einstellungen sind auch von Einfluß darauf, wie wir die Welt beurteilen und bewerten. Haben wir die allgemeine Einstellung von drohendem wirtschaftlichem Zusammenbruch, von internationalen Spannungen und Aggressionen, die früher oder später zum dritten Weltkrieg führen müssen, von potentiellen Katastrophen und Hungersnöten, werden uns in der Berichterstattung der Medien diese Elemente weit mehr auffallen, und die negative Einstellung wird verstärkt, und dies dann auch noch durch die Art und Weise, wie wir daraufhin handeln. Wie bei dem Sportler, der nicht überzeugt ist, einen Weltrekord brechen zu können, werden unsere Bemühungen, die Welt zu verändern, halbherzig sein. So schaffen wir die Voraussetzungen dafür, daß sich die Prophezeiung erfüllen kann.

Kurz gesagt, mentale Einstellungen, ob wir uns ihrer nun bewußt sind oder nicht, haben eine sehr starke Wirkung. Sie bestimmen, wie das sensorische Material zu deuten ist, welche Erfahrungen als ›real‹ akzeptiert und welche als ›nur eingebildet‹ abgelehnt werden. So wie Paradigmen werden sie gemeinhin als gegeben oder erwiesen hingenommen und selten jemals in Frage gestellt.

Selbstmodelle

Dem, wie wir uns das Funktionieren der Welt denken (unseren Paradigmen) und wie wir unsere Erfahrung bilden und deuten (unseren mentalen Einstellungen), liegt ein noch wichtigeres Basismodell zugrunde: die Art und Weise, wie wir unser Selbst und das Verhältnis zwischen diesem Selbst und allem anderen sehen. Dieses Grundmodell bestimmt *alles* Denken, Wahrnehmen und Handeln; es ist die mentale Einstellung respektive das Paradigma für jede geistige Aktivität. Außerdem kann es, da vielen bildungsmäßigen, sozialen, ökonomischen und politischen Paradigmen oft ein Selbstmodell innewohnt, auch die Entwicklung sogar der Paradigmen selbst bestimmen. Wenn beispielsweise ein Physiker sein Bewußtsein und die physische Welt als völlig getrennte Entitäten erfährt, entwickelt er aller Voraussicht nach andere Paradigmen, als wenn er beide als Teile eines größeren Ganzen erfährt. In dieser Beziehung ist unser Selbstmodell weit mehr als eine Einstellung oder ein Paradigma. Genaugenommen müßte es (nach griechisch *meta* = übergeordnet) Meta-Einstellung oder Meta-Paradigma genannt werden.

Das gebräuchlichste Selbstmodell – jenes, nach dem die meisten von uns operieren – ist das eines individuellen, von der übrigen Welt getrennten Selbst. Innerhalb dieses Modells funktionierend, führen wir unser tägliches Leben unter der Prämisse: »Ich bin ›hier drinnen‹, und die übrige Welt ist ›dort draußen‹.« Der Philosoph und Theologe Alan Watts spricht vom ›hautverkapselten Ich‹: Was von der Hülle der Haut umgeben ist, das bin ›Ich‹, und was außerhalb der Grenzen der Haut liegt, ist ›Nicht-Ich‹. Auf dieser Basis werden all unsere Wahrnehmungen und Erfahrungen gedeutet, und wir modellieren die Realität entsprechend. Von diesem Bild des Selbst sind wir so durchdrungen, daß nur wenige Menschen seinen bloßen Modellcharakter erkennen oder seine Auswirkungen auf ihr Erfahren und ihr Denken überhaupt bemerken.

Doch dieses Modell vom Selbst ist nicht das einzige. Es ist

noch ein anderes möglich, total anders zwar, dabei aber komplementär: das eines universalen, eines kosmischen Selbst, dessen wesentliche Qualität das Einssein mit der übrigen Schöpfung ist und nicht das Getrenntsein von ihr.

Zeitweiliges Erfahren dieses universalen Selbst kommt zwar häufiger vor, als man annehmen möchte, aber daß es als dasjenige Selbstmodell vorherrscht, durch das jemand die Welt wahrnimmt, ist äußerst selten. Das Modell des hautverkapselten Ich hat weit mehr Dominanz. Dabei aber haben, wie wir bald sehen werden, viele der Probleme, an denen die Menschheit heute krankt, ihre Ursachen in eben diesem Modell. Um zu begreifen, wie tief verwurzelt es sein kann, wollen wir uns seine Entwicklung anschauen.

Die Entwicklung der Dualität

Das neugeborene Kind nimmt die Umwelt wahr, scheint sich aber nicht von ihr zu differenzieren. Es ist sich seiner nicht als separate Entität bewußt. Mit wachsender Bewußtheit des physischen Getrenntseins von der Mutter kommt es dann auch zur Bewußtheit des Getrenntseins von der übrigen Umgebung. Nach Meinung der meisten Psychologen bildet sich ein echtes Gefühl von Individualität erst mit der Entwicklung von einfacher Sprache heraus. (Manche, wie Jean Piaget, behaupten sogar, volle Identität des Selbst werde nicht vor dem Alter von sieben Jahren erreicht). Dieses Empfinden von Individualität wird durch die meisten Sprachen verstärkt; das ihrer Substantiv-Verb-Struktur innewohnende Verhältnis Subjekt – Objekt besagt ja, daß der Handelnde und die Handlung getrennt sind. Das zeigt sich in des heranwachsenden Kindes sachtem, aber wichtigem Übergang von ›Hans will den Ball‹ zu ›Ich will den Ball‹. Das Kind beginnt, sich seines inneren Selbst bewußt zu werden.

Zu dem Erlernen einer dualistischen Sprache kommt hinzu, daß dem heranwachsenden Kind von seinen Eltern beigebracht wird, wie es zu denken und sich zu verhalten habe. Gehen die Eltern dabei nach der Prämisse eines von der übrigen Welt völlig getrennten ›Ich hier drinnen‹ vor, lernt das Kind, dasselbe Modell zu übernehmen und beginnt, sein eigenes Denken entsprechend zu entwickeln. So kommt es zum hautverkapselten Ich.

Das Gefühl des Gesondertseins und der individuellen Einzigartigkeit, das dieses Modell verleiht, hat beträchtlichen Wert. Biologisch gesprochen sind wir in hohem Maße selbsterhaltende, selbstregulierende und selbststeuernde Organismen, und diese Vorstellung vom individuellen, gleichsam

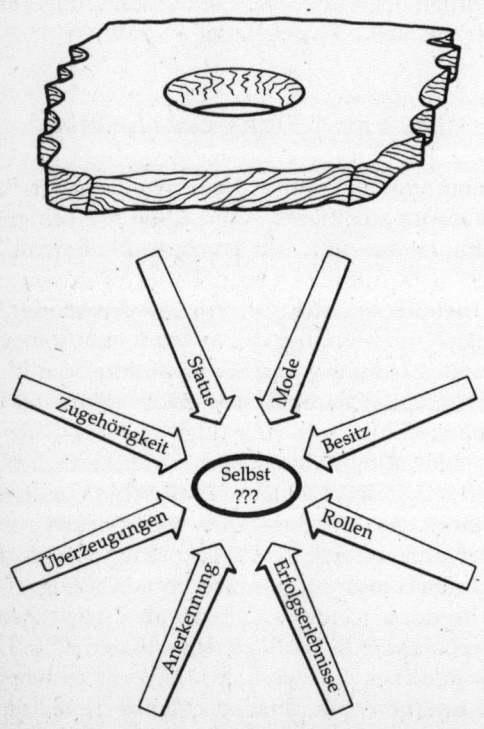

Abb. 10: Ein Loch in einem Brett läßt sich anhand der Eigenschaften des umgebenden Holzes beschreiben. Ähnlich wird das Selbst, wenn es für sich allein nicht bekannt ist, meist anhand seiner Umgebung definiert.

unikaten ›Selbst‹ ist ein Symbol dieser Autonomie. Das Gefühl der Einzigartigkeit, das mit dem Bewußtsein eines getrennten Selbst einhergeht, ermöglicht uns, das eigene Selbst von anderen zu unterscheiden. Außerdem sichert das Streben nach Erlangen eines individuellen unikaten Selbst dem physiologischen Organismus größere Überlebenschancen.

Auf der psychologischen Ebene erzeugt dieses Individualitätsgefühl eine innere Einheit für alles Wahrnehmen, Empfinden, Denken und Handeln; ›Ich‹ bin es, ›der hier drinnen‹, der erfährt und agiert. Das ist, was uns das Gefühl der ›Ichheit‹ verleiht.

Wird das hautverkapselte Ich jedoch als *einziges* Selbstgefühl genommen, sehen wir die Welt nur noch in Begriffen von ›Ich‹ und ›Nicht-Ich‹. Das bringt uns zu der Empfindung, ja Überzeugung, zwischen uns und anderen bestehe ein absoluter Unterschied. Wir charakterisieren uns durch die Art und Weise, wie wir gegenseitig erscheinen und auftreten, wobei wir unsere getrennten Identitäten aus dem ableiten, was uns voneinander unterscheidet: Körpergröße, Gewicht, Alter, Geschlecht, Hautfarbe, Nationalität, Kleidung, Wohnung, Wagen, sozialer Status, Beruf, Bekanntenkreis, Charakter, Persönlichkeit, Gedanken und Ideologien. Unser Gefühl dessen, was wir sind, leitet sich also aus unseren Wahrnehmungen, Erfahrungen und Interaktionen mit der Außenwelt her.

In Wirklichkeit ist das Selbst aber keines dieser Dinge. Jemand kann sich in Körpergröße, Gewicht, Alter und so weiter noch so von anderen unterscheiden, seine ›Ichheit‹ wird dadurch nicht anders. Wir leiten also unser Selbstgefühl aus dem her, was wir nicht sind.

Diese Herleitung unserer Identität gleicht – um uns einer von dem amerikanischen Philosophen Daniel Cowan gebrauchten Analogie zu bedienen – dem Beschreiben eines Loches in einem Brett an Hand der Farbe, der Form und der Textur des Holzes ringsum (›ein braunes, rundes, glattes Loch‹). Die Identität des Lochs wird sozusagen aus dem umgebenden Holz deriviert. Die meisten Menschen beschreiben ein Loch auf diese Weise, weil die Eigenschaften des Loches selbst viel abstrakter sind; die Eigenschaften des Holzes lassen sich leichter beschreiben als die das Loch füllende transparente Luft. Auf ähnliche Weise leitet sich unser Gefühl der persönlichen Identität gewöhnlich aus dem her, was das Selbst umgibt (also aus unserer Erfahrung der Welt). Was drinnen liegt, ist viel schwerer zu beschreiben.

Wenn wir lediglich ein solches vom Äußeren hergeleitetes Identitätsgefühl haben, wird es zum kostbarsten Besitz. Ohne den hätten wir einfach kein ›Ich‹ mehr. (Das ist einer der Hauptgründe unserer Angst vor dem körperlichen Tod; er bedeutet ja Trennung von allem, wovon wir für unser Selbstgefühl abhängig sind.) Dabei ist das derivative Selbst so flüchtig und vergänglich wie die Erfahrungen, aus denen es hergeleitet ist. Es muß ständig gepflegt, genährt und geschützt werden, und wir tun alles, was wir können, diese Erhaltung zu sichern. Ein großer Teil der Aktivität des Menschen ist allein darauf gerichtet, seine Identität zu etablieren und zu verteidigen, und die niedrige Synergie, die wir in der Gesellschaft beobachten, ist nicht zuletzt auf eben dieses Bedürfnis zurückzuführen.

Geliebt werden, dazugehören, überzeugt sein

Wenn wir unser Identitätsgefühl aus unseren Interaktionen mit anderen herleiten, brauchen wir Menschen, die unser Sein anerkennen und bestärken, und um das zu erreichen, wenden wir oft beträchtliche Mühe auf. Das Leben wird zur Suche nach persönlicher Bestätigung, nach Erfolgserlebnissen. Daran muß nichts falsch sein, denn es trägt unstreitig dazu bei, daß wir uns wohl fühlen. Aber wenn Erfolgserlebnisse die Hauptstütze unseres psychischen Wohlbefindens sind, kann die Suche nach ihnen ein Übermaß an Zeit und Energie kosten. Manche Psychologen schätzen, daß bis zu 80 Prozent unserer Interaktionen mit anderen Menschen lediglich dem Bedürfnis nach Anerkennung und Bestätigung entspringen.

Hand in Hand damit geht eine große emotionale Verletzlichkeit; das derivative Selbst ist höchst fragil. Begebenheiten werden selten neutral gesehen, und was uns nicht bestärkt, wird meist als bedrohlich empfunden. Infolgedessen kann es geschehen, daß wir die Zeit, die wir nicht damit verbringen, Erfolgserlebnissen nachzujagen, dafür aufwenden müssen, Mißerfolgserlebnisse abzuwehren.

Erleben wir Mißerfolge, fühlen wir uns verletzt, und das führt in der Regel zu Unglücklichsein und Depression. Nach einer von Gerald Klerman in *Psychology Today* (April 1979) veröffentlichten Studie über Schwermut ›sind die Hauptauslöser von depressiven Reaktionen die Bedrohungen der psycho-sozialen Integrität des Individuums, also des Selbstgefühls‹, und bilden Schwermut und Depression die häufigste psychische Krankheit unserer Zeit.

Eine andere Art der Reaktion des derivativen Selbst auf Mißerfolgserlebnisse, vor allem auf Kritik, besteht in Zufluchtnahme zu seinen psychologischen Abwehrmechanismen, wie Rechtfertigung, Abblockung und Vergeltung – Methoden, deren sich die verletzte Identität bedient, um sich wieder stark zu machen. Aber da dieser Verstärkungs- und Beschützungsprozeß seinem Wesen nach endlos ist und das Verlangen des Selbst nach Bestätigung niemals voll befriedigt, arbeiten die meisten Menschen unbewußt mit vielen anderen Taktiken, um ihr Identitätsgefühl zu stützen. Eine davon ist die Ansammlung von Besitz.

Besitz erwerben wir, um zu zeigen, wer wir sind – um unserem ›Selbst‹ Status zu verleihen. Persönliche Identität wird oft nach materiellem Besitz gemessen, mögen dies nun Häuser, Autos, Fernsehapparate, Hi-Fi-Anlagen, elektronische Geräte, Gemälde, Bücher, Möbel oder was immer sein. Verliert ein spezielles Besitzstück an Status, wird es entweder abgeschafft oder durch eines von höherem Prestigewert ersetzt. Der Wunsch zum Beispiel, das vorjährige Automodell durch das diesjährige zu ersetzen, entspringt weniger dem Bedürfnis nach einem besseren Transportmittel, sondern mehr dem Bedürfnis nach Aufrechterhaltung des Selbstgefühls.

Die Werbung macht sich das zunutze: Kaufen Sie diese Automarke, und Sie sind der gutaussehende, tipp-topp gekleidete, super-coole Besitzer, dem auf der Straße jedermann bewundernd nachschaut. (Und selbst wenn Sie der Beschreibung nicht ganz entsprechen, gewinnen Sie wenigstens das Gefühl, diesem Typ ein bißchen zu gleichen, und können sich mit diesem Image schon mehr identifizieren.)

Das um Bestätigung bestrebte Selbst findet oft zusätzliche Sicherheit in der Identifizierung mit etwas Größerem, wie einer Gruppe oder einer Ideologie. Die Zugehörigkeit zu einer speziellen Gruppe, ob nun Gesellschaftsschicht, politische Partei, Religionsgemeinschaft oder bloß einfach Sportverein, verleiht dem derivativen Selbst das Gefühl von ›Sicherheit in der Masse‹. Zu diesem Komplex gehören auch Wohnen im ›richtigen‹ Stadtviertel, Bekanntsein mit den ›richtigen‹ Leuten, Tragen der ›richtigen‹ Kleidung, Hören der ›richtigen‹ Musik und sogar Rauchen der ›richtigen‹ Zigarettenmarke – nicht weil irgend etwas davon besser ist, sondern weil es die Identifizierung mit einer bestimmten Gruppe stärkt.

Dem kommt auch die Mode entgegen. Anfang der siebziger Jahre waren Schuhe mit bis zu mehreren Zentimetern hohen sogenannten Plateausohlen ›in‹. Obwohl alles andere als praktisch oder bequem, fand dieses Schuhwerk Anklang – denn es wurde als Mode präsentiert, und eine Mode mitmachen heißt zur ›richtigen‹ Gruppe gehören. (Diese spezielle Mode ließ den Träger obendrein ein Stückchen größer wirken, was dem Ego noch mehr Stützung gab.) Millionen Menschen unterwarfen sich dem Diktat der Plateausohlen und nahmen Knöchelbrüche, Rückenschmerzen und verkorkste Körperhaltung in Kauf – ihre Zugehörigkeit bestätigt zu bekommen, wog ihnen das offensichtlich auf.

Ein solches Verhalten mag der Gesamtgesellschaft wenig schaden, doch kann das Bedürfnis, zu einer Gruppe zu gehören, zu sehr ernsten Problemen führen – nämlich sobald eine andere Gruppe auftaucht, die das Zugehörigkeitsgefühl bedroht. Zieht zum Beispiel eine Gruppe von anderer Hautfarbe in ihr Stadtviertel, können die dort wohnenden und sonst ganz friedlichen Bürger plötzlich verbal aggressiv und sogar körperlich gewalttätig werden. In dieser Zugehörig- keits-Identität sieht Adam Curle, Professor für Friedensfor- schung an der University of Bradford, »die Triebkraft für Fremdenhaß – für blinden Chauvinismus, für die pseudomy- stische Sehnsucht nach Blut und Boden, für die Überheblich- keit von Ansässigen gegenüber Zugereisten. Letzten Endes ist keiner von uns ganz frei davon, und so tragen wir alle zum gefährlichen Dilemma des Menschengeschlechts bei.«

Eine weitere starke Identitätsquelle ist all das, was wir glauben oder wovon wir überzeugt sind. Wir tun alles, was wir nur können, um unsere Ansichten zu verteidigen. Wer- den sie angezweifelt, kann sich das derivative Selbst bedroht fühlen, und oft löst es dann heftige emotionale Reaktionen aus; wir suchen den Status unseres eigenen Standpunktes zu halten und bekämpfen entgegengesetzte Ansichten. Selbst wenn wir glauben, rational zu argumentieren, nehmen wir zu unserer Beweisführung raffinierte Mittel zu Hilfe: Selek- tionsstrategie, Ablenkungsmanöver, Verdrehung, Herabset- zung und Blendung mit Fakten oder Fachausdrücken, um nur ein paar zu nennen.

Das klammernde Festhalten an Überzeugungen als Teil unserer Identität kann jedoch gefährlich weit gehen. Regie- rungen halten oft lieber verbissen an einer Politik fest, die nichts mehr bringt, als daß sie zugeben, sie könnte falsch sein. Einige der bittersten und blutigsten Kriege der Ge- schichte sind zur Verteidigung von Ideologien geführt worden.

Die Gesellschaft mit niedriger Synergie

Das ständige Bedürfnis, ein aus Erfahrung deriviertes Identi- tätsgefühl zu halten und zu bestätigen – ob nun durch Suchen nach Erfolgserlebnissen, durch Zugehörigkeit zu Gruppen, durch Vertreten von Überzeugungen oder durch irgendwelche andere Methoden –, führt uns dazu, die Welt zur Stützung des Selbst zu benutzen. Die Folge ist ein exploitativer Bewußtseinsmodus. Wir werden zu Ausbeutern unserer Umwelt, unserer Mitmenschen und sogar unseres eigenen Körpers. Mag dies auch eine sublimere Form der Exploitation sein als jene, die ein reicher Industrieller an seinen unterbezahlten Arbeitern ausübt, ist und bleibt es Exploitation: Die übrige Welt wird eingespannt, der eigenen Identität zu dienen. Dieser Bewußtseinsmodus ist der Grund für die niedrige Synergie in der Gesellschaft.

Das Wesen der Synergie besteht darin, daß die Ziele des Individuums die Ziele der Gesellschaft unterstützen. Doch steht das Bedürfnis, sich ein derivatives Identitätsgefühl zu erhalten, oft in Konflikt mit den wichtigsten Interessen anderer Menschen und auch mit denen der Gruppe als Gesamtheit. Gleich einem Kind braucht das derivative Selbst unmittelbare Befriedigung, und das führt unweigerlich dazu, daß zur Erlangung kurzfristiger Vorteile langfristige Ziele geopfert werden – also zum Gegenteil synergetischen Verhaltens.

Ein Beispiel für niedrige Synergie ist, wenn Leute beim ersten Gerücht von einem Engpaß in der Benzinversorgung ihre Wagen volltanken. Das Bedürfnis des einzelnen ist hier, einem Treibstoffmangel zu entgehen; jeder tankt ein paar Liter mehr, und diese Überbelastung des Versorgungssystems führt zur Leerpumpung aller Tankstellen und somit zu einer tatsächlichen Benzinkrise. Das Handeln des einzelnen ist eindeutig nicht im Gruppeninteresse.

Dieser Konflikt zwischen den kurzfristigen Bedürfnissen des Individuums und den langfristigen Zielen der Gruppe führt zu dem, was die Ökologen das ›Commons-Problem‹ nennen. Die Commons waren im alten England jener Teil der Gemeindeflur, der gemeinschaftlich genutzt wurde, vornehmlich als Weideland (vergleichbar den Allmenden in Deutschland), heute aber bezeichnet man mit diesem Ausdruck jene Ressourcen, die Gemeingut sind, wie die Meere und die Atmosphäre. Das Commons-Problem entsteht, wenn Leute gemeinschaftliche Ressourcen schneller ausschöpfen, als diese sich wieder regenerieren können; das ist zum Beispiel der Fall, wenn der Walfang so intensiv betrieben wird, daß die Fangrate die Geburtenrate der Tiere stark übersteigt. Sich etwas so schnell wie möglich zu nehmen mag einem einzelnen oder einer Gruppe kurzfristigen Vorteil bringen, dem langfristigen Interesse aller anderen aber ist es natürlich abträglich. Es führt zum schließlichen Versiegen jener Quelle, so daß niemandem mehr etwas bleibt, der egoistische Überverbraucher sich also ins eigene Fleisch schneidet.

Auf der Suche nach Lösungen des Commons-Problems haben Psychologen mit verschiedenen Simulationsspielen experimentiert. Der englische Ökopsychologe Julian Edney hat dabei festgestellt: Wenn Menschen oftmaliges simuliertes Erschöpftsein der Commons erfahren, vermögen sie zu lernen – allerdings nur allmählich –, individuelle Bedürfnisse einzuschränken, um langfristiges Überleben zu sichern. In der wirklichen Welt dagegen können wir es uns nicht leisten, es auch nur ein einziges Mal zum Erschöpftsein der Lebensmittelvorräte, fossilen Brennstoffe und anderen Gemeingut-Ressourcen kommen zu lassen, geschweige denn Hunderte Male. Erst aus Erfahrung klug zu werden würde unseren Untergang bedeuten.

Die Anzeichen deuten daraufhin, daß in nicht allzu ferner Zukunft die Industrienationen ihren Verbrauch an Öl und anderen Rohstoffen einschränken müssen. Doch solange die persönliche Identität durch Konsumgüter und materiellen Luxus gestärkt wird, werden sich die Menschen schwerlich mit einem weniger auf Konsum ausgerichteten Lebensstil anfreunden. Die meisten von uns sehen zwar ein, daß wir unseren Ölverbrauch reduzieren müssen, aber ohne strenge Rationierung oder exorbitante Preiserhöhung werden nur wenige ihren Treibstoffverbrauch freiwillig einschränken, solange ihnen das Fahren eines eigenen Wagens noch ein starkes Identitätsgefühl verleiht. Unser Bedürfnis nach Stützung des Ich sperrt sich gegen die Wandlungen, die wir am nötigsten haben.

Dieses Dilemma hängt mit dem sogenannten ›Schwarzfahrer-Problem‹ zusammen, das sich dann ergibt, wenn sich jemand als separates, selbständiges Individuum sieht und die Haltung einnimmt: Was ich tue, wirkt sich nicht auf das Kollektiv aus. Zum Beispiel mag er beschließen, einen Teil seiner Steuern nicht zu zahlen. Dem Staat geht dadurch wohl noch nicht einmal ein Hundertmillionstel seines Steueraufkommens verloren, und weder er noch die Mitbürger bekommen den Unterschied zu spüren. Der Steuerhinterzieher spart so Geld und kann trotzdem im Genuß aller von den Steuergeldern der anderen finanzierten öffentlichen Einrichtungen bleiben.

Daß es für dieses Problem offensichtlich keine Lösung gibt, dient oft als Begründung für legislative Maßnahmen, mit denen die Bürger gezwungen werden sollen, ihre individuellen Ziele aufzugeben. Doch wird der wirkliche Konflikt dabei bloß übertüncht. Solange es eines Menschen dominierendes Bedürfnis ist, für sein Selbst zu sorgen, wird er lediglich deshalb für die kollektiven Ziele mitarbeiten, weil er entweder um sein eigenes Wohlergehen fürchtet, oder aber weil er auf Ansehen unter seinen Mitmenschen aus ist.

In gewisser Weise hat der Schwarzfahrer ja auch recht: Er persönlich profitiert, ohne daß jemand anders dadurch Schaden hat. Würden jedoch alle so denken und handeln, hätte das katastrophale Folgen.

Das Unterscheiden von Selbst und Welt führt letztlich zu einer Lebenseinstellung, die auf die Formel ›du oder ich‹ hinausläuft, bei einzelnen wie bei ganzen Gruppen oder Völkern. Menschen suchen einander auszustechen, um an der Spitze zu bleiben, Wissenschaftler halten Forschungen geheim, um sie als erste veröffentlichen zu können, Staaten kämpfen um Bodenschätze, weil sie diese nicht gemeinsam nutzen wollen, und reiche Länder horten Getreide, weil Hungersnöte in anderen Ländern in ihrem eigenen wirtschaftlichen und politischen Interesse liegen.

Mancher mag hier einwenden, das alles liege größtenteils am ›System‹. Betrachtet man die heutigen Krisen jedoch im Licht des derivativen Selbst, kann es ebensogut sein, daß die Unzulänglichkeiten der Gesellschaft den Bewußtseinszustand der sie bildenden Menschen widerspiegeln und daß das Selbst das System schafft, und nicht umgekehrt.

Wirtschaftssysteme

Vor zweihundert Jahren kam der englische Philosoph und Nationalökonom Adam Smith zu der Überzeugung, daß die Triebfeder des Kapitalismus der Drang nach Erhaltung persönlicher Sicherheit sei. Indem er seine eigenen Interessen verfolge, würde der einzelne ›von unsichtbarer Hand geführt ... unbewußt die Interessen der Gesellschaft fördern‹. Diese Theorie ergab das Bild einer Gesellschaft mit von vornherein hoher Synergie.

Zu eben dieser aber hat sich die kapitalistische Gesellschaft leider nicht entwickelt. Smith ging von der Annahme aus, die einzelnen würden in ihrem eigenen langfristigen Interesse handeln. Er erkannte nicht, daß es bei einer durch das Bedürfnis nach Identitätsbestätigung erfolgender Motivation zum Handeln diesem derivativen Selbst mehr um kurzfristige oder gar sofortige Befriedigung geht als um langfristigen Nutzen. Infolgedessen handeln Ididuen oft sowohl gegen ihre eigenen Interessen wie auch gegen die der Gesellschaft.

Der Kapitalismus ist aber nicht das einzige Wirtschaftssystem, das unter den Nachteilen des derivativen Selbstgefühls leidet; dem Kommunismus ergeht es nicht anders. Während sich der Kapitalismus den Bedürfnissen des Ich total unterworfen hat, ist der Kommunismus (ich spreche hier von jenem Kommunismus, wie er in der Sowjetunion und in den Volksdemokratien zu finden ist), offensichtlich in den entgegengesetzten Fehler verfallen, nämlich die Bedürfnisse des Selbst überhaupt nicht zu berücksichtigen.

In der marxistischen Theorie heißt es zwar: ›Jeder nach seinen Fähigkeiten, jedem nach seinen Bedürfnissen‹, aber die allerdringlichsten persönlichen Bedürfnisse – die nach Identität – werden verhöhnt. Das kommunistische System funktioniert nur mit Hilfe von Unterdrückung. Kollektives Handeln und nationaler Zusammenhalt werden durch Propaganda am Leben erhalten, die wie die kapitalistische Werbung das Bedürfnis nach Identitätsbestätigung anspricht. Auch hier wird psychische Stärkung aus Zugehörigkeit gewonnen – der zur ›richtigen‹ Gesellschaftsordnung.

Selbst in der UdSSR erkauft Geld Prestige, und folglich ist es nach wie vor ein wichtiger Ansporn. Gegenwärtig werden dort nur 3 Prozent der Landwirtschaftsbetriebe privat geführt, aber deren Anteil an der sowjetischen Gesamt-Agrarproduktion beträgt weit mehr als 3 Prozent; sie arbeiten eben wesentlich effektiver. Die Folge ist, daß man anfängt, den Sektor der privaten Landwirtschaft zu vergrößern, so ideologische Verrenkungen das auch erfordern mag.

Die steigenden Komsumwünsche in kommunistischen Ländern, die den Regierungen so viel Ungemach bereiten, sind ebenfalls nur logisch. Ein kürzlich erschienener Artikel in der *Iswestija*, einer der größten sowjetischen Tageszeitungen, beklagte die krankhaft ›übersteigerte Erwerbssucht‹ in der UdSSR. Die Zeitung berichtete von Wohnungen, die vollgestopft seien mit nutzlosem Krimskrams, vor allem Antiquitäten oder sonstigen Dingen mit Seltenheitswert, von einer schon an Wahnsinn grenzenden Manie nach nur auf dem Schwarzmarkt zu erhaltenden Hi-Fi-Anlagen und von Ehepaaren, die sich ein Auto zusammensparen, um sich über ihre autolosen Nachbarn erheben zu können. Für uns im Westen klingt dergleichen vertraut. Solange das Selbst Stärkung braucht, wird solches Verhalten nicht plötzlich aufhören, egal unter welchem ökonomischen Modell die Menschen leben.

Die Ideale, die hinter dem Kommunismus stehen, mögen, nicht anders als beim Kapitalismus, gar nicht schlecht sein. Die gegenwärtigen Unzulänglichkeiten resultieren daraus, daß die Menschen innerlich noch nicht weit genug entwickelt sind, um ohne Zwang nach diesen Idealen zu leben. Solange die persönliche Identität noch die eines lokalisierten separaten Selbst ist, wird das kommunistische System es schwerlich zu hoher Synergie bringen.

Die heutigen kommunistischen Gesellschaften sind an Synergie nicht höher als die kapitalistischen. Hier wie dort stehen die Bedürfnisse des Individuums nicht im Einklang mit denen der Gesamtgesellschaft. In einem kapitalistischen Staat dominieren die Bedürfnisse des Individuums und kommt die Gesellschaft als Ganzes zu kurz (und damit letztlich auch das Individuum), wogegen im kommunisti-schen Staat die Bedürfnisse der Gesellschaft dominieren und das Individuum zu kurz kommt (und damit letztlich auch die Gesellschaft). Unabhängig vom System ist die persönliche Realität nach wie vor die des ›Ich hier drinnen‹, das im Gegensatz steht zu der ›Welt dort draußen‹ – also ›Ich versus Du‹.

Menschheit kontra Natur

Diese gefährliche, für die Gesellschaft mit niedriger Synergie so symptomatische Seperation von anderen hat uns zu einer noch tieferen Spaltung geführt: der Kontrahaltung des Ich zur Welt, in der westlichen Zivilisation manifest als ›Mensch-heit versus Natur‹. Sehr bestärkt wird diese Haltung durch naturwissenschaftliche und technologische Modelle, die die Menschheit als die höchste Lebensform und damit als befä-higt und befugt ansehen, sich die Welt untertan zu machen und in ihre Dienste zu stellen. Schuld an unserer jetzigen Misere haben aber nicht Naturwissenschaft und Technolo-gie, sondern die Art und Weise, wie sie eingesetzt werden. In den meisten Fällen dienen sie ja individuellen, körperschaft-lichen und staatlichen Egos statt der Menschheit und dem Planeten. Nationen können nicht synergetischer sein als die Individuen, aus denen sie sich zusammensetzen, und so fallen auch sie beschränkten und kurzfristigen Zielen zum Opfer.

Großbritannien entlädt Schwefeldioxyd in den Himmel, das dann als saurer Regen auf Skandinavien niederfällt. Blei aus in Kalifornien verbrauchtem Benzin landet in der Nah-rung der Eskimos. Wir roden am laufenden Band Waldungen und zerstören damit des Planeten wichtigste Sauerstoff-quelle sowie das natürliche Habitat von mehr als einer Million Arten. Dieses Verhalten befriedigt unsere unmittel-baren Bedürfnisse nach Brennstoff, Papier und Baumaterial, zieht aber weder in Betracht, was werden soll, wenn es keine Bäume mehr gibt, noch was wir der Biosphäre für langwäh-renden Schaden antun können. Länder planen weiterhin den Bau von Kernreaktoren, weil diese eine Möglichkeit bieten, unseren unmittelbaren Energiebedarf zu decken, obwohl niemand garantieren kann, daß eine größere technische Panne nicht den ganzen Planeten radioaktiv verseucht. Nur um unsere momentanen Wünsche zu stillen, hinterlassen wir unseren Nachkommen potentielles Desaster.

Geht etwas schief und will die Natur nicht so wie wir, ersinnen wir einen Dreh, um das zu kaschieren, was an unserem Vorgehen falsch ist, damit wir weitermachen können. So hat das europäische Agrar-Business, das es besser weiß als die Natur, die alte Dreifelderwirtschaft durch Intensivierung und Flurbereinigung ersetzt. Das dadurch geschädigte Ökosystem wurde dann durch zusätzlichen Dünger gestützt. Zur Steigerung der Erträge züchtete man Hybriden, doch die sind wegen des Spezialdüngers und der Pestizide, ohne die sie nicht gedeihen, stark vom Erdöl abhängig. Zur Erzeugung unserer Nahrungsmittel wird jetzt fünfzigmal so viel Energie gebraucht, wie wir durch deren Verzehr gewinnen. Was wird, wenn das Erdöl zu Ende geht? Können wir auch diese Tatsache technologisch hinbiegen? Verlassen sollten wir uns nicht darauf.

Ein neues Weltbild

Für nahezu jedes Problem, vor dem die Menschheit steht, haben wir das Wissen, das nötig ist, den Kurs zu ändern und die Katastrophe abzuwenden, und in jenen Fällen, wo wir noch nicht darüber verfügen, wissen wir, wie wir vorgehen müssen, um es zu erwerben. Wir haben beispielsweise die Kenntnisse und fast auch die gesamte Technologie, um innerhalb eines Jahrzehnts von fossilen Brennstoffen zu regenerierbaren Ressourcen wie Hydro-Elektrizität, Gezeiten-, Wind-, Geothermal- und Sonnenenergie überzugehen und so den Energiebedarf des größten Teils der Welt zu befriedigen. Doch das Budget der Industrieländer zur Erforschung und Erschließung regenerierbarer Ressourcen beträgt noch nicht einmal ein Prozent von dem, was für

Erweiterung unserer Abhängigkeit von den sich rapid erschöpfenden Ölvorräten ausgegeben wird.

Das wirkliche Problem liegt nicht in den physischen Beschränkungen seitens der Außenwelt, sondern in denen seitens unseres Geistes. Das derzeit dominierende Weltbild sieht den Menschen als Bezwinger, Beherrscher und Bearbeiter der Natur, zu dessen Arteigenheit es gehört, aggressiv und nationalistisch zu sein, und dessen Hauptziele Produktivität, Wachstum, materieller Fortschritt und wirtschaftliche Effizienz sind. Die Naturwissenschaft gilt als der absolute Weg zum Wissen, auf dem sich letztlich alles erfahren und mit Hilfe der Technologie auch alles erreichen läßt.

Obwohl in fast allen Industrienationen herrschend, ist dieses Weltbild noch gar nicht so alt – es entstand mit der industriellen Revolution als Abkehr von der vorwiegend theologischen Weltanschauung des Mittelalters, die religiöse Lehren als die Quelle des Wissens und Gott als den höchsten Herrscher ansah. So wertvoll diese neue Denkweise damals auch gewesen sein mag, inzwischen hat sie ausgedient. Ja, sie bedroht jetzt unser Weiterleben auf diesem Planeten, und je länger wir uns an dieses Weltbild klammern, um so näher rückt die Gefahr.

Wollen wir eine kollektive Katastrophe vermeiden, bedarf es – das zeichnet sich immer deutlicher ab – eines grundsätzlichen Wandels in unserem Verhältnis zu uns selbst, zu unserem Körper und zu unserer Umwelt sowie in unseren Bedürfnissen und Forderungen an andere und an den Planeten wie auch in unserer Wahrnehmung und Beurteilung der Welt. Wie schon von zahlreichen Leuten dargelegt, brauchen wir ein neues Weltbild – eines, das ganzheitlich und weitsichtig ist, nicht auf Ausbeutung gerichtet, sondern ökologisch vernünftig, friedlich, human und kooperativ ist. Wir müssen eine andere, eine wahrhaft globale Einstellung gewinnen, bei der weder das Individuum noch die Gesellschaft und ebensowenig der Planet zu kurz kommen. Mit anderen Worten: Wir brauchen wesentlich mehr Synergie.

Wie schon gesagt, ist die niedrige Synergie in der heutigen Gesellschaft nicht zuletzt darauf zurückzuführen, daß wir

uns zur Stützung unserer Identität hauptsächlich des Modells des hautverkapselten Ich bedienen. Bis vor gar nicht langer Zeit bestand wenig Grund, dieses dualistische Modell anzuzweifeln; es schien einigermaßen zufriedenstellend zu arbeiten, und wurde von den meisten Sprachen und kulturellen Traditionen stark unterstützt. Doch die schweren, sich häufenden weltweiten Krisen zwingen uns jetzt zu der Einsicht, daß das Modell des hautverpaselten Ich etliche grundsätzliche Schwächen hat.

Zur Änderung der globalen Lage bedarf es weit mehr als einer Reihe von sozialen, wissenschaftlichen und technologischen Paradigmawechseln. Um zu höherer Synergie zu gelangen, braucht die Gesellschaft einen Wechsel im Meta-Paradigma, also in unserem übergeordneten Selbstmodell. Dieser Bewußtseinswandel ist jetzt zum evolutionären Imperativ geworden.

Das bedeutet nicht, daß wir uns von dem Modell des hautverkapselten Ich trennen müssen. Wir sind in hohem Maße unikate biologische Organismen, die die Umwelt wahrnehmen und auf sie reagieren, und haben starke Motivationen, diese Identität zu schützen und zu pflegen.

Doch ist dies nur die eine Seite des Selbst. Spirituelle Führer, Mystiker und Visionäre verschiedenster Zeiten und Kulturen haben wiederholt erklärt, daß wir mehr seien als bloße biologische Organismen, umschlossen von Haut. Wir sind zugleich auch unbegrenzt, sind Teil eines größeren Ganzen, sind mit dem übrigen Universum vereint. Das ist die andere Seite unserer Identität, und dieser Aspekt des Selbst ist nötig als Gegengewicht zum Gefühl der Individualität und des Isoliertseins. Dem Wesen dieser tieferen Identität und den Mitteln zu ihrer Entfaltung wollen wir uns nun zuwenden.

8

Die Suche nach der Einheit

Ja, jenes Eine, das des Verstehens letzter Sinn,
Dieses Eine kannst du nur begreifen
Zu des Geistes reifster Zeit,
Wenn seine Knospen aufgegangen
Und er in voller Blüte steht.
Doch suchst den Geist du festzuhalten,
Zu fesseln und ins Innere zu zwingen,
Wird kein Verstehen dir zuteil.

Hat doch der Geist zu seiner hohen Zeit die Kraft,
Das Denken und das Fühlen eins zu machen
Und stärker zu erhellen als der Sonne Glanz.
Drum halte rein, was deine Seele siehet,
Und frei von allem andern,
Laß leer sein deinen Geist
Von allem außer deinem Ziel,
Zu erreichen des Verstehens letzten Sinn,
Denn der liegt jenseits allen Geistes.

DAS CHALDÄISCHE ORAKEL (Anonym)

Das Herleiten unseres Selbstgefühls aus unserer Erfahrung gleicht, wie wir gesehen haben, dem Beschreiben eines Lochs in einem Brett an Hand der Eigenschaften des Holzes statt der des Loches selber. Unser wahres Wesen ist – genau wie die das Loch füllende Luft – weit schwerer zu beschreiben. Obwohl sehr viel weniger greifbar als das derivative Selbst, ist es das aller Erfahrung gemeinsame Element.

Die Suche nach diesem zugrundeliegenden Selbst, dem wahren Wesen unserer Identität, beschäftigt schon seit Jahrtausenden Menschen in aller Welt. David Hume zum Beispiel, englischer Philosoph des 18. Jahrhunderts, schaute wiederholt in sich hinein und suchte etwas zu entdecken, das er sein wahres Selbst nennen konnte. Doch er stellte fest: »Dringe ich ganz tief in das ein, was ich als *mich selbst* bezeichne, stoße ich stets auf irgendeine spezielle Vorstellung dieser oder jener Art, sei es nun Wärme oder Kälte, Licht oder Schatten, Liebe oder Haß, Lust oder Leid. Nie erwische ich *mich selbst* ohne eine Vorstellung, nie kann ich etwas anderes beobachten als eine Vorstellung.« Also, folgerte er, lasse sich das Selbst nicht erfahren, und da alle Vorstellungen durch Erfahrung zustandekommen, könne es keine Vorstellung des Selbst geben.

Humes Dilemma ist nichts Ungewöhnliches. Es ergibt sich daraus, daß das Selbst, das aller Erfahrung zugrundeliegt, nicht auf greifliche Weise erfahrbar ist. Zu einer Erfahrung, gleich welcher Art, gehört zweierlei: erstens ein Erfahrens*objekt* – das Erfahrene, sei es nun etwas in der Außenwelt, eine körperliche Empfindung, eine geistige Vorstellung oder ein Gefühl – und zweitens ein Erfahrens*subjekt* – der, die oder das Erfahrende. Eben dieses Subjekt des Erfahrens war es, wonach Hume bei seiner Frage nach dem Selbst suchte.

Um genauso erfahrbar zu sein wie alles andere müßte das Selbst selber zum Objekt des Erfahrens werden. Deshalb läßt sich bei dieser Art des Vorgehens auch nichts finden. Es ist so, als ginge man in einem Raum, wo das einzige Licht von einer Fackel kommt, die man auf dem Kopf trägt, auf die Suche nach der Lichtquelle. Man sähe nichts weiter als die verschiedenen Gegenstände, die das Licht reflektieren und ihm Eigenart und Form geben.

Das heißt nicht, daß das Subjekt jeglichen Erfahrens gänzlich unerkennbar sei, sondern daß sich dieses Selbst (anders als das derivative Selbst des vorigen Kapitels) nicht auf dieselbe Weise erfahren läßt wie alles andere, denn es ist ja selber das ›Erfahrende‹. Es ist kein Erfahren im Sinne von ›Ich bin dies‹ oder ›Ich bin das‹, sondern das ›Ich‹, das ›dies‹ oder ›das‹ erfährt.

Somit ist alles, was wir für unser Selbst halten oder wahrnehmen mögen, nicht das reine Selbst, das Subjekt aller Erfahrung, sondern jenes Selbst, das in unserem Bewußtsein erscheint. Und deshalb identifizieren wir uns gemeinhin mit den Inhalten unserer Wahrnehmung, also mit unserer Erfahrung statt mit unserem wahren Selbst.

›Identifizieren‹ heißt ›in eins setzen‹ (von spätlateinisch *indentitas* = Wesenseinheit, und *facere* = machen). Wenn wir uns mit Dingen identifizieren, setzen wir sie in eins mit unserem ›Ich‹, aber eben die Tatsache, daß wir sie erst in eins setzen müssen, impliziert, daß sie nicht wirklich dieses ›Ich‹ sind. Man kann das bei sich selber sehen, indem man irgendeinen Aspekt nimmt, den man als wesentlich für die eigene Person hält, und sich die Frage stellt, ob nicht auch das Gefühl der ›Ichheit‹ anders sein würde, wenn jener Aspekt anders wäre. Beispielsweise, ob das Ichheitsgefühl gleich sein würde, wenn man zehn Zentimeter kleiner wäre oder einer anderen Rasse oder dem anderen Geschlecht angehörte.

Zweifelsohne wäre man äußerlich anders, aber eben daß wir andere körperliche Merkmale haben können, zeigt doch, daß das ›Ich‹, das diese Merkmale hat, sich nicht verändert hat. Wir haben zwar einen Körper, aber wir sind nicht nur unser Körper.

Dasselbe gilt für unsere Emotionen. Den einen Tag empfinden wir so, den nächsten vielleicht ganz anders. Auch dabei ist das wesentliche Ichheitsgefühl gleich geblieben, verändert haben sich lediglich die Emotionen. Und bei Gedanken und Wünschen ist es ebenso. Wir haben Gedanken, aber wir sind nicht unsere Gedanken. Wir haben Wünsche, aber wir sind nicht unsere Wünsche.

Wie ist das reine Selbst beschaffen? Worin besteht dieses Ichheitsgefühl?

Das reine Selbst

Damit das Selbst das Selbst erfahren kann, müßte, wie wir gesehen haben, auch der Erfahrende zum Objekt des Erfahrens werden. In dieser Situation gäbe es keinen Unterschied zwischen Subjekt und Objekt und keinen Platz für irgendwelche Interaktion zwischen ihnen. Erfahrung, so wie wir sie normalerweise kennen, würde aufhören. Das ergäbe einen Zustand reinen Bewußtseins, bar jeglichen Inhalts.

Wie aber sollen wir einen Zustand begreifen, in dem es nichts gibt, dessen wir uns bewußt sein können, bei dem das Bewußtsein selber aber bestehenbleibt? Vielleicht hilft der Vergleich mit dem Unterschied zwischen Hören und Lauschen. Wo wir auch sein mögen, wenn wir lauschen, hören wir gewöhnlich ringsum Laute. Befinden wir uns jedoch in einem völlig stillen Raum, können wir zwar noch lauschen, aber es gibt nichts mehr zu hören. Ähnlich ist es beim Zustand völliger mentaler Stille: Wir, die Erfahrenden, sind zwar bewußt, doch es ist nichts da, dessen wir bewußt sein können. Wir sind – aber wir sind nichts Bestimmtes. Es ist ein Zustand reinen *Seins*.

Da das Bewußtsein keinen Gehalt hat, gibt es auch nichts, an Hand dessen man die allerinnerste Wahrnehmung seiner selbst von der anderer differenzieren kann. Man steht in Berührung mit einer universalen Selbst-Ebene. Wenn es in diesem Zustand überhaupt eine Identität gibt, dann die einer Einheit, eines Einsseins mit der Menschheit und der gesamten Schöpfung.

Die meisten Menschen erleben einen solchen Zustand nur äußerst selten oder aber nie. Im allgemeinen ist unsere Aufmerksamkeit ja nach draußen gerichtet, in die Welt der sensorischen Erfahrung, weit weg vom reinen Selbst. Und richtet sie sich doch einmal nach innen, bleibt sie gewöhnlich noch von Gedanken dieser oder jener Art in Anspruch genommen; daß man gar keinen Gedanken im Kopf hat – nicht einmal den: ›Ich habe keinen Gedanken im Kopf‹ –, kommt kaum jemals vor.

Wenn eine solche Bewußtheit des reinen Selbst auch nicht zur allgemeinen Erfahrung der meisten Menschen gehört, so gibt es doch reichlich Beweise, daß sie möglich ist. In den Schriften von Mystikern und religiösen Lehrern aus der ganzen Welt und aus allen historischen Epochen finden sich Schilderungen solcher Zustände. Da das reine Selbst aber keine der üblichen Eigenschaften einer Erfahrung hat, läßt es sich sehr schwer in Worte fassen. Denn um beschrieben werden zu können, muß es ja vom Subjekt zum Objekt werden. Nicht wenige Mystiker bezeichnen es deshalb schlechthin als unsagbar: Es liege jenseits aller Beschreibung, jenseits aller Vorstellungen, die wir haben können, und Versuche, es dennoch zu beschreiben, würden es zwangsläufig zu einer Vorstellung werden lassen.

Die *Mundaka-Upanishad*, ein altindischer religiös-philosophischer Text, der sich sehr viel mit dem Wesen des reinen Selbst befaßt, formuliert diese Schwierigkeit auf treffende Weise:

Es ist nicht die äußere Bewußtheit,
Es ist nicht die innere Bewußtheit,
Und es ist auch nicht die aufgehobene Bewußtheit.
Es ist nicht das Wissen,
Es ist nicht das Unwissen,
Und es ist auch nicht das Klugsein an sich.
Es läßt sich weder sehen noch begreifen,
Es läßt sich weder begrenzen noch beschreiben,
Und es läßt sich auch nicht in Gedanken fassen.
Es ist unbestimmbar.
Es ist allein durch Werden zu erfahren.

Das alte chinesische *Tao Te Ching* – das ›Buch von der Kraft des Tao‹ (dem wahren Wesen aller Dinge) – beginnt mit einer ähnlichen Feststellung:

Das Tao, das sagbar, ist nicht das absolute Tao.

Nun bringt es natürlich nicht viel, über das Wesen dieses Selbst bloß zu schweigen. Deshalb wollen wir uns, all der Schwierigkeiten eingedenk, ansehen, wie einige der Mystiker – jene Menschen also, die sich auf persönliche Suche nach Einheit mit dem Göttlichen oder Heiligen gemacht haben – diesen Zustand schildern und insbesondere wie sie zu einer unmittelbaren Bewußtheit ihres Einsseins mit der gesamten Schöpfung gekommen sind.

Chuang-Tzu, ein chinesischer Mystiker des 4. Jahrhunderts, beschreibt diesen Zustand kurz und bündig so:

Ich und alles im All sind eins.

Der Neuplatoniker Plotin (um 205–270 n. Chr.) sagt:

Der Mensch, wie er jetzt ist, hat aufgehört, das All zu sein. Aber wenn er aufhört, ein Individuum zu sein, hebt er sich selbst wieder empor und durchdringt die ganze Welt.

Meister Eckart, der bedeutendste christliche Mystiker des 14. Jahrhunderts, drückt sich so aus:

Alles, was der Mensch hier an äußerlicher Vielheit hat, ist im Wesen eins. Alle Grashalme, alles Holz und alle Steine, alle Dinge hier sind eins. Das ist die tiefste Tiefe...

Und sein Schüler Heinrich Seuse schreibt:

Alle Geschöpfe... sind... das gleiche Leben, die gleiche Essenz, die gleiche Macht, das gleiche Eins und nicht weniger.

Was diese Mystiker sagen wollen, läuft hinaus auf: In der tiefsten Ebene meines Seins bin ich von gleicher Essenz, von gleichem Wesen wie du und ihr, bin gleich mit dem ganzen All. Wir sind alle vom gleichen Wesen, und ich erfahre mein Selbst als dieses. Darin besteht unser ›Gleichsein-mit‹, dies ist unsere tiefste Identitätsebene.

Fällt es Ihnen schwer, das zu verstehen, so lassen Sie sich dadurch nicht verwirren. Für die meisten von uns, die wir in unserem Denken ja gewohnt sind, uns als Einzelwesen, als völlig getrennte Individuen zu sehen, ist dieses Konzept in der Tat schwierig zu erfassen. Vielleicht wird es klarer durch einen Vergleich, dessen sich schon diverse spirituelle Führer bedient haben: Unsere individuellen Bewußtseine gleichen aus einem Meer geschöpfte Wassertropfen – jeder einzelne Tropfen ist unikat, individuell, mit ganz speziellen Eigenschaften und ureigener Individualität, und dennoch von der gleichen Essenz wie das Meer, nämlich Wasser.

Die ewige Philosophie

Diese Erfahrung von Einheit und Einssein läßt sich als Grundelement aller mystischen und religiösen Traditionen sehen. Oberflächlich betrachtet scheinen die diversen Religionen damit befaßt, Lehren über das Wesen der Wirklichkeit und Wege zu Heil oder Erlösung zu offerieren. Doch sobald man anfängt, sie ihrer kulturellen Verbrämungen und der von späteren Kommentatoren und Übersetzern angebrachten Zusätze zu entkleiden, taucht darunter eine ihnen allen gemeinsame Grundlehre auf – daß wir im tiefsten Innern eins seien.

Der englische Schriftsteller Aldous Huxley, der die großen religiösen und mystischen Traditionen eingehend studiert hat, nannte diese Grundlehre die Ewige Philosophie: »*Philosophia perennis*... die Metaphysik, die hinter der Welt der Dinge, das Lebens und des menschlichen Geistes eine göttliche Wirklichkeit erkennt, die Psychologie, die in der Seele etwas findet, das dieser göttlichen Wirklichkeit ähnlich oder sogar identisch ist, die Ethik, die das Endziel des Menschen in der Erkenntnis des immanenten und transzendenten Urgrundes jedes Seins erblickt...«

Die Upanishaden zum Beispiel sagen uns:

Was in uns ist, ist auch außerhalb,
was außerhalb ist, ist auch in uns.

Bemerkenswert ähnlich heißt es im 1945 entdeckten Thomas-Evangelium:

Aber das Königreich ist inwendig in euch und außerhalb von euch.

Und in der *Erweckung des Glaubens*, einem Werk des buddhistischen Sanskrit-Dichters Ashvaghosha heißt es:

Alle Dinge sind von Anbeginn in ihrem Wesen das Sein an sich.

Die Ewige Philosophie stellt aber keine Philosophie im westlichen Sinne dar, ist weder Ideologie noch Glaubenssystem. Sie gründet auf den Erfahrungen derer, die solche Zustände erlebt haben. Weniger ein Denkgebäude, das zum Nachsinnen und Debattieren anregt, ist sie mehr eine Einladung, sich nach innen zu kehren und diese Wahrheiten selber zu entdecken. Der dann daraus folgende Wandel in Bewußtheit, Lebensstil und Moral kann tiefgreifend sein, doch wird er nicht bewirkt durch Befolgung einer Weltanschauung oder Doktrin, sondern allein durch Kenntnis dieses Zustands des reinen Seins.

Außerdem erklärt die Ewige Philosophie wiederholt, daß die Verwirklichung unseres essentiellen Einsseins nicht nur wenigen Auserwählten vorbehalten sei. Da das universale Selbst ja uns allen gemeinsam ist, haben wir auch alle die latente Kraft in uns, unseres wahren inneren Wesens bewußt zu werden. Und so finden wir ähnliche Aussagen auch bei rein weltlichen Leuten. Zum Beispiel bei dem Dichter Alfred Tennyson:

Die Individualität schien sich aufzulösen in grenzenloses Sein, und dieser Zustand hatte nichts Verworrenes, war vielmehr ganz klar und verlieh ein Gefühl der Sicherheit, wie es sich nicht beschreiben läßt – der Tod eine schier lächerliche Unmöglichkeit, der Verlust der Persönlichkeit (wenn dem so wäre) keine Auslöschung, sondern das einzig wahre Leben.

Der englische Kulturphilosoph Edward Carpentier schrieb 1919:

Verdrängt man das Denken (und zwar beharrlich), gelangt man schließlich in eine unter respektive hinter dem Denken liegende Bewußtseinsregion... und zur Verwirklichung eines weit umfassenderen Selbst als dem, das wir gewöhnt sind. Und da das gewöhnliche Bewußtsein, mit dem wir es im täglichen Leben zu tun haben, vor allem auf dem kleinen lokalen Selbst fußt... folgt daraus, daß man, wenn man sich von ihm löst, für das gewöhnliche Selbst und die gewöhnliche Welt stirbt.

Es ist ein Sterben im normalen Sinn, zugleich aber ein Erwa-
chen zu der Entdeckung, daß das ›Ich‹, unser wahres, innerstes
Selbst, das Universum und alles darin durchdringt – daß die
Berge und die Meere und die Sterne Teil unseres Körpers sind
und daß unsere Seele mit den Seelen aller Geschöpfe in Berüh-
rung steht.

Wer solche Zustände nicht selber erlebt hat, dem mag dieses Gefühl allgemeinen Verbundenseins ein bißchen weither geholt scheinen. Doch die Vorstellung eines einigenden Elementes innerhalb sämtlicher Erscheinungsformen ist kein bloß philosophisches Konzept. In den letzten fünfzig Jahren hat sie in zunehmendem Maß Unterstützung durch eine Wissenschaftsdisziplin erfahren, die mit solchen Dingen scheinbar gar nichts zu tun hat, nämlich die moderne Physik.

Der mystische Physiker

Auf eine Weise sind wir alle ganz offenkundig von gleichem Wesen: In unserem Universum besteht ja alles aus gleichen Substanzen, setzt sich zusammen aus nur rund hundert verschiedenen Arten von Atomen, die ihrerseits aus bloß wenigen Elementarteilchen (Elektronen, Neutronen, Protonen und so weiter) gebildet werden. Diese Teilchen, so zeigt sich jetzt, können sich wiederum aus lediglich drei noch fundamentaleren Teilchen, sogenannten Quarks, zusammensetzen. In dieser Beziehung sind wir also alle von gleichem physischen Wesen. Natürlich ist das eine sehr simple Form von Einheit. Jene Einheit, von der die Mystiker sprechen, bedeutet hingegen ein weit tieferes Einssein – ein Einssein von Bewußtsein und Materie, ein Einssein auf der Ebene der Erfahrung.

In der von Albert Einstein 1905 geschaffenen ›Speziellen Relativitätstheorie‹ wurde zum ersten Mal vorgebracht, daß es irrig sei, wenn wir meinen, den Erfahrenden von der physischen Welt, die erfahren wird, völlig isolieren zu können. Diese Theorie enthält den revolutionären Gedanken, daß das, was uns als Raum und Zeit erscheint, nicht absolut feststehend sei. Wenn zum Beispiel zwei Personen, die sich mit unterschiedlichen Geschwindigkeiten fortbewegen, dieselben Ereignisse sehen, wird das, was die eine als die Wegstrecke und Zeiten zwischen den Ereignissen mißt, leichte Abweichungen von den Messungen der zweiten Person aufweisen. Und das selbst dann, wenn beide dabei ihre unterschiedliche Geschwindigkeit berücksichtigen. Einstein zeigte, daß Raum und Zeit, auch wenn sie uns als eindeutig separate Phänomene vorkommen, nichts weiter sind als verschiedene Aspekte ein und derselben Sache (des Raum-Zeit-Kontinuums). Doch wird die Einheit von Raum und Zeit gebrochen, wann immer wir das Universum betrachten; und verschiedene Betrachter können verschiedene Teile des Kontinuums sehen. Kurz, Einstein wies nach, daß die Bewegung des Betrachters mitbestimmend ist für die Wahrnehmung der Wirklichkeit.

Zweiundzwanzig Jahre später stellte Werner Heisenberg, einer der Begründer der Quantenmechanik, die ›Unschärferelation‹, auf. Danach ist es unmöglich, eines Teilchens Ort und gleichzeitig seinen Impuls, das heißt seine Geschwindigkeit, über eine bestimmte Exaktheitsgrenze hinaus zu bestimmen. Je genauer man den einen Aspekt mißt, um so ungenauer mißt man den anderen; eben der Akt des exakten Messens von eines Teilchens Ort würde seinen genauen Impuls unbestimmbar machen, oder umgekehrt, eine exakte Messung seines Impulses würde es unmöglich machen, seinen genauen Ort zu ermitteln. Heisenberg hat also aufgezeigt, daß der Vorgang des Betrachtens das Betrachtete beeinflußt.

Für die damaligen Physiker, die Betrachter und Betrachtetes als gesonderte Entitäten sahen, hatten diese beiden Schlußfolgerungen umwerfende Implikationen. Irgendwie waren geistige und physische Welt interdependent.

Seitdem hat sich die theoretische Physik sehr intensiv damit befaßt, daß die vielen unterschiedlichen Erscheinungen des Universums lediglich Manifestationen eines einzigen zugrundeliegenden Ganzen zu sein scheinen. Einstein hatte gezeigt, daß nicht nur Raum und Zeit eins sind, sondern ebenso auch die elektrischen und magnetischen Kräfte sowie Energie und Masse (seine berühmte Gleichung $E = mc^2$). Er verbrachte seine späten Lebensjahre mit der Suche nach einer noch größeren, noch umfassenderen Einheit, einer Einheitlichen Feldtheorie, die zeigen würde, daß die vier Grundkräfte der Physik (Gravitationskraft, elektromagnetische Kraft und die sogenannten ›schwachen‹ und ›starken‹ Kernkräfte) nur andere Manifestationen ein und desselben Prinzips seien. Aber trotz aller Mühe, die er diesem Problem widmete, das einheitliche Feld wollte sich ihm nicht erschließen.

Auf seiner Arbeit aufbauende neuere Forschungen zeigen jedoch, daß seine Ahnung wahrscheinlich richtig war. So ist es beispielsweise nach der sogenannten ›Eichtheorie‹ möglicherweise überhaupt falsch, Atomteilchen als separate, unabhängige Einheiten zu sehen. Sie als getrennt zu denken möge im Alltagsbereich nützlich sein und habe sich auch als wertvolles Modell zum Verständnis des Atomaufbaus erwiesen, stelle aber vielleicht doch nicht die letzte Wahrheit dar. Im tiefsten Grunde scheine es lediglich Energiemuster zu geben, die den *Anschein* von separaten Teilchen haben. Diese Theorie enthält die revolutionäre Folgerung, daß wir alle in das Gewebe des Universums eingewoben und in mancher Hinsicht miteinander verbunden und vernetzt seien, auch wenn wir physisch getrennt wirken.

Einen Ansatz zum Verständnis dieser Vernetzung schuf der englische Physiker David Bohm mit seinem Konzept der ›impliziten Ordnung‹. Während die explizite Ordnung das Universum ist, das wir rings um uns sehen (die Welt von Ursache und Wirkung, beschrieben an Hand diverser physikalischer Gesetze), stellt die implizite Ordnung eine Ebene der Ordnung dar, die weder durch die Sinne noch mittels physikalischer Geräte wahrnehmbar ist. Auf der Ebene der impliziten Ordnung enthält jeder Teil des Universums in sich eingeschlossen, eben implizite – das gesamte Universum. Sich das vorzustellen ist nicht ganz einfach; vielleicht fällt es leichter, wenn wir zum Vergleich das neue optische Bildspeicherungs- und Abbildungsverfahren der Holographie heranziehen.

Bei einer normalen Photographie ist jeder Punkt darauf ein bestimmter Teil des fertigen Bildes, und damit dieses richtig gesehen werden kann, müssen sich alle Punkte in der richtigen Lage befinden. Bei einem Hologramm dagegen enthält jeder Punkt auf der Photoplatte Daten über das gesamte Bild. Jeder Teil des Objekts ist in jedem Teil der Platte verschlüsselt. Betrachtet man ein Hologramm mit bloßem Auge, sieht man lediglich ein sehr feines Wellen- oder Kräuselmuster. Wird die Platte aber mit kohärentem Licht durchstrahlt, kann das Bild zum Erscheinen gebracht werden, und es tritt dreidimensional aus der Platte heraus. Da jedes Gebiet der Platte Information über das gesamte Objekt enthält, kann es auch das gesamte Bild entstehen lassen (wobei dessen Schärfe allerdings von der Größe der benutzten Plattenregion abhängt). In diesem Sinne ist das Bild in der ganzen Platte ›eingeschlossen‹.

Nach Bohms Theorie der impliziten Ordnung nun kann die Gesamtheit von Raum und Zeit gleichsam hologramm- artig in jedem Teil des physischen Universums einkodiert sein. Diese implizite Ordnung werde niemals direkt wahrge- nommen. Was wir sehen, sei die explizite Ordnung – speziel- le aus der zugrundeliegenden impliziten Ordnung hervorge- gangene Formen. Folglich, so Bohm, müsse das gesamte Universum als ein einziges ungeteiltes Ganzes verstanden werden, in dem separate und unabhängige Teile keinen Fundamentalstatus haben.

Ein anderer englischer Physiker, Richard Prosser, hat eine Theorie entwickelt, wie eine solche ›Einschließung‹ erfolgen kann. Stark vereinfacht besagt sie, daß wir das, was wir für ein gesondertes Elementarteilchen halten, als ein unendli- ches Wellenmuster ansehen können, das sich nach allen Richtungen hin durchs ganze Universum ausbreite. Die Wellen seien so beschaffen, daß sie sich überall aufheben außer in einem winzig kleinen Gebiet, und eben dort fänden wir das ›Teilchen‹. Also sei alles gewissermaßen überall, aber nur an einer bestimmten Stelle manifest.

Obwohl diese Theorien von Physikern stammen, klingen sie allmählich immer mehr wie Lehren von Mystikern. Wenn das Universum letztendlich eine Einheit darstellt, ist ein solches Konvergieren von Ideen eigentlich nur logisch. Der Physiker erforscht die tiefsten Ebenen objektiven Seins mit den Mitteln physikalischen Experimentierens, nämlich Verstand und Mathematik. Der Mystiker ergründet die tiefsten Ebenen subjektiven Seins durch persönliche Innenschau. Nähern sich beide unabhängig voneinander einer letztlichen Einheit, in der die physische und die geistige Welt zusammenlaufen, ist es nicht verwunderlich, wenn ihre Erkenntnisse und Offenbarungen zunehmend ähnlicher werden.

Kurz, die Physik entdeckt die Ewige Philosophie. Sie versichert, daß wir im tiefsten Grunde alle eins sind und daß Mystiker und Visionäre durchaus Leute sein können, die auf diese oder jene Weise zur unmittelbaren Erkenntnis des Wesens der Wirklichkeit gelangt sind.

9
Die Erweckung des Selbst

Der Mensch ist Teil eines von uns ›All‹ genannten Ganzen, ein Teil, der seine räumlichen und zeitlichen Grenzen hat. Er erfährt sich selbst, seine Gedanken und Gefühle als etwas von allem anderen Getrenntes – sozusagen eine optische Täuschung seines Bewußtseins. Diese Täuschung bedeutet für uns eine Art Gefängnis, sperrt uns ab von allem außer unseren persönlichen Wünschen und der Zuneigung zu ein paar wenigen uns Nahestehenden.

Unser Bestreben muß es sein, aus diesem Gefängnis auszubrechen, indem wir den Kreis unseres Miterlebens und Mitfühlens erweitern, auf daß er alle Lebewesen und die gesamte Natur in ihrer Schönheit einschließe.

ALBERT EINSTEIN

Die Ewige Philosophie versichert wiederholt, daß wir alle letztlich eins seien, daß dieses Einssein sich als das reine Selbst im tiefsten Grunde unseres Seins erkennen lasse und diese Erkenntnis jedem von uns nicht nur zugänglich sei, sondern auch zustehe. Daß die große Mehrheit der Menschen dennoch nicht in einem solchen Bewußtseinszustand lebt, liegt an unserer Erziehung und unserer Kultur, denn die haben uns konditioniert – manche sagen hypnotisiert –, nur die oberflächliche Seite unserer Identität zu sehen. Das reine, universale Selbst ist stets da, aber die meisten Menschen sind ihm gegenüber blind oder, genauer, noch nicht erwacht. Der englische Dichter, Maler und Visionär William Blake schrieb 1790 in *The Marriage of Heaven and Hell*:

Denn der Mensch hat sich derart eingeschlossen, daß er alles nur noch durch schmale Spalte in seiner Höhle sieht.

Kehren wir kurz zurück zu Abbildung 9. Mit Hilfe entsprechender visueller Anhaltspunkte läßt sich aus den schwarzen Klecksen das Gesicht eines Mannes herauslesen. Hat man es erst einmal gesehen, scheint es ganz augenfällig, daß es sozusagen immer dagewesen ist. Doch ohne Wechsel in der mentalen Einstellung wird es möglicherweise überhaupt nicht gesehen: ›Wovon redet der? Da soll ein Gesicht enthalten sein?‹

Nicht viel anders ist es mit dem reinen Selbst. Die Wirklichkeit des Selbst als universales Selbst mag da sein, augenfällig für den Wissenden, aber haben wir den Einstellungswechsel nicht vorgenommen, sind wir nicht imstande, es zu sehen. Viele Meister des Zen-Buddhismus drücken es so aus: ›Du bist bereits erleuchtet, brauchst nur noch zu erwachen, um es zu erkennen.‹

Die Frage ist: Wie können wir erwachen? Wie uns enthypnotisieren? Dies ist eine der wichtigsten Fragen, vor denen die Menschheit heute steht.

Das rein intellektuelle Wissen, daß wir von der übrigen Menschheit untrennbar sind, nutzt gar nichts, wenn die Wirklichkeit weiterhin dualistisch gesehen wird, als ›ich hier drinnen‹ und ›alles andere dort draußen‹. Solange dieser dualistische Bewußtseinsmodus vorherrscht, werden wir fortfahren, wertvolle Ressourcen auszuplündern, die Umwelt zu mißhandeln und unser Leben falsch zu führen, also auf dem Weg zu kollektivem Desaster weiterschreiten. Neue Gesetze, politische Kursänderungen, soziale Reformen, alles wird nach wie vor der persönlichen Wirklichkeit eines isolierten Selbst zum Opfer fallen – so sehr wir auch das Gegenteil behaupten mögen. Statt den Aufbau eines wirklich ganzheitlichen Weltbildes erreichen wir lediglich ein Ummodellieren des alten Modells; dessen Grundstrukturen bleiben bestehen, und der intrinsisch exploitative Bewußtseinsmodus bestimmt immer noch unser Denken und Handeln.

Soll die Menschheit einen tiefgreifenden Einstellungswechsel erreichen, muß das Modell des hautverkapselten Selbst erweitert werden um das Bewußtsein, daß das Individuum ein integrierender Bestandteil der Natur ist – genausowenig von der Umwelt isoliert wie eine Körperzelle im menschlichen Organismus. Auf das Bewußtwerden kommt es an; das Verstandeswissen um unsere Untrennbarkeit von der übrigen Natur haben ja bereits viele Menschen, doch zeigt sich immer deutlicher, daß das allein nicht ausreicht, einen radikalen Wechsel darin zu bewirken, wie wir einander oder den Planeten behandeln.

Eine wirklich ganzheitliche ökologische Ethik läßt sich nicht in unsere Ansichten und unser Verhalten einbringen, wenn sie nicht zuvor in unser Selbst eingebaut worden ist. Sie muß ein unmittelbar erfahrenes Lebensfaktum sein, eine unumgehbare Prämisse all unseres Denkens, Wahrnehmens, Empfindens und Handelns. Wir müssen uns unseres essentiellen Einsseins mit der Natur bewußt werden, aber nicht bloß vom Intellekt, sondern auch vom Gefühl und von der Seele her. Es muß zum unabstreitbaren Bestandteil unserer Wirklichkeit werden.

Nach dem, was wir über das egozentrische Modell erfahren haben, scheint ein solcher Wechsel sehr schwierig. Von frühester Kindheit an aufgebaut, ist dieses Modell eine unserer stärksten Konditionierungen und wird durch die Sprache, die gesellschaftlichen Institutionen und das Verhalten unserer Mitmenschen noch verstärkt. Außerdem läßt sich ein Selbstmodell nicht einfach durch Denken, Beweisführen oder Analysieren ändern; es bildet ja den Bezugsrahmen allen Denkens, Beweisführens und Analysierens und liegt als solcher außerhalb von deren Anwendungsbereich.

Wie an früherer Stelle aufgezeigt, konditioniert unser Selbstmodell all unsere geistige Aktivität und kann in dieser Beziehung als Meta-Paradigma angesehen werden – vergleichbar einem sämtliche Bereiche des Denkens durchdringenden Wissenschaftsparadigma. Wissenschaftsparadigmen sind zwar ebenfalls äußerst resistent gegen Änderungen, ändern sich aber dennoch. Schauen wir uns einmal an, wie es in der Wissenschaft dazu kommt; vielleicht finden wir da ein paar hilfreiche Hinweise, wie ein Wechsel im Meta-Paradigma – also in unserem Selbstmodell – in die Wege geleitet werden kann.

Die Kopernikanische Revolution

Ein klassisches Beispiel für Paradigmawechsel ist die Kopernikanische Revolution in der Astronomie. Das alte Paradigma von der Erde als ruhendem Weltmittelpunkt, um den sich Mond, Sonne, Planeten und Sterne drehen, war um 140 v. Chr. von dem griechischen Astronomen Ptolomäus formuliert worden. Dieses Paradigma basierte auf Platos Glauben, die perfekteste Bewegung sei die in einer Kreisbahn. Da bei himmlischen Körpern perfekte Bewegung vorausgesetzt wurde, mußten sie folglich um die Erde kreisen. Die Beobachtung zeigte jedoch, daß die Planeten sich nicht in gleichmäßigen Kreisbahnen um die Erde drehten. Ihre Geschwindigkeit schwankte, und gelegentlich waren ihre Bewegungen sogar gegenläufig. Ptolomäus gelang es, für diese Unregelmäßigkeiten eine Erklärung zu finden, indem er annahm, die Planeten würden sich um kleinere Kreise herumbewegen, deren Zentren sich ebenfalls in Kreisbahnen um die Erde drehten. Dies erzeuge eine Epizykel genannte Kurve (wofür heute die Bezeichnung Epizykloid gebräuchlicher ist), und als eine solche Radlinie müsse man sich in etwa den Weg der Planeten denken (siehe Abb. 11); das Prinzip der Kreisbewegung bleibe also gewahrt.

Als genauere Messungen möglich wurden, entdeckte man weitere Unregelmäßigkeiten und erklärte diese dann mit komplizierteren Epizykeln und verschiedenartigen Schwingungen, so daß das System schließlich äußerst kompliziert wurde. Dieses Modell, so schwerfällig es auch war, hielt sich praktisch unangefochten 1300 Jahre lang.

Im Lauf der Zeit brachten zwar immer wieder mal mutige Seelen die – sogar auch schon von frühen griechischen Astronomen aufgestellte – Theorie vor, im Zentrum des Systems liege nicht die Erde, sondern die Sonne. Doch sie fanden damit wenig Beachtung. Anders wurde das erst im 16. Jahrhundert, als Nikolaus Kopernikus dieser Theorie eine klare mathematische Formulierung gab. Er zeigte, daß, wenn die Sonne im Zentrum liege, viele der unregelmäßigen Planetenbewegungen auf einen Schlag ihre Erklärung fänden. Doch hing Kopernikus noch der Vorstellung Platos von der perfekten Kreisbewegung an und führte Unregelmäßigkeiten weiterhin auf epizyklische Bahnen zurück.

Zu behaupten, die Erde bilde nicht den Mittelpunkt des Weltalls, war für die Kirche Ketzerei, und Kopernikus getraute sich erst in seinem letzten Lebensjahr, seine Arbeit zu veröffentlichen. Diese Ängste waren nicht unbegründet: Seine Anhänger hatten Verfolgungen zu erleiden, manche wurden sogar auf dem Scheiterhaufen verbrannt, und die katholische Kirche setzte sein Werk auf die Liste der verbotenen Bücher.

Der nächste Schritt in Richtung neues Paradigma erfolgte achtzig Jahre später durch Johannes Kepler. Als Prager Hofmathematikus war er in den Besitz von außergewöhnlich genauen Messungen der Planetenbahnen gelangt, die sein Amtsvorgänger, der Däne Tycho Brahe, angestellt hatte, und mit diesem Nachlaßmaterial arbeitend, kam Kepler zu der Erkenntnis, daß das heliozentrische System auch ohne komplizierte Epizykel erklärt werden könne – indem man davon ausgehe, daß die Planeten nicht Kreise, sondern Ellipsen beschreiben. Diese beiden größeren Wechsel – erstens weg von der Vorstellung der Erde als dem Weltmittelpunkt und zweitens weg von der Kreisbewegung – ließen ein neues Paradigma entstehen, ein radikal anderes Weltbild.

Doch obwohl das Modell sehr zufriedenstellend arbeitete, wurde es vom ›Establishment‹ nicht ohne weiteres akzeptiert. Als zum Beispiel der italienische Mathematiker Galileo Galilei unter Benutzung des gerade erfundenen Fernrohrs Beweise zur Bestätigung von Keplers Modell sammelte, sahen die Professoren an den Universitäten ihre Felle davonschwimmen. Sie formierten sich gegen Galilei und denunzierten ihn wegen Gotteslästerung. Er wurde vor ein Inquisitionsgericht geladen und unter Androhung der Folter gezwungen, der ›abwegigen‹ Lehre, daß sich die Erde um die Sonne drehe, öffentlich abzuschwören. Erst als Sir Isaac Newton in seinem Hauptwerk *Philosophiae naturalis principia mathematica* (1687) die Grundgesetze der Gravitation aufgestellt und somit die theoretische Basis für Keplers Theorien

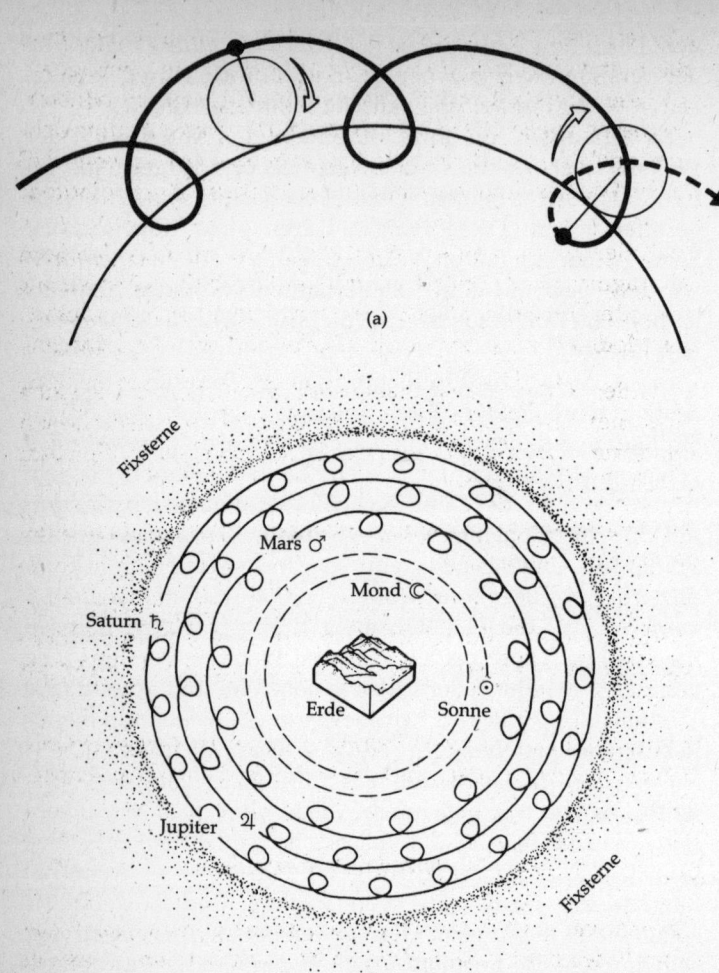

(a)

(b)

Abb. 11: (a) Eine sogenannte verschlungene Epizykloide – die Kurve, die von einem Punkt auf dem verlängerten Radius eines auf einem festen Kreis rollenden Kreises beschrieben wird.
(b) Das Universum nach dem Ptolomäischen System: Die Planeten bewegen sich in Epizyklen um die Erde herum.

geliefert hatte, wurde das neue Modell schließlich allgemein übernommen. Der Paradigmawechsel war nun vollzogen.

Wissenschaftshistoriker haben die allgemeinen Muster, die diesen sowie viele andere Paradigmawechsel kennzeichnen, analysiert und sind zu dem Ergebnis gekommen, daß solche Wechsel üblicherweise folgende Stadien durchlaufen:

1. Entdeckungen von Anomalien, die sich mit dem gängigen Paradigma nicht erklären lassen; anfänglich werden sie als irrig oder nur vorgetäuscht abgetan, oder aber man ›dehnt‹ das Modell, so daß sie darin inkorporiert werden können.

2. Zahlenmäßige Zunahme solcher Anomalien, bis sie sich nicht mehr einfach in Abrede stellen oder einpassen lassen und realisiert wird, daß eher das Paradigma falsch sein kann als die Beobachtungen.

3. Formulierung eines neuen Paradigmas, das die gemachten Beobachtungen erklärt.

4. Übergangsperiode, in der das neue Paradigma vom Establishment noch abgewehrt und von jenen, die dem alten Modell verhaftet sind, mitunter aufs heftigste bekämpft wird.

5. Annahme des neuen Paradigmas, das unterdessen weitere Beobachtungen erklärt und neue Entdeckungen prognostiziert.

Der Identitätswechsel

Ebenso wie ein Wissenschaftsparadigma gewinnt auch das Modell des hautverkapselten Selbst dadurch Status, daß es einen einheitlichen Rahmen für Erfahrung liefern kann. Dieser Status wird verstärkt durch die Tatsache, daß sich fast alles, was uns geschieht, in das Modell ›ich hier drinnen – Welt dort draußen‹ einbauen läßt.

Jede Wahrnehmung der Außenwelt paßt in das egozentrische Modell, weil sie ja eine Erfahrung der Außenwelt ist. Soweit es normale Erfahrung betrifft, scheint es also, als gäbe

163

es keine anormalen Phänomene, die das Modell bedrohen könnten. Selbst die dräuende globale Katastrophe, die ihre Wurzeln im dualistischen Selbstmodell hat, wird ja auch nur durch das ›Ich hier drinnen‹ wahrgenommen. Die heutigen Krisen sind lediglich für die sozialen, ökonomischen, technologischen und politischen Paradigmen gefährlich; sie lassen uns zwar geistig bewußt werden, daß mit unserem Weltbild etwas nicht stimmt, aber sie fechten unsere Erfahrung eines hautverkapselten Selbst nicht direkt an. Folglich fragen wir nur, was sich an der Welt anders machen lassen könne, statt was wir an unserem Selbst ändern können, und so bleibt das Selbstmodell unangezweifelt.

Das einzige Phänomen, das eine direkte Anfechtung des hautverkapselten Modells bedeutet, ist die persönliche Erfahrung von Grenzenlosigkeit, von Einssein mit der übrigen Schöpfung – die unmittelbare Bewußtheit, daß das Ich und alles andere im allertiefsten Grund von einem Wesen sind. Die unmittelbare persönliche Erfahrung dieser Einheit ist die eine Anomalie, die sich nicht in das hautverkapselte Modell inkorporieren läßt. Dies ist die Krise für die alte Identität, die des Modells Unvollständigkeit offenbart und den Wechsel zu einem neuen Selbstmodell einleitet.

Bei einem Wissenschaftsparadigma löst die Beobachtung einer einzigen Anomalie allein noch keinen entscheidenden Wechsel aus; sie wird ja anfangs gewöhnlich ignoriert oder wegerklärt. Bei Wechseln in der Identität dürfte es also kaum anders sein. Es gibt viele Leute, die ab und an solche Zustände des Einsseins erleben, wo sie plötzlich sich und die Welt als ein einziges Ganzes sehen. Bewirkt werden können diese Bewußtseinszustände schon durch einen schönen Sonnenuntergang, einen Langstreckenlauf, den Anblick des Planeten Erde aus dem Weltraum, durch Meditation, Drogen, intensive Emotionen oder auch durch scheinbar gar nichts Besonderes.

Doch solche Erfahrungen zu haben und diese Bewußtheit des Einsseins zur Grundlage allen Wahrnehmens, Denkens und Handelns werden zu lassen, ist zweierlei. Die meisten Menschen, die einen solchen Zustand der Einheit erfahren, stellen fest, daß sie hinterher zum dualistischen Modell des hautverkapselten Selbst zurückkehren. Die *Erinnerung* daran, ein enges Einssein mit der Schöpfung erfahren zu haben, mag zwar bestehen bleiben, das Einssein selbst aber ist keine unausweichliche Wirklichkeit mehr. Vom Standpunkt des alten Selbst mögen solche Erfahrungen, so wie die Anomalien in einem Wissenschaftsparadigma, als geistige Verwirrungen, Halluzinationen oder irgendwelche Schlenker in der Gehirnfunktion abgetan werden.

Um einen wirklichen Identitätswechsel einsetzen zu lassen, müssen sich die Anomalien bis zu einem Punkt steigern, wo die alte egozentrische Identität nicht mehr überzeugend ist und ihren Status zu verlieren beginnt. Das bedeutet, daß die Erfahrung des Einsseins gewöhnlich der Wiederholung bedarf, ehe sie fester Bestandteil unserer persönlichen Wirklichkeit werden kann. Die Identität muß auf das Einssein umkonditioniert werden. Genau das ist, wie wir im nächsten Kapitel sehen werden, Zweck und Ziel vieler spiritueller Disziplinen und Meditationspraktiken. Sie sind Prozesse, durch die man dahin kommen kann, diese andere Wirklichkeit zu erfahren und an dieser Bewußtheit wiederholt teilzuhaben.

Die neue kopernikanische Revolution

Für das alte Modell bestehen bei einem Paradigmawechsel zwei Möglichkeiten: Entweder es wird als irrig abgeschafft, so wie es in der Kopernikanischen Revolution der Fall war, oder aber es wird dem neuen Modell einverleibt, so wie bei Einsteins Revolution in der Physik, wo man Newtons Bewegungsgesetze als Sonderfall der Relativitätstheorie beibehalten hat.

Wir sollten nicht versuchen, das Modell des hautverkapselten Ich abzuschaffen, denn dieses Gefühl der individuellen Einmaligkeit und des Getrenntseins ist von entscheidendem Wert für unsere biologische Identität und Autonomie. Die vielen Probleme und falschen Verhaltensweisen, die wir an früherer Stelle betrachtet haben, rühren nicht von diesem egozentrischen Selbstmodell her, sondern von unserer Abhängigkeit von ihm als der *einzigen* Selbst-Form. Der Identitätswechsel muß deshalb das Modell des hautverkapselten Ich als ein wertvolles, allerdings nur partielles Selbst-Bild beibehalten.

Willis Harman, Futurologe am Stanford Research Institute, hat diesen Bewußtseinswandel als ›neue kopernikanische Revolution‹ bezeichnet. Bei der Kopernikanischen Revolution hatte man das geozentrische Modell des stofflichen Universums auf den Kopf gestellt: Die Erde war ihrer Stellung als Mittelpunkt der Welt verlustig gegangen und die Sonne zum Zentrum geworden, um das sich die Erde dreht. Bei der neuen kopernikanischen Revolution wird unser egozentrisches Modell ähnlich umgedreht. Das individuelle Ich, das so lange als Mittelpunkt unseres inneren Alls gegolten hat, rückt in seine richtige Position, das heißt, es kreist um das reine Selbst, das wahre Zentrum allen Bewußtseins – T. S. Eliots ›Ruhepunkt der sich drehenden Welt‹.

Zur Kopernikanischen Revolution kam es durch Erlangung größeren Wissens über das Gesamtsystem und nicht durch Ändern der Bewegung der Erde oder Anhalten der Sonne. Und zur neuen kopernikanischen Revolution wird es kommen durch Erweiterung der Bewußtheit unserer inneren Natur und nicht durch Unterdrückung oder Zerstörung des Ich oder alleiniges Geltenlassen des reinen Selbst. Die individuelle Identität zerstören zu wollen oder zu glauben, man sei mit der übrigen Schöpfung eins, ohne erst eine persönliche Erfahrung dessen gemacht zu haben, würde nur Dissonanzen zwischen Theorie und Praxis erzeugen. Außerdem ist ein starkes Gefühl von individuellem Selbst wohl unerläßlich für soziale Interaktion, Kommunikation und Selbstvervollkommnung. Das Ich zerstören hieße den ›Motor der Welt‹ ausschalten. Wir würden zu ziellosen Pflanzen absinken.

Der Zustand, in dem das reine Selbst permanente persönliche Wirklichkeit geworden ist, wird in vielen spirituellen Traditionen Erleuchtung genannt. Erleuchtung bedeutet hier mehr als besonders weise, bewußt oder ausgeglichen zu sein; es bezeichnet einen klar umrissenen Zustand des Bewußtseins. Der Erleuchtete funktioniert nach wie vor als individueller Organismus und wahrt ein Gefühl biologischer Autonomie. Zu dieser Bewußtheit der Individualität kommt nun aber noch die nicht minder reale Bewußtheit der Einheit mit der übrigen Schöpfung. Einssein und Getrenntsein werden zu verschiedenen Perspektiven der Identität.

Wichtigster Punkt beim erleuchteten Zustand des Bewußtseins: Das Individuum ist für sein persönliches Seinsgefühl nicht mehr von der Umwelt abhängig. Das reine Selbst läßt sich vom Auf und Ab der Außenwelt in keiner Weise beeinflussen oder gar beeinträchtigen. Folglich besteht nicht mehr das stete Bedürfnis, ein angeschlagenes Ich zu restaurieren und es bei irgendwelcher Bedrohung nachdrücklich zu behaupten. Denn das stände jetzt ja in direktem Widerspruch zur Erfahrung des Einsseins mit der Außenwelt.

Daß der Erleuchtete ein Selbstgefühl nicht mehr aus seinen Interaktionen mit der Außenwelt herzuleiten braucht, bedeutet nicht, daß er bar von Persönlichkeit, Charakter oder Eigenheiten wäre. Was das betrifft, so sind Erleuchtete um nichts weniger individuell als alle anderen – wie jeder Überblick über Leben und Werk erleuchteter Mystiker und religiöser Lehrer auf Anhieb zeigt. Wichtig ist, daß sie an diese Eigenschaften nicht psychologisch gebunden sind. In diesem Sinne sind sie ego-los. Was aber nicht heißt, daß sie ihr individuelles Ich verloren hätten; verloren haben sie vielmehr das unablässige Bedürfnis, es bestätigen zu müssen. Nicht länger vom Ich beherrscht, wird Handeln also situationsgerecht.

Da er psychologisch nicht mehr von seiner Erfahrung abhängig ist, wird der Erleuchtete nicht von der Welt herumgestoßen. Kritik an der Person, Arbeitsplatzverlust oder sonstige Vorkommnisse, die vorher Ungemach oder Leid ausgelöst hätten, sind zwar immer noch sehr real, werden aber nicht länger als persönliche Bedrohungen empfunden. Das bestätigt die Erfahrung vieler Menschen, die sich, obwohl noch nicht erleuchtet, in dieser Richtung bewegen. Man hört von ihnen oft, zuerst würde weniger das Gefühl des Einsseins bemerkt, sondern eine Entspannung des Ich, verbunden mit einem immer stärker werdenden Gefühl innerer Sicherheit und Unverletzbarkeit.

Hand in Hand mit dieser Befreiung von den Bedürfnissen des derivativen Selbst erfolgt eine Öffnung des Herzens. Liebe, vorher davon abhängig, daß man jemand anders auf irgendeine Weise liebenswert findet, wird jetzt unbedingter. Der Erleuchtete beginnt, spontane Liebe für alle Geschöpfe und alle Dinge zu empfinden, was sie auch für Eigenschaften oder Qualitäten haben mögen.

Das Wachsen einer solchen Liebe ist in den meisten Religionen ein durchgehendes Thema. Es bildet zum Beispiel einen der Grundaspekte des Christentums. Das lateinische Wort *caritas*, in den Evangelien meist mit ›Liebe‹ übersetzt, bedeutet ursprünglich ›Teuersein‹, ›aus Hochachtung entspringende Liebe‹. Also eine viel tiefere und umfassendere Liebe als bloß Wohlwollen oder Fürsorge für den Nächsten. In ›Liebe deinen Nächsten wie dich selbst‹ sehen wir ein Gebot, auf eine bestimmte Weise zu fühlen und zu handeln. Doch war das wahrscheinlich gar nicht als Gebot gemeint. Es bezeichnet keine Haltung, um die wir uns bemühen müssen, sondern beschreibt einen Bewußtseinszustand, den wir erreichen sollen – den Zustand, in dem du deinen Nächsten (und desgleichen alle anderen) als vom selben Wesen empfindest wie ›dich selbst‹.

Für die meisten von uns umfaßt die Erfahrung echter Zuneigung selten mehr als ein paar Einzelpersonen; alle anderen in der Welt werden von der Mehrheit der Menschen als Fremde empfunden. Liebe für die gesamte Schöpfung kommt erst durch persönliche Erfahrung des Einsseins mit ihr, der Bewußtheit, daß Selbst und Welt im tiefsten Grunde eins sind. Tiefe Zuneigung zu allen und allem entsteht dann ganz von selbst als natürliche Folge dieses Bewußtseinszustandes.

Teilhard de Chardin schrieb zu diesem Thema:

Was wir brauchen, ist weniger ein Kopf-zu-Kopf oder Brust-zu-Brust, sondern vielmehr ein Herz-zu-Herz…

Soll die Synthese des Geistes in ihrer Gänze bewirkt werden (und allein so läßt sich Fortschritt bestimmen), ist dies letzten Endes nur möglich durch die Begegnung der menschlichen Einheiten, *von Zentrum zu Zentrum*, wie sie in der gemeinsamen *gegenseitigen* Liebe verwirklicht werden kann. Andererseits gibt es für die von Natur aus so grenzenlos unterschiedlichen menschlichen Elemente nur einen Weg, zu gegenseitiger Liebe zu kommen, und der führt über das Wissen, daß sie sämtlich zentriert sind auf ein einziges, allen gemeinsames ›Ultra-Zentrum‹ . . .

Den Erleuchteten erfüllt ein tiefes und allumfassendes Mitgefühl, und gewöhnlich weiht er sein Leben dem Dienst, nicht nur an der Menschheit, sondern an der ganzen Welt. Sagt doch schon ein alter buddhistischer Text:

Des Denkens holder Baum, der bar von Zweiheit, trägt die Blüte und die Frucht des Mitgefühls, und sein Name ist Dienst an anderen.

Der Erleuchtete kennt eine Wirklichkeit, die jenseits der üblichen Dualität von Ich und Nicht-Ich sowie der von ihr verursachten Leiden liegt, und sein Mitgefühl für die Menschheit bewegt ihn, auch anderen zu dieser Erkenntnis zu verhelfen. Heißt es doch in vielen buddhistischen Lehren, der Erleuchtete gebe sich erst zufrieden, wenn er die Erleuchtung aller erlebt. Dieses Ziel der Erleuchtung aller muß die Menschheit jetzt ansteuern. Bisher haben immer nur hier und da einige wenige Erleuchtung erreicht. Soll die Welt anders werden und wollen wir zu einer Gesellschaft mit hoher Synergie kommen, muß ein solcher Bewußtseinswandel jedoch weitverbreitet sein.

Heilung des planetaren Krebses

Ein weltweiter Wechsel hin zu einem höheren Bewußtseinszustand hat wichtige Folgerungen für die Hypothese, daß die menschliche Gesellschaft so etwas wie eine Krebsgeschwulst des Planeten sei. Im 1. Kapitel haben wir gesehen, daß es eine Reihe von Parallelen gibt zwischen dem, wie ein Tumor im menschlichen Körper wuchert, und diesen, obwohl er von ihm lebt, schließlich zerstört, und der Art und Weise, wie sich der Mensch rücksichtslos über die Erde dahinfrißt und seinen planetaren Wirt wohl letztlich vernichten wird. In bösartigem Gewebe hören die Einzelzellen auf, als Teil eines größeren Organismus zu funktionieren; sie ernähren und vermehren sich auf Kosten des übrigen Körpers. Sie sind gewissermaßen egozentrische Zellen. So gesehen ist Krebs ein Symptom von niedriger Synergie.

Die Synergie eines lebenden Organismus hängt ab von den DNS-Molekülen im Kern jeder seiner Zellen. Die genaue Anordnung zahlreicher kleinerer Moleküle auf jedem speziellen DNS-Strang läßt einen bestimmten genetischen Kode entstehen. Zwar sind bei unterschiedlichen Menschen auch die genetischen DNS-Kodes leicht unterschiedlich, doch ist innerhalb jedes Individuums dieselbe genetische Information praktisch in jeder einzelnen Zelle enthalten. Diese Kodierung bestimmt nicht nur die besonderen Eigenschaften des Individuums, sondern auch den Funktionsmodus jeder einzelnen Zelle. Am wichtigsten aber ist, daß sie das zu gemeinsamer Programmierung erforderliche Element bilden, das die Zellen mit dem Gesamtorganismus vernetzt.

Wird eine bestimmte Zelle karzinomatös, hat das seine Ursache darin, daß dieser genetische Kode irgendwie gestört oder durcheinandergebracht ist. Das kann auf vielerlei Weise geschehen sein, zum Beispiel durch giftige Chemikalien, radioaktive Strahlung oder einfach weil dem Körper beim Prozeß des ständigen Regenerierens seiner Milliarden Zellen mal eine mißlingt.

Ein gesunder Organismus wird mit solch unvollkommenen Erneuerungen sehr bald fertig, aber in einem schwachen oder überanstrengten Organismus kann die Störung zu einer Zelle führen, der etwas von der sie mit dem Gesamtsystem verbindenden Information fehlt. Ohne die nötigen Verbindungsglieder zum übrigen System ist das Verhältnis der bösartigen Zelle zum Ganzen von niedriger Synergie geprägt, und entsprechend unsynergetisch arbeitet sie dann auch. Sie kann überdies anfangen, andere Zellen zu erzeugen, in denen der genetische Kode ähnlich gestört ist, und so kommt es dann zur Bildung von Krebs.

Auf der Ebene der Gesellschaft ist das, was den einzelnen an das Gesamtsystem bindet, also die Funktion ausübt, die der des Gens entspricht, das reine Selbst. So wie die Gene in der DNS für die gemeinsame Programmierung sorgen, die für die hohe Synergie der Zellen im Körper erforderlich ist, so sorgt die Bewußtheit des Selbst für die gemeinsame Programmierung, die für hohe Synergie der ›Zellen‹ im sozialen Superorganismus erforderlich ist. Gleich dem Gen in der Zelle ist das reine Selbst eine unveränderliche Entität. Es liegt im Zentrum allen Bewußtseins und ist in der gesamten Gesellschaft gleich, so wie die Gene in einem Individuum ja auch gleich sind.

Möglicherweise stehen menschlicher Krebs und planetarer ›Krebs‹ in sogar noch engerer Beziehung zueinander, als diese Analogie zeigt; sie können verschiedene Symptome ein und derselben Krankheit sein. Die Krebserkrankungen beim Menschen haben in den letzten Jahrzehnten immer stärker zugenommen, vor allem in den westlichen Industrienationen – zu einer Zeit, da diese Länder ihre Umwelt immer ›krebsartiger‹ angehen. Paradoxerweise kann die Zunahme von Krebsfällen auf die jetzt bessere Gesundheitsfürsorge zurückgehen; als die Tuberkulose noch die verbreitetste und verheerendste Volkskrankheit war, hatten gar nicht so viele Menschen die Möglichkeit, zusätzlich an Krebs zu erkranken. Ein weiterer wesentlicher Faktor sind unsere heutige Ernährungsweisen und der moderne Lebensstil, ja die ganze Lebenseinstellung. Wie wir jetzt entdecken, können zahllose Produkte krebsfördernd sein (zum Beispiel Haarfärbemittel, Sonnenöle, Asbestfasern, Entwicklerflüssigkeiten und chlorhaltiges Trinkwasser), ganz zu schweigen von den mannigfachen Luftverunreinigungen und der Radioaktivität. Das alles exemplifiziert die niedrige Synergie der heutigen Gesellschaft und scheint auch beim einzelnen zu niedriger Synergie und Krebs zu führen.

Um diesen karzinomatösen Trend in der Gesellschaft zu stoppen, müssen wir an das Gesamtsystem wieder gebunden werden, und zwar durch eine Erfahrung unseres Einsseins mit der Welt. Interessanterweise lautet das lateinische Wort für ›zurück binden‹ *religare*, und davon leitet sich neben ›religere‹ = ›respektvoll beachten‹ auch das Wort ›Religion‹ ab: das, was uns wieder an unser aller gemeinsamen Ursprung bindet. Damit soll nicht gesagt werden, daß wir zur konventionellen Religion zurückkehren müssen, denn der ist, wie wir im nächsten Kapitel sehen werden, die Kunst des ›Religare‹ so gut wie verlorengegangen. Wir brauchen vielmehr eine spirituelle Erneuerung, einen weitverbreiteten Bewußtseinswandel in jener Weise, wie ihn die großen Mystiker und Verfechter der Ewigen Philosophie erfahren haben.

Ein solcher Wandel ist jetzt ein evolutionäres Gebot, nicht bloß zum Wohle der einzelnen und der Gesellschaft in ihrer Gesamtheit, sondern auch Gaias – er ist der Weg zu globaler Gesundung. Und so hilft der, dessen Ziel Selbst-Erkenntnis ist, sei er nun Yogi in einer Höhle im Himalaja oder Büroangestellter in London, entscheidend mit, die Welt in ihrer fundamentalsten Ebene zu verändern. Diese Menschen sind vielleicht die wirklichsten Revolutionäre.

Evolution von innen her

Wir haben gesehen, daß der Wechsel vom ichbestimmten Modell zu einem universaleren Modell des Selbst unerläßlich zu sein scheint, um höhere Synergie zu entwickeln und die Menschheit zu einem gesunden sozialen Superorganismus zu transformieren. In dieser Beziehung unterstützt die Entwicklung von Selbst-Erkenntnis den allgemeinen Trend der Evolution hin zu progressiver Integrierung der Spezies Mensch.

Wir können aber noch weitergehen und die Entwicklung höherer Bewußtseinszustände als mit zum Evolutionsprozeß überhaupt gehörend betrachten.

Der vorhergehende Evolutionssprung zum selbstreflexiven Bewußtsein hat uns nicht nur uns selbst als bewußte, denkende Wesen erkennen lassen, sondern uns auch die Fähigkeit verliehen, das Wesen des Bewußtseins, das reine Selbst, zu erfahren. Er hat uns damit die Möglichkeit gegeben, spirituell erleuchtet zu werden.

Außerdem ist mit der Emergenz von selbstreflexivem Bewußtsein die Plattform der Evolution von Leben zu Bewußtsein aufgerückt. Bewußtsein wurde zur Speerspitze der Evolution. Zum ersten Mal in der Geschichte der Erde wurde die Evolution internalisiert. Somit ist der Drang vieler Menschen nach innerer Entwicklung nichts weiter als die Kraft der Evolution, die sich in unserem Bewußtsein manifestiert. Das Universum evolviert durch uns.

Diese innere Evolution ist keine bloße Begleiterscheinung der Gesamtevolution, sondern jene besondere Phase der Evolution, die wir in dieser kleinen Ecke des Universums gegenwärtig durchlaufen.

So gesehen sind die Bewegung hin zum sozialen Superorganismus und der mystische Drang nach Einssein komplementäre Aspekte ein und desselben Prozesses – des Trends der Evolution zu höherer Ganzheit. Mit der Evolution im Fluß sein heißt also unser inneres Selbst erforschen und darin Ganzheit, Einheit und Allheit finden.

Somit steht die Menschheit jetzt vor der Frage: Wie läßt sich diese innere Evolution fördern, und, noch wichtiger, wie können wir das noch schaffen, ehe es zu spät ist?

10
Die spirituelle Renaissance

Verlornes Tao wird ersetzt durch Tugend,
Verlorne Tugend wird ersetzt durch Güte,
Verlorne Güte wird ersetzt durch Recht,
Verlornes Recht wird ersetzt durch Ritual.
Doch da Ritual nichts weiter als des Glaubens Hülle,
bildet es des Chaos Anbeginn.

TAO TE CHING

Die Erfahrung des Einsseins mit der gesamten Schöpfung sowie die enge Verbundenheit mit geistigen und religiösen Traditionen hat ebenfalls die Psychologen beschäftigt.

Mit die ersten, die sich intensiv mit religiöser Erfahrung befaßten, waren William James und Carl Gustav Jung; in den fünfziger Jahren folgten ihnen Abraham H. Maslow, Roberto Assagioli und andere. Aus deren Arbeit entwickelte sich in den sechziger Jahren eine neue Schule der Psychologie: die transpersonale Psychologie, die sich vornehmlich der Untersuchung religiöser und verwandter Erfahrungen widmet. Hatten sich die Psychologen bislang zur Hauptsache mit der Behandlung von Geistes- oder Gemütskranken befaßt, so wandten sich Maslow und einige andere nun dem Studium der geistig Gesunden und insonderheit der ausnehmend Gesunden zu. Maslow stellte fest, daß es bei solchen Leuten sehr oft zu ›Spitzenerfahrungen‹ kommt – höchsten Momenten, in denen sie ›sich mit der Welt eins fühlen, richtig dazugehörend und nicht bloß von draußen reinschauend... und überzeugt sind, zur letzten Wahrheit vorgestoßen zu sein‹. Sie ›verspürten dabei die Einheit von allem und empfanden das Universum als etwas Lebendes‹. In dieser Beziehung scheinen solche Erfahrungen schon Sicht des vereinigenden Selbst zu sein.

Bei Maslows Probanden handelte es sich um gesetzte, gefestigte und integrierte Mitglieder der Gesellschaft. Darüber hinaus fiel ihm bei ihnen etwas auf, das er ›Selbstverwirklichung‹ nannte, ›definiert als fortschreitende Verwirklichung der Möglichkeiten, Fähigkeiten und Talente, als Erfüllung einer Mission oder einer Berufung, eines Geschicks, eines Schicksals, eines Auftrags, als bessere Kenntnis und Aufnahme der eigenen inneren Natur, als ständige Tendenz zur Einheit, Integration oder Synergie...‹ Am wichtigsten jedoch: Die Selbstverwirklicher neigten mehr dazu, sich auf externe Probleme als auf Bestätigung ihres Ich zu konzentrieren. Sie empfanden ein starkes Gefühl von Identität mit aller Menschheit und von Zugehörigkeit zu etwas Größerem, ja zur gesamten Schöpfung. Solchen Beschreibungen nach scheinen sich diese Leute auf dem Wege zu dem zu befinden, was wir als Erleuchtung bezeichnet haben.

Eine jüngere Untersuchung der amerikanischen Soziologen Adam Greeley und William McCready hat gezeigt, daß Spitzenerfahrungen ganz und gar nicht ungewöhnlich sind. 43 Prozent der Befragten hatten ein Hinausgehen über ihr normales Selbst erfahren, 20 Prozent sogar mehr als einmal. Die meisten hatten darüber nie zuvor zu jemandem gesprochen, meist aus Angst, ausgelacht zu werden; tatsächlich aber hätten sie, da ja so viele Menschen solche Erlebnisse gehabt haben, dadurch vielmehr Erfahrungsgenossen finden können.

Vielen dieser Erfahrungen gemeinsam waren ein Gefühl der Freude und des Glücklichseins, das Unvermögen, dieses Erlebnis in Worten zu beschreiben, das Sichbewußtsein der Einheit in allem und die Erkenntnis, daß so die Dinge wirklich seien – alles Kennzeichen des vereinenden Selbst. Darüber hinaus stellten Greeley und McCready, wie auch schon Maslow, starken Zusammenhang zwischen diesen Erfahrungen und psychologischem Wohlergehen fest.

Untersuchungen wie diese stützen in nicht geringem Maße die Behauptung der Ewigen Philosophie, daß solche Zustände von jedem erfahren werden können und nicht nur wenigen Auserwählten vorbehalten sind. Doch ist es ein Unterschied, ob man solche Erfahrungen mal gekostet hat, oder ob man sie so oft erlebt, daß sie zum vorherrschenden Bewußtseinsmodus werden. Das bringt uns zu der Frage, was wir denn tun können, um diese Erfahrungen leichter und öfter, ja ständig zugänglich zu machen.

Antwort darauf hat man meist in den herkömmlichen Religionen gesucht. Doch so viele verschiedene Religionen und besonders Sekten (allein im Buddhismus über 600) es auf der Welt auch geben, so getrennt und eigenständig jede Religion auch erscheinen mag, es läßt sich doch ein gemeinsames Thema erkennen, das ihnen allen zugrunde liegt. Der renommierte Religionsphilosoph Walter Stace hat die Lehren und Schriften der großen Religionsstifter eingehend untersucht und ist zu dem Ergebnis gekommen, daß der zentrale Kern aller großen Religionen das Erlebnis des Einsseins mit der Schöpfung ist. Mit anderen Worten, sie scheinen alle auf der Ewigen Philosophie zu basieren.

Jede eigene Religion ist aus den Lehren von einzelnen entstanden (Christus, Buddha, Moses, Mohammed, Mani, Zarathustra, Guru Nanak, Shankara, Lao Tse und so weiter), und bei genauer Untersuchung dessen, was sie gesagt haben beziehungsweise ihnen zugeschrieben wird, zeigt sich, daß jeder auf seine Weise diese grundsätzliche Erfahrung des Einsseins meinte. Mag Christus auch vom Himmelreich gesprochen haben, Buddha dagegen vom Nirwana (dem ›Verwehen‹) und Shankara vom Moksha (der ›Befreiung‹), letzten Endes dürften dies alles Beschreibungen von Aspekten der Erleuchtung sein. Schaut man sich zudem die von ihnen gelehrten Praktiken an, ob nun Gebet, Meditation, Andacht, Enthaltsamkeit, Tanz oder Kotau, so sind das jeweils Rezepte dafür, wie sich der gewöhnliche Sterbliche diesem Zustand nähern könne.

Nach dem Tode des Lehrers wurden seine Lehren aber allmählich verdreht. So etwas läßt sich nicht vermeiden – das Pendant von Entropie im Bereich des Wissens. Jedesmal wenn eine Botschaft von einer Person einer anderen weitergereicht wird, erfährt sie eine leichte Veränderung; irgend etwas kann versehentlich weggelassen werden, oder es wird eine Kleinigkeit hinzugefügt. Es ist so, als mache man eine Fotokopie von der Fotokopie einer Fotokopie; mit jeder Kopie wird das Bild unschärfer. Auf ähnliche Weise haben sich die geistlichen Lehren bei der Weitergabe und Überlieferung verwässert. Das Medium zerstörte die Botschaft.

Was die theoretischen Aspekte einer Lehre betrifft, so kann man da die Entstellungen auf ein Minimum beschränken, nämlich durch Niederschrift oder Auswendiglernen der Philosophie und Doktrin. Die realen Methoden und Übungen aber sind viel diffiziler und heikler, lassen sich oft gar nicht exakt in Worte fassen. Die meisten spirituellen Praktiken verlangen Anleitung durch einen erfahrenen Lehrer, und schon leichte Verdrehungen oder Mißverständnisse können dazu führen, daß eine Technik nicht mehr wirkt. Tritt das ein, bleibt den Anhängern der betreffenden Tradition das Ziel der Übung verwehrt – der Zustand des Einsseins. Und so gehen dann die Mittel zur Wahrung des Einsseins noch viel schneller verloren als die Beschreibung des Zustandes.

Die heutigen konventionellen Religionen spiegeln die Tragödie dieser ständigen differenzierenden Verdrehungen wider. Doktrinen und Dogmen gibt es in Hülle und Fülle, und ihre Adepten streiten endlos darüber, wessen Lehren die besten seien. Doch ohne die Mittel, die diskutierten Bewußtseinszustände auch zu erfahren, bleibt wahre Erleuchtung ein unerreichbarer Traum für alle, ein paar wenige Glückliche ausgenommen. Erfahrung des Einsseins mit der gesamten Schöpfung mag zwar einmal Ziel der großen Religionen gewesen sein, heute aber fördern sie es nicht mehr – was sie bieten, ist nur verknöcherte Erleuchtung.

Die Menschheit braucht jetzt dringend Mittel und Wege zu einem weitverbreiteten Bewußtseinswandel. Zu erreichen ist dieser aber nicht durch Wiederbelebung einer bestimmten Religion, sondern vielmehr durch Wiederbelebung der Praktiken und Erfahrungen, die diesen Lehren einst Leben und Wirksamkeit verliehen hatten. Wir müssen die Praktiken wiederentdecken, die die Erfahrung des reinen Selbst und seine permanente Integrierung in unser Leben ermöglichen.

Wege der Erweckung

Eine solche Wiederbelebung ist bereits im Gange. Überall in der westlichen Welt gibt es heute spirituelle Meister und Gurus, die verschiedene Meditationstechniken und Wege zur Erleuchtung lehren, und es werden ihrer immer mehr. Letzteres gilt auch für Therapien und Trainingsprogramme mit dem Ziel, ein Bewußtwerden des inneren Selbst herbeizuführen. Wie weit sie da alle wirksam sind, ist eine Frage, mit der wir uns noch beschäftigen werden. Jedenfalls aber zeugen sie von steigender Tendenz.

Zu vielen dieser Praktiken gehört Meditation. Fast alle Meditationstechniken schicken voraus, daß sich an das innerste Selbst nur herankommen läßt, wenn der Geist von seinem normalen Hin und Her von sensorischen Inputs und endlosen Gedankenketten frei gemacht worden ist.

Auch wenn sie stillsitzen und nichts Bestimmtes tun, merken die meisten Menschen, daß ihre Aufmerksamkeit in mehr oder minder großem Ausmaß von einem inneren Dialog beansprucht wird. Infolgedessen sind sie sich dabei nicht des Ich bewußt, das denkt, sondern dessen, was sie denken. Deshalb zielt die Mehrzahl der Meditationstechniken darauf hin, einen Bewußtseinszustand zu erreichen, in dem es keinen Gedanken mehr gibt: völlige mentale Ruhe. Da in diesem Zustand jegliches Erfahren im normalen Wortsinn aufgehört hat, bleibt nur das reine Selbst, also der Erfahrende.

Das bedeutet kein totales Auslöschen des Geistes. Es ist eine weitverbreitete falsche Vorstellung, man könne in diesen Zustand gelangen, indem man einfach seinen Geist leerräumt. Doch dies bewirkt gewöhnlich nur, daß der innere Dialog zu dem Gedanken überwechselt: ›Mein Geist ist leer‹ – ein Irrtum, denn dies ist ja noch ein *Gedanke*. Bei der wahren Meditation läßt man verbale Gedanken hinter sich. Der innere Dialog, der so viel von unserem wachen Bewußtsein einnimmt, ebbt ab und verstummt schließlich. Schauen wir uns kurz an, auf welchen Wegen die üblichsten Meditationstechniken das zu erreichen suchen.

Bei der Transzendentalen Meditation (TM), einer der gegenwärtig im Westen verbreitetsten Methoden, sitzt man ruhig da und wiederholt still für sich ein ›Mantra‹, ein, zumindest bei der TM, bedeutungsloses Wort; bei manchen anderen Techniken kann es aber sehr wohl einen Sinn haben. Man widmet sich dem Mantra auf passive Weise, zwingt es weder in eine bestimmte Form noch in einen bestimmten Rhythmus. Diese bloß passive Aufmerksamkeit wird eben dadurch leichter erreicht, daß das Mantra keine Bedeutung hat; es löst so keine langen Gedankenassoziationen aus. Wie bei den meisten anderen Meditationstechniken auch wechselt man dann den gesamten Aufmerksamkeitsmodus von Aktivität zu Passivität über; von ›geschehen machen‹ zu ›geschehen lassen‹; der normale Prozeß des Denkens wird ruhiger und ruhiger, bis schließlich alle mentale Aktivität aufhört.

Der normale aktive Geist läßt sich vergleichen mit einem Raum voller Menschen, die alle miteinander reden und plappern. TM zu erfahren ist dann so, als würden alle anfangen, immer leiser zu sprechen, bis mit der Zeit völlige Stille in dem Raum herrscht. Dennoch bleibt der Zuhörer bewußt und lauscht, obwohl nichts gehört werden kann. Ähnlich ist es, wenn im Geist völlige Stille herrscht: Man bleibt bewußt, obwohl nichts gedacht wird. Man ist über das normale Denken hinausgetreten, hat es transzendiert – daher der Name Transzendentale Meditation.

Eine wesentlich andere Meditationsmethode hat der indische Philosoph und Lehrer Bhagwan Shree Rajneesh entwickelt. Er steht auf dem Standpunkt, der westliche Geist sei zu aktiv und stehe zu sehr unter Spannung, um sich stiller Meditation hinzugeben. Rajneeshs Schüler werden deshalb erst einmal zu ›dynamischer Meditation‹ aufgefordert, bei der sie zwecks Spannungsabfuhr tanzen, umherspringen und schreien. Solch intensive Aktivität mag wie das genaue Gegenteil von Meditation anmuten, laut Rajneesh aber fällt es viel leichter, mentale Stille zu erreichen, wenn man vorher seinen Spannungen freien Lauf gelassen hat.

Auch die meisten Arten von buddhistischer Meditation

beginnen mit Übungen, die dem Geist helfen sollen, sich zu entspannen. Bei manchen Schulen, vor allem beim tibetanischen Buddhismus, gehören visuelle Übungen dazu, die ebenfalls die Aufmerksamkeit von verbalen Gedanken ablenken sollen. Andere Schulen fangen mit Atemübungen an, die ja allein schon einen beruhigenden Effekt haben und mit denen sich passive Aufmerksamkeit erreichen läßt, da das Ein- und Ausatmen wie ein Mantra wirkt.

Streben die meisten Meditationsmethoden eine Ruhe des Geistes an, so gibt es auch welche mit ganz anderer Zielsetzung. Bei fortgeschritteneren buddhistischen Techniken zum Beispiel sucht der Schüler das essentielle Selbst zu erfahren, indem er sich schrittweise von den oberflächlichen Identitätsebenen ›entidentifiziert‹, das heißt, er vergegenwärtigt sich, nicht sein Körper, seine Gedanken oder seine Empfindungen zu sein. Durch ständige Wiederholung dieses Prozesses, wobei er immer subtilere Selbstebenen aufdeckt und sich dann von ihnen entidentifiziert, rückt er dem attributslosen Selbst näher und näher.

Bei einigen Meditationspraktiken des Zen-Buddhismus wird der Wechsel in der Identität weit dramatischer herbeigeführt. Der Lehrer erteilt dem Schüler ein Koan. Das ist eine widersinnige Frage oder ein offenbar unlösbares Rätsel, etwa: Wie klingt Händeklatschen mit einer Hand? Solche Rätsel lassen sich allein vom Verstand her nicht angehen; der Schüler wird mehrmals zum Meister kommen, weil er sich einbildet, die Lösung gefunden zu haben. Schließlich, nach langem Brüten und im Zustand extremer Frustration, wenn sein diskursives Denkvermögen sich bereits erschöpft hat, kann ihm plötzlich der Durchbruch zum Satori gelingen, zur blitzartigen Erleuchtung. Er muß weder eine neue Deutung noch einen neuen Gedanken gefunden haben, aber er hat den normalen diskursiven Geist transzendiert und, jedenfalls für einen Augenblick, die Hautverkapselung seines Ich durchbrochen.

Dies sind nur ein paar der mannigfachen spirituellen Methoden zur Selbst-Vergegenwärtigung; sie sind im einzelnen natürlich wesentlich komplexer, als dieser kurze Überblick erkennen läßt. Doch gibt es noch zahlreiche andere Verfahren und Aktivitäten, die ähnliche Wirkungen haben können.

Viele erlangen den Zustand innerer Ruhe durch körperliche Techniken wie Hatha-Yoga und T'ai Chi. Manche erleben ihn durch Jogging oder irgendwelche anderen Formen langanhaltender physischer Anstrengung, andere durch Fasten, durch Schmerz oder Leid, durch die Gehirntätigkeit verändernde Drogen oder durch Sexualerlebnisse. Doch nach welcher Methode auch immer und ob bewußt angestrebter oder bloß zufälliger Durchbruch, das Ergebnis ist fast immer gleich: ein Heraus aus dem hautverkapselten Ich und ein Hin zum tieferen, vereinigenden Selbst.

Trotz der Vielfalt der Techniken und Möglichkeiten bleibt die wahre Erleuchtung aber eine Seltenheit. Woran liegt das?

Ein Grund kann die allgemeine Bewußtseinsebene der Gesamtgesellschaft sein (womit wir uns im nächsten Kapitel befassen werden). Zweitens mag es daran liegen, daß längst nicht alle Mittel immer so wirken, wie sie das könnten. Das hat verschiedene Ursachen: Einige Techniken sind nicht leicht zu lehren und deshalb anfällig für Mißverständnisse oder Verdrehungen seitens des Schülers. Bei manchen Praktiken muß erst beträchtliche Fähigkeit entwickelt werden, ehe sie zum Erfolg führen. Oft dauert es geraume Zeit, bis der Student Veränderungen in sich bemerkt, und dieses Ausbleiben von Rückmeldungen kann ihn zum Aufgeben veranlassen. In anderen Fällen mag der Praktizierende ab und an tatsächlich höhere Bewußtseinszustände erfahren und fühlt sich dadurch zum Weitermachen motiviert, aber dann sind diese Erfahrungen vielleicht nicht häufig genug, um einen permanenten Bewußtseinswandel zu bewirken. Bestimmte Programme bedürfen intensiver persönlicher Instruktion und Beratung durch Lehrer, und an denen kann Mangel herrschen. Die fernöstlichen Methoden sind bisweilen nicht mit der üblichen westlichen Lebensweise vereinbar. Oft auch werden die positiven Wirkungen einer speziellen Technik durch andere Einflüsse zunichte gemacht: Alkohol- oder Drogenkonsum, Erschöpfung, Krankheit oder Streß. Und schließlich trägt die gesellschaftliche Umwelt, in der die meisten Menschen leben, gewöhnlich nicht gerade dazu bei, einsetzende Gefühle des Einsseins stärker werden zu lassen.

Wenn in der Zeit, seit in den sechziger Jahren der Run nach Erleuchtung einsetzte, eine Lehre gezogen werden konnte, dann die, daß Erleuchtung keineswegs so schnell kommt, wie manche Pandits glauben machen wollen. Aber das ist kein Grund zum Verzweifeln. Was die Erleuchtung der Gesellschaft betrifft, sind wir noch Pioniere – und Pioniere machen Fehler. (Vielleicht sollte man sich ins Gedächtnis rufen, daß die ersten Dampfmaschinen, die die industrielle Revolution einleiteten, ja auch noch nicht sehr funktionssicher und leistungsstark waren). Doch solange die Idee einer innerlichen Bewußtseinsentwicklung den aufs Äußerliche orientierten Denkweisen noch fremd ist, läßt sich für die Versuche und Irrtümer der Innen-Erforscher leicht Spott oder gar Verachtung finden.

Die Hochzeit von Osten und Westen

Soll das Erreichen eines höheren Bewußtseinszustandes nicht bloß auf wenige beschränkt bleiben, wird die Gesellschaft Techniken oder Verfahren entwickeln müssen, die einfach zu praktizieren sind, sich in den Alltag der meisten Menschen einfügen, sich leicht verbreiten lassen und den nötigen inneren Wandel einigermaßen schnell bewirken. Die meisten heute zur Verfügung stehenden Techniken scheinen diesen Idealen zwar noch nicht zu entsprechen, aber es steht zu erwarten, daß uns die Wissenschaften – insbesondere die Psychologie – helfen werden, sie zu erreichen.

So wie Mikroskope, Computer, elektronische Geräte und zahlreiche experimentelle und analytische Techniken zu immer größerem Verständnis der Außenwelt geführt haben, so führen jetzt Wissenschaft und Technologie zu immer größerem Verständnis auch der Innenwelt. Zum Beispiel helfen Elektronenmikroskope den Neurophysiologen bei Untersuchungen, wie die einzelnen Gehirnzellen arbeiten und kommunizieren. Fortschritte in Computer-Analyse und Elektronik ermöglichen ein besseres Erkennen der äußerst komplexen Muster elektrischer Aktivität, die durch die Interaktion der Milliarden Gehirnzellen entstehen, sowie der Wechselbeziehungen zwischen den verschiedenen Gehirnregionen bei unterschiedlichen Bewußtseinszuständen. Biochemiker entdecken jetzt immer mehr chemische Prozesse mit direkter Auswirkung auf die Gehirntätigkeit und unsere Erfahrung. Andere Disziplinen untersuchen, wie verschiedene Bewußtseinszustände auch zu verschiedenen Wahrnehmungen der Umwelt führen und welche inneren und äußeren Faktoren Bewußtseinsveränderungen auslösen können.

Wenn wir beginnen, diese ständig größer werdenden wissenschaftlichen Erkenntnisse über Gehirn und Bewußtsein mit dem Wissen und den Techniken von Mystikern und spirituellen Lehrern zu verbinden, werden wir besser erkennen können, wie die Techniken arbeiten und wie sie sich verbessern oder weiterentwickeln lassen. Diese Hochzeit von Osten und Westen wird zur Geburt einer neuen Disziplin führen, die ich ›Bewußtseinstechnologie‹ nennen möchte. Über die bloße Erforschung von Geist und Psyche hinaus wird sie sich mit der Anwendung von Techniken zur Verbesserung geistigen Funktionierens sowie zur Erhöhung der Erfahrungsqualität und der Bewußtseinsebene befassen.

Auf einigen Gebieten werden die ersten Schritte dazu bereits getan. Seit geraumer Zeit schon interessiert sich die wissenschaftliche Welt in steigendem Maße für Meditation und deren potentielle Werte. In den letzten zehn Jahren sind über tausend wissenschaftliche Arbeiten über die physiologischen, psychologischen und biochemischen Wirkungen von Meditation erschienen. Die diversen Untersuchungen sind im großen ganzen übereinstimmend zu dem Ergebnis gekommen: Meditation erzeugt jenen physiologischen Zustand, der das genaue Gegenteil von Streß ist; der gesamte Körper wird sehr entspannt, und die Gehirntätigkeit zeigt Muster, die für einen ruhigen, friedlichen Bewußtseinszustand charakteristisch sind.

Ein hervorragendes Beispiel für aufkommende Bewußtseinstechnik stellt das Biofeedback dar. Diese Methode besteht in der Bewußtmachung physiologischer Prozesse wie Hirnwellenrhythmus, Herzfrequenz, Blutdruck oder Hauttemperatur. Gewöhnlich erfolgt das so, daß die an ein Meßgerät angeschlossene Person auf ein mit diesem verbundenes Licht- oder Lautsignal achtet, das anzeigt, wenn der physiologische Vorgang einen bestimmten Zustand erreicht (der Blutdruck zum Beispiel auf einen gewünschten Wert absinkt). Die Person muß sich dann bemühen, das Signal so oft wie möglich erscheinen zu lassen; in der Regel merkt sie bald, wie sie das dadurch erreichen kann, indem sie sich bestimmten geistigen Einstellungen oder Vorstellungen hingibt. Somit kann sie lernen, viele körperliche Funktionen zu kontrollieren, die in der westlichen Physiologie generell als durch Willenskraft nicht veränderbar gegolten hatten.

Mit zunehmender Verfeinerung der Biofeedback-Techniken und mit detaillierterem Wissen darüber, was während tiefer Meditation und in mystischen Bewußtseinszuständen im Gehirn vorgeht, wird es möglich werden, sich zur Einleitung oder Förderung solcher Zustände des Biofeedbacks zu bedienen. Es muß natürlich achtgegeben werden, daß die westlichen und die traditionellen Techniken einander nicht stören (etwa durch Ablenkung der Aufmerksamkeit). Erweist sich die Kombination aber als erfolgreich, kann sie zu einer bedeutenden Beschleunigung des Prozesses der Selbst-Erkenntnis führen.

Wissenschaft und Meditation wirken auch bei den sensorischen Isoliertanks zusammen. Diese haben den Zweck, eine Umgebung zu schaffen, in der sensorischer Input weitestgehend ausgeschaltet ist. Die (nach einem Sanskrit-Wort für tiefste Kontemplation auch Samadhi-Tanks genannten) schall- und lichtdicht abschließbaren Behälter sind mit einer auf Körpertemperatur gebrachten Salzlösung gefüllt, in der man für eine Stunde schwerelos treibt. Diese Bedingungen erleichtern es, die Aufmerksamkeit von den Sinneswahrnehmungen abzuwenden, und das dürfte der Grund sein, warum viele in solcher Umgebung die inneren Zustände, die für Meditation charakteristisch sind, schneller und oft sogar intensiver erreichen.

Auch Hypnose kann helfen, meditative Bewußtseinszustände herbeizuführen. Obwohl sie im Westen schon seit über hundert Jahren bekannt ist, sind unsere Kenntnisse darüber noch dürftig. Doch steht fest, daß Hypnose tiefe Wirkung auf das Bewußtsein hat. Und man sieht in ihr nicht mehr bloß ein Mittel zur Erzeugung bühnenwirksamer Effekte oder eine Alternative für Anästhesie in der Chirurgie, sondern erkennt jetzt, daß sie in Verbindung mit Entspannung und visuellen Übungen eine starke Hilfe sein kann zur Herbeiführung höherer Bewußtseinszustände mit zeitweiligem Identitätswechsel vom egozentrischen Modell zur Bewußtheit des reinen Selbst. Die Forschung steckt hier allerdings noch in den Kinderschuhen.

Möglicherweise läßt sich die spirituelle Entwicklung auch durch biochemische Mittel beschleunigen. Viele primitive Kulturen haben Extrakte aus verschiedenen Kräutern, Kakteen, Pilzen und anderen Pflanzen benutzt, um andere Bewußtseinszustände herbeizuführen, und seit den fünfziger Jahren experimentieren immer mehr Westler damit herum. Die meisten der bisher versuchten Drogen haben aber oft unerwünschte psychische oder physische Nebenwirkungen. Zudem ist noch nicht klar, ob die durch sie herbeigeführten Bewußtseinszustände tatsächlich den in mystischer Erfahrung gewonnenen gleichen, oder ob das nur so scheint. Aber vielleicht finden wir andere Chemikalien (oder synthetisieren völlig neue), mit denen sich die gleichen Gehirnzustände erreichen lassen wie beim Identitätswechsel zum reinen Selbst.

Das sind nur einige wenige Beispiele dafür, wie die Wissenschaft die Entwicklung höherer Bewußtseinszustände fördern kann. Dieses Feld weitet sich ständig aus, und den Anzeichen nach werden wir innerhalb des nächsten Jahrzehnts die Bewußtseinstechnologie zu einem der wichtigsten Forschungsgebiete heranwachsen sehen, mit Entwicklungen, die wir uns jetzt vielleicht noch gar nicht vorstellen können. Darüber hinaus wird sie wahrscheinlich zu einem der für uns alle wichtigsten Gebiete menschlicher Aktivität werden. Würde soviel Geld, Arbeitskraft, Energie, Zeit und Denken, wie in das Wettrüsten investiert wird, für die Förderung höherer Bewußtseinszustände aufgewendet, wäre wohl gar kein Wettrüsten mehr nötig.

Neben der Entwicklung wirksamer Techniken der Erleuchtung gibt es in der westlichen Technologie einen weiteren sehr wichtigen Fortschritt, der bei der Förderung innerer Transformation von enormem Wert sein wird: die Kommunikations-Revolution.

Mag es früher auch noch so viele Lehrer und Praktiken der Selbst-Erkenntnis gegeben haben, direkte Einwirkung hatten sie stets nur auf Menschen in ihrer unmittelbaren Umgebung. Christus teilte seine Botschaft jenen mit, die in seiner Gegend des Nahen Ostens lebten, und ebenso tat es Buddha in Nordindien, doch ohne die Technologie der Massenkommunikation mußten das Wissen und die Praktiken von Person zu Person weitergegeben werden. Das führte unweigerlich zu Verdrehungen und zu Effizienzverlust. Das ist einer der Gründe, warum es bis jetzt noch niemandem gelungen ist, die gesamte Menschheit oder auch nur einen Großteil von ihr zu erleuchten.

Heute jedoch haben wir eine Vielfalt von Kommunikationsmitteln, die sich einsetzen lassen, Information weltweit zugänglich zu machen. Auto, Flugzeug, Post, Telefon, Telex, Tonband, Video-Kassette, Nachrichtensatellit und Computernetz machen jedermann in der Welt erreichbar. Obendrein setzen uns einige der genannten Mittel in den Stand, die Information zu speichern und jederzeit abzurufen, und zwar im ›Originalton‹. Mittels dieser Entwicklungen ist es zum ersten Mal in der Geschichte des Planeten möglich geworden, die Methoden zur Erlangung von Selbst-Erkenntnis auf direktem Wege und in unverfälschter Form zu verbreiten. Und merkwürdigerweise hat sich das gerade zu der Zeit ergeben, da die Menschheit den Wechsel zu einer höheren Bewußtseinsform so dringend nötig hat. Aber ist das denn merkwürdig? Vielleicht hat die Technologie letztlich den Zweck, diesen Wechsel zu ermöglichen.

Anbruch eines neuen Zeitalters?

Immer mehr Menschen meinen, es dämmere jetzt ein ›New Age‹ herauf, ein neues Zeitalter, das einen grundlegenden Wandel im Bewußtsein der Menschen und in ihrem Verhältnis zum Planeten mit sich bringt. Die Vertreter dieser ›New-Age-Bewegung‹ sind nicht in einer zentralen Organisation zusammengeschlossen, sondern bilden ein nur lockeres und durchaus nicht einheitliches Netz von Gruppen, die in ihren Anschauungen und Wertorientierungen Gemeinsamkeiten haben. Diese laufen im wesentlichen auf vier Grundsätze hinaus:

■ In uns allen schlummern mehr Kräfte und Möglichkeiten, als wir jetzt anwenden, und vielleicht sogar größere, als wir auch nur ahnen.

■ Menschheit und Umwelt sind ein ganzheitliches System.

■ Unser Verhalten gegen uns selbst sowie zu unserer Umwelt ist falsch und nicht selten schädlich.

■ Die Menschheit hat das Potential zur Besserung.

Die New-Age-Bewegung erstreckt sich über breitgefächerte Interessengebiete. So gibt es die ökologisch orientierten Gruppen, die für den Schutz gefährdeter Arten, biologisch-organischen Anbau, Verzicht auf übermäßigen Konsum, für alternative Technologie, freiwillige Beschränkung, Energie- und Ressourcen-Erhaltung, nukleare Abrüstung und für andere Wege eintreten, die uns zu einem Leben im Einklang mit dem Planeten bringen können.

Dann finden sich die Leute und Techniken, die eine Verbesserung der Gesundheit und des physiologischen Wohlbefindens des einzelnen zu erreichen suchen durch Jogging, inneren Sport, Alexander-Technik, Feldenkrais-Methode, Bio-Energetik, autogenes Training, Ganzheitsmedizin, Akupunktur, Gesundbeten, Massage, Shiatzu, Rolfing, Augendiagnostik, Naturheilkunde, Homöopathie, Chiropraktik, Reformkost, Biokost und dergleichen mehr.

Für die Verbesserung der seelischen Gesundheit und des innerlichen Wohlbefindens gibt es ebenfalls zahlreiche Methoden, wie Hypnotherapie, Traumtherapie, Logotherapie, Realitätstherapie, Reichsche Therapie, Gestalttherapie, Primärtherapie, Sextherapie und Programme wie Rebirthing, Biofeedback, Sensitivity Training, Encounter Groups, Psychosynthese, Psychodrama, Neurolinguistik, Actualisations, EST und Arica.

Es gibt Meditationstechniken verschiedenster Art, die sich aus nahezu allen spirituellen Traditionen herleiten, und außerdem diverse andere Praktiken wie T'ai Chi, Aikido, Tantra und Yoga.

Hinzu kommen Gruppen, die interessiert sind an der Entwicklung paranormaler Fähigkeiten wie Aura-Deutung, Telepathie und Erfahrung postmortalen Lebens. Ferner jene, die sich mit verschiedenen Formen der Voraussage von Ereignissen beschäftigen wie Astrologie, Tarot, Geomantie und Radioästhesie.

Und es sind auch noch jene Bewegungen dazuzurechnen, die für Ganzheitserziehung, Feminismus, natürliche Geburt und andere Methoden eintreten, die den Menschen ermöglichen, ihr volles Potential zu entfalten.

Die meisten dieser Gruppen sind recht aktiv, geben Zeitschriften und Publikationen heraus (in Amerika betreibt eine sogar einen eigenen Rundfunksender) und veranstalten Symposien und Festivals, die alle mehr oder weniger unter dem Motto ›New Age‹ stehen. Denn eben das Kommen eines neuen Zeitalters – nicht in ferner Zukunft, sondern jetzt, in der Gegenwart – wird von vielen dieser Gruppen verkündet.

Viele werden in ihrer Ansicht allein schon dadurch bestärkt, daß die Bewegung so groß ist und immer mehr Interesse findet (womit wir uns im nächsten Kapitel beschäftigen werden). Andere verweisen auf die Behauptung der Astrologen, daß unser Planet in eine neue Ära eintrete – ins Zeitalter des Aquarius beziehungsweise des Wassermanns.

Von alters her teilt die Astrologie den als Kugel gedachten Himmel in zwölf gleiche Abschnitte ein: die zwölf Sternbilder des Tierkreises, jener scheinbaren Bahn, die die Sonne im

Lauf eines Jahres beschreibt und auf der sie nacheinander in jedes davon eintritt. (Man sagt zum Beispiel, die Sonne stehe im Zeichen des Stiers.) Währenddessen dreht sich die Erde um ihre eigene Rotationsachse. Diese steht schief zu der Bahn, in der wir uns um die Sonne herumbewegen, und daher haben wir Jahreszeiten: Winter in der nördlichen Hemisphäre, wenn der Nordpol von der Sonne wegzeigt, und vice versa.

Der Neigungswinkel der Erdachse unterliegt jedoch einer ganz allmählichen Verschiebung, bewirkt durch die vereinte Anziehung von Sonne und Mond auf den Äquatorwulst. Die dabei geltende Mechanik braucht uns hier nicht zu interessieren; jedenfalls kreist der Himmel um die Erde, wobei er für jeden vollen Kreis rund 26000 Jahre benötigt. Dadurch bewegt sich unser auf den Jahreszeiten basierender Erdkalender langsam gegenläufig durch den Tierkreis beziehungsweise, astrologisch ausgedrückt, rücken die Äquinoktien, die Tagundnachtgleichen, langsam vor, so daß jedes gegebene kalendarische Datum in etwa alle 2100 Jahre das Sternzeichen ändert.

Als Beginn des astrologischen Jahres gilt generell das Frühlings-Äquinoktium, also der 21. März, und die Stellung dieser Tagundnachtgleiche im Tierkreis bestimmt das charakteristische Zeitalter. Die letzten rund 2100 Jahre hat das Frühlings-Äquinoktium im Sternbild der Fische gestanden, rückt jetzt aber in das des Wassermanns ein. Die Astrologen sagen für dieses ›Zeitalter des Aquarius‹ steigende Harmonie, hohen moralischen Idealismus und spirituelle Reifung voraus. Über den genauen Zeitpunkt des Eintritts sind sie sich nicht einig (manche meinen sogar, er lasse sich überhaupt nicht exakt bestimmen), doch überwiegt die Annahme, er sei in der zweiten Hälfte der sechziger Jahre erfolgt, und zwar um 1967 herum.

Mag man darüber auch denken, wie man will, fest steht, daß die späten sechziger Jahre, vor allem 1967, für viele tatsächlich eine Wendezeit waren. Sie bildeten den Höhepunkt der Flower Power, und ehemalige Hippies denken noch heute voller Nostalgie an den '67er Sommer zurück.

Doch war das nicht nur eine Zeit, in der man LSD nahm, sich zu Liebe und Frieden bekannte und Blumen verteilte. Die Beteiligten hatten tatsächlich das Gefühl, wenn alle in der Welt Liebe und Einssein erfahren, müsse die Welt glücklich und friedvoll werden. Ein neues Zeitalter könne beginnen, das Rezept schien so simpel.

1967 klang aus mit dem Ruf der Beatles: »All You Need Is Love!« Die Botschaft war unkompliziert – und in vieler Hinsicht auch richtig. Liebe ist in der Tat alles, was wir brauchen. Könnten wir alle anderen Menschen und Lebewesen lieben, wäre die Welt zwar noch nicht ideal, doch um vieles besser. Aber wie das erreichen? Sich einfach für die Liebe zu entscheiden, sich zur Liebe zu bekennen oder so wie aus Liebe zu handeln genügt nicht; das führt bestenfalls zu bloßer Stimmung von Liebe, schlimmstenfalls aber zu Heuchelei und damit zu einem Widerspruch in sich.

Wie im vergangenen Kapitel aufgezeigt, kommt echte, bedingungslose und universale Liebe aus der persönlichen Erfahrung von Einssein mit der gesamten Menschheit und der gesamten Schöpfung. Eben diese Erfahrung ist nötig, ehe sich die Vision einer idealen Gesellschaft erfüllen kann.

Was in der Gesellschaft in den sechziger Jahren vor sich gegangen ist, ähnelt dem, was dem einzelnen bei einem schöpferischen Prozeß geschieht. Kreative Durchbrüche erfolgen gewöhnlich erst nach einer Zeit des Nachdenkens oder ›Schwangergehens‹, aber wenn sie kommen, dann urplötzlich, als blitzartige Erkenntnis. Der Geist eines Kunstwerkes oder die Lösung eines Problems wird auf einmal klar – der Weg liegt deutlich vor einem. Doch muß der kreative Funke dann geschürt und zum Lodern gebracht werden. Dieses Umsetzen der Erkenntnis in die Tat kann Monate oder gar Jahre kosten.

Ein solcher kreativer Funke dürften für die Gesellschaft die späten sechziger Jahre gewesen sein. Vielen Menschen gingen plötzlich die Augen auf, und sie sahen, wie die Welt sein könnte. Die blitzartige Erkenntnis schuf aber noch keine Realität, und so gilt es seitdem, Mittel und Möglichkeiten zu finden, um das Bewußtsein des einzelnen zu erweitern und zu erhöhen, damit Liebe und Mitgefühl wirklich walten können. In diesem Sinne lassen sich die New-Age-Bewegungen der siebziger und achtziger Jahre sehen als die Suche nach Wegen, die Vision in Wirklichkeit umzusetzen.

Weiter vorwärts oder wieder zurück?

So positiv wird das Bemühen um Selbstentwicklung jedoch nicht von allen gesehen. Manche wenden ein, diese Suche wäre von wenig Wert für die übrige Gesellschaft und letzten Endes nur ein Ausweichen vor den wirklichen Problemen der Menschheit. Diesen Standpunkt vertritt der Soziologe Daniel Yankelovich in seinem Buch *New Rules*. Seine Kritik an der Suche nach Selbsterfüllung geht darauf hinaus, daß die Konzentration auf innere Entwicklung bei vielen antisozial sei. Was Maslow und andere humanistische Psychologen der Selbsterfüllung an Ethik unterlegen, wäre ›moralisch und gesellschaftlich absurd‹; es sanktioniere Wünsche, die nichts zum Gemeinwohl beitragen. Wenn die westliche Gesellschaft die dräuenden Krisen überleben soll, meint Yankelovich, müssen wir alle Opfer bringen und anfangen zusammenzuarbeiten und unsere Energie darauf verwenden, die Gesellschaft funktionstüchtiger zu machen. Und eben darum müssen wir den ›Innen-Trip‹ aufgeben.

Diese Argumentation beruht auf einem totalen Mißverständnis dessen, worum es bei der inneren Reise überhaupt geht. Yankelovich faßt Selbsterfüllung als die Erfüllung all der persönlichen Wünsche des einzelnen auf: »Karriere machen, glückliche Ehe führen, Kinder haben, sexuelle Freiheit genießen, Geld besitzen, unabhängig sein, nicht zu den Angepaßten gehören müssen, Großstadtleben genießen, sich aufs Land zurückziehen, gute Bücher lesen, viele Freunde haben, und, und, und...« Würde Selbsterfüllung nur so gesucht, hätte Yankelovich sicher recht.

Doch was er als die Ziele beschreibt, ist himmelweit von jener Selbsterfüllung entfernt, für die Maslow, andere humanistische und transpersonalistische Psychologen sowie auch die meisten spirituellen Lehrer plädieren. Sie befürworten keineswegs die Befriedigung egozentrischer Bedürfnisse – der Bedürfnisse des derivativen Selbst nach Bestätigung –, sondern vielmehr die Entdeckung des reinen Selbst. Das ist Selbsterfüllung in weit reicherem, weit tieferem Sinn. Eben daß die Menschen sie so selten oder gar nicht finden, veranlaßt sie ja, Erfüllung in der äußeren Welt zu suchen.

Wie wir in einem früheren Kapitel gesehen haben, führt ein inneres Erwecken des wahren Selbst dazu, daß wir die egozentrischen Wünsche, die einen solchen Hedonismus nähren, hinter uns lassen. Diese Selbsterfüllung stellt genau das Gegenteil von dem dar, für das Yankelovich sie hält, und sie ist das, was die Gesellschaft am meisten braucht. Wenn wir uns auf diese tiefe, vereinende Identitätsebene einstimmen, werden wir wahrhaft zusammenarbeiten und die Gesellschaft funktionstüchtiger machen können.

Von anderen ist vorgebracht worden, was die diversen Praktiken und Programme zur Selbstentwicklung anstreben, sei zwar löblich und äußerst wünschenswert, doch würden viele der sich damit befassenden Leute längst nicht den Eindruck machen, erleuchtet zu sein; manche wirken durch und durch egozentrisch oder gar doktrinär, und es scheine ihnen mehr um ihre eigene Identität und um Macht zu gehen als um die Erleuchtung anderer.

Wenn auch viele von denen, die sich einem bestimmten Programm der Selbstentwicklung anschließen, das sicher aus dem ehrlichen Bestreben heraus tun, mehr von ihrem Potential zu entfalten oder ihr inneres Selbst zu entdecken, so gibt es natürlich auch welche, die das deshalb mitmachen, weil sie ›in‹ sein, verheißene geistige Fähigkeiten entwickeln oder einfach ihre Überzeugungen stärken wollen. Durch Betreiben eines speziellen Meditationssystems, Rituals oder Lebensstils läßt sich zweifelsohne ein starkes Identitätsgefühl gewinnen, ebenso auch daraus, Jünger eines bestimmten Propheten, Gurus oder Führers zu sein. Je mehr man seinen Weg als den besten bestätigt, um so sicherer fühlt sich das Ich. Andere bilden sich die Erleuchtung nur ein – was zu einem der gefährlichsten Ego-Trips führen kann – und verkünden allen: »*Ich* habe mein Ich transzendiert, *ich* bin erleuchtet!« Ein tragischer Widerspruch in sich.

Solche Einstellungen und Verhaltensweisen könnten uns an den Chancen der Menschheit auf echte spirituelle Höherentwicklung einigermaßen zweifeln lassen. Doch gilt zu bedenken, daß es ja nicht die Praktiken und Techniken an sich sind, was zu ich-beherrschtem Handeln führt. Mehr oder weniger sind wir schließlich alle dem Bedürfnis unterworfen, unser Identitätsgefühl zu stärken, und selbst wer sich ernsthaft mit Selbstentwicklung befaßt, kann sich diesem Bedürfnis nicht gleich entziehen.

Solange man das wahre Selbst erst noch verwirklichen und in sein Leben integrieren muß, läßt sich ein Ich-Zentriertsein der Mittel dazu schwerlich ganz vermeiden. Darum dürfen wir nicht erwarten, daß Menschen, die ›auf dem Weg‹ sind, sich so benehmen, als hätten sie dieses Ziel bereits erreicht. Aber wenigstens tun diese Leute etwas zur Förderung der inneren Entwicklung, statt Wale zu jagen, Raubbau an Bodenschätzen zu betreiben, Nuklearwaffen-Arsenale zu bauen oder sich sonstwie latent lebensvernichtend zu betätigen.

Das wirft ein interessantes Licht auf die Evolution des Bewußtseins. Bei vielen Menschen entspringt die Suche nach einem höheren Selbst gerade jenen Bedürfnissen, die es zu überwinden gilt – den Bedürfnissen des derivativen Selbstgefühls. Das heißt, die Evolution treibt den Teufel mit Beelzebub aus.

11
An der Schwelle

In der durch den Evolutionsgedanken
geschaffenen neuen spirituellen Atmosphäre
liegen jetzt überall auf Erden
Liebe zu Gott und Glaube an die Welt –
die zwei Hauptkomponenten des
Ultra-Humanums – in der Luft,
beide aneinander höchst entzündbar...
und früher oder später
wird es zur Kettenreaktion kommen.

TEILHARD DE CHARDIN

Die diversen Selbstentwicklungsprogramme werden auch oft als eine bloße Randerscheinung der Gesellschaft hingestellt. Die Zahl der mit innerer Entwicklung Befaßten sei ziemlich gering, und ihre Tätigkeit, sosehr sie dem einzelnen auch etwas zu bringen vermag, dürfte sich auf die Gesellschaft als Ganzes wohl kaum auswirken.

Völlig von der Hand zu weisen ist das nicht; Bewußtseinsentwicklung gehört heute noch nicht zu den wichtigsten menschlichen Interessengebieten. Schauen wir uns jedoch ihre Wachstumsrate an, scheint es möglich, daß sich das schon in baldiger Zeit ändern wird.

Auf S. 84 ff. haben wir das exponentielle Wachstum behandelt, das die meisten natürlichen Wachstumsmuster charakterisiert und dessen Kurve infolge seiner konstanten Verdopplungszeit immer steiler ansteigt. Der menschliche Geist kommt allem Anschein nach mit der Akzelerations-Tendenz der exponentiellen Kurve schwer zurecht (siehe unsere Unsicherheit beim Veranschlagen des Wachstums der Weltbevölkerung), und vor allem bei ex tempore gemachten Prognosen über den weiteren Verlauf einer gegebenen Wachstumskurve berücksichtigen wir diese Beschleunigung meist nicht genügend. Lassen wir die Wachstumsrate unbeachtet, erhalten wir nur eine sogenannte Linearprognose, und die trifft gewöhnlich stark daneben.

Ein gutes Beispiel für solche Fehlprognosen waren die Voraussagen, wann wir einen Menschen auf den Mond bringen können. In einem *Science-Digest*-Artikel von 1948 hieß es: »Auf dem Mond zu landen und sich dort zu bewegen ist für den Menschen mit so großen Schwierigkeiten verbunden, daß es wohl noch 200 Jahre dauern wird, sie zu bewältigen.« Ein paar Jahre später kam eine Konferenz von bedeutenden Wissenschaftlern in England nach langer Diskussion zu einer ähnlichen, wenn auch nicht ganz so pessimistischen Schlußfolgerung: Eine Landung des Menschen auf dem Mond würden wir nicht vor dem Jahre 2000 erleben, denn erst dann hätten wir die dazu nötige Technologie. Nach der seinerzeitigen Wachstumsrate mag diese Prognose durchaus richtig gewesen sein, nur wurde eben nicht die rapide Beschleunigung der technologischen Entwicklung bedacht, die die Mondlandung dann schon 1969 möglich machte.

Ein weiteres Beispiel bildet die bekannte Science-Fiction-Fernsehserie ›Enterprise‹. Sie spielt im 22. Jahrhundert, und geschrieben und gedreht wurde sie in den sechziger Jahren. Doch bereits zehn Jahre später waren einige der in ihr als Zukunft hingestellten Dinge Wirklichkeit geworden. Captain Kirk spricht von früheren ›primitiven‹ Computern mit Magnetspulen. Solche Computer sind heute tatsächlich schon primitiv. Und Kirks eigener Computer redet mit künstlicher Menschenstimme – eine weitere Entwicklung, die in einem Zwanzigstel der prognostizierten Zeit erfolgt ist.

Die Drehbuchautoren von ›Enterprise‹ waren jedoch keineswegs übermäßig naiv, nur ahnte damals eben kaum jemand, welch schier unglaubliches Wachstum Computer und Informationstechnologie inzwischen erfahren sollten. Was dies so schwer vorauszusehen machte, war die kurze Verdopplungszeit, beträgt sie doch bei der Zahl der in der

Informationstechnologie Beschäftigten nur rund sechs Jahre und beim Leistungsvermögen der Computer selbst bloß ein einziges Jahr. Müßten wir heute aus der Hand eine Prognose machen, wie es auf diesem Gebiet in zehn Jahren aussehen werde, würden wir unsere Vorstellung höchstwahrscheinlich auf das gründen, was sich da jetzt tut, und nicht berücksichtigen, daß ja nicht nur das Wachstum ständig zunimmt, sondern mit ihm auch die Wachstums*rate* steigt. Unsere gewagt hoch angesetzte Prognose kann somit noch viel zu niedrig ausfallen. Nur wenn man sich hinsetzt und die

Abb. 12: Beim schnellen Aufstellen von Wachstumsprognosen wird häufig der Fehler gemacht, unbewußt eine lineare Entwicklung anzunehmen. Ist das Wachstum aber exponentiell, tritt der vorausgesagte Zustand viel früher ein.

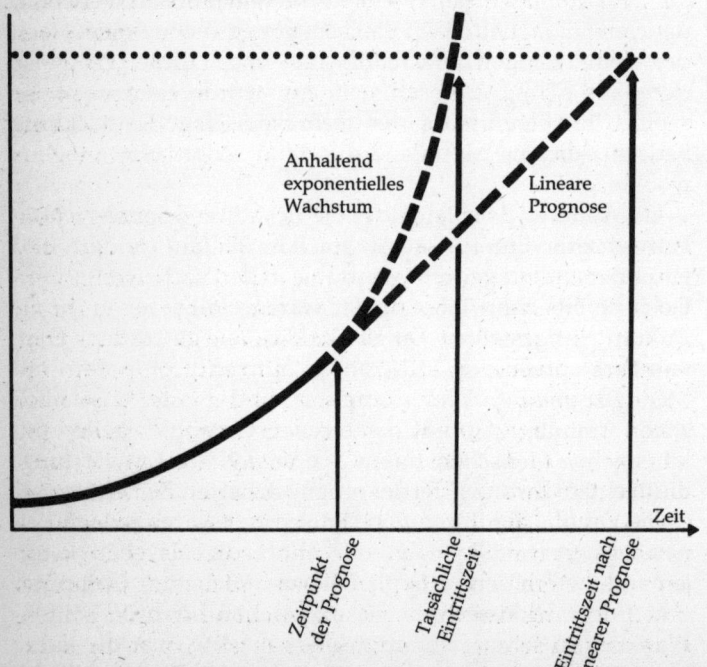

196

Sache schriftlich ausrechnet oder die Kurve aufzeichnet, läßt sich eine genauere Vorstellung von der in dieser Industrie zu erwartenden Entwicklung gewinnen.

Doch so rapid sich die Informationsindustrie auch ausweitet, möglicherweise ist sie dennoch nicht das am schnellsten wachsende Feld menschlicher Tätigkeit. Es gibt Anzeichen dafür, daß die Bewegung zum Bewußtseinswandel sie da noch übertrifft. Die Zahl der auf diesem Gebiet tätigen Menschen scheint sich nämlich sogar alle vier Jahre zu verdoppeln. Es sieht allerdings so aus, als könne sie eine der steilsten Wachstumskurven erreichen, die die Gesellschaft je erlebt hat.

Beweise dafür kommen aus verschiedenen Richtungen. Eine von mir in England vorgenommene Befragung von 500 aktiv an innerer Entwicklung arbeitenden Leuten zeigte, daß zwar einige das schon sehr lange betreiben, manche bereits seit fünzig Jahren, 40 Prozent aber erst in den letzten vier Jahren damit angefangen hatten. (Gezählt wurden übrigens nur die noch Aktiven; irgendwann wieder Ausgestiegene blieben unberücksichtigt.) Die Berechnung der Gesamt-Wachstumsrate ergab eine mittlere Verdopplungszeit von etwas über vier Jahren.

Ähnlichen Zuwachs zeigten auch die angegebenen Mitgliederstände der diversen auf dem Gebiet der inneren Transformation tätigen Organisationen. Viele bringen es auf Verdopplungszeiten von bloß zwei bis vier Jahren. Hinzu kommt, daß die Zahl der Organisationen selbst ebenfalls rapid steigt, allem Anschein nach mit nicht minder kurzer Verdopplungszeit. Wenn sich sowohl die Anzahl wie die Größe der Organisationen in diesem Tempo verdoppeln, bedeutet das, daß sich die Gesamtzahl der mit Bewußtseinsentwicklung befaßten Menschen sogar noch schneller verdoppelt – alle ein, zwei Jahre. Wobei wir allerdings veranschlagen müssen, daß manche Leute möglicherweise mehreren Organisationen angehören und folglich mehrmals in die Zählung kommen und außerdem auch, daß manche der Organisationen zwar anfangs eine steile Wachstumskurve haben mögen, diese mit der Zeit aber flacher werden oder gar abfallen kann. EST zum Beispiel, das von Werner Erhard gegründete Selbstentwicklungsseminar, erlebte in seinen ersten vier Jahren jedes Jahr eine Verdopplung, danach dann aber nur mehr alle drei Jahre. Solche Trends lassen sich schwer berechnen, doch dürfte die Annahme einer allgemeinen Verdopplungszeit von drei bis fünf Jahren wohl nicht falsch sein.

Abb. 13: Ungefähre Wachstumskurve der Zahl der mit Selbsterkenntnis und innerer Entwicklung befaßten Menschen während der letzten 20 Jahre. Bei einer Stichprobe von nur 500 Leuten ist es schwierig, aus den Daten eine exakte mathematische Kurve zu bilden. So wie sie dasteht, ist die Kurve nicht echt exponentiell. Der Anstieg verläuft nicht ganz glatt; Mitte der siebziger Jahre gab es eine Zeit, wo die Zuwachsrate ziemlich konstant geblieben war. Infolgedessen variiert die Verdopplungszeit, doch im Schnitt beträgt sie etwas über vier Jahre.

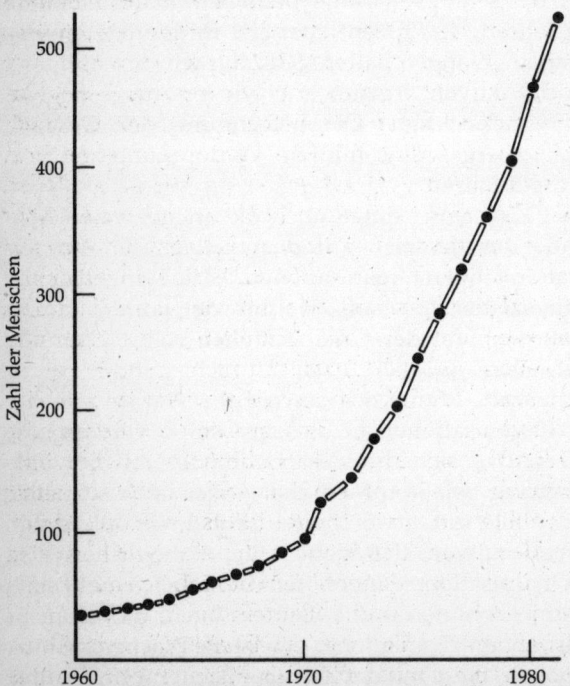

Wie sehr das Interesse an diesem Thema wächst, läßt sich auch an der Menge der darüber erscheinenden Bücher und Zeitschriften bemessen. Die Zahl neuer Titel verdoppelt sich hier etwa alle drei bis vier Jahre – eine weitere Bestätigung der allgemeinen Tendenz. Alles in allem dürften wir also wohl richtig liegen, wenn wir für das Interesse an diesem Gebiet eine Verdopplungszeit von im Schnitt vier Jahren annehmen.

Kehren wir zurück zu dem erwähnten kritischen Argument, daß die Gruppen zur Bewußtseinserhöhung quantitativ sehr schwach und somit von wenig Relevanz für die Gesellschaft wären. Nun gehört es aber zum Wesen exponentiellen Wachstums, daß die reine Anzahl weniger entscheidend ist als die Wachstumsrate. Diese Bewegungen wachsen schneller als die Informationsindustrie, und wenn die gegenwärtigen Trends anhalten, wird die ›Bewußtseins‹kurve, so flach sie jetzt auch noch wirken mag, schließlich die Informationskurve einholen respektive unter sich lassen. Wann sich beide überschneiden werden, hängt davon ab, wieviel Prozent der Bevölkerung zum jetzigen Zeitpunkt an der Erweiterung ihres Bewußtseins arbeiten. Das genau zu ermitteln ist noch recht schwierig; staatliche Stellen halten das Phänomen nicht für untersuchenswert. Aber einer 1978 durchgeführten Gallup-Umfrage nach läßt sich für die USA eine Zahl von zwei Millionen ansetzen. Bei bleibender Verdopplungszeit von vier Jahren bedeutet das: Nur noch zwanzig Jahre, und jeder zweite US-Bürger wird mit Bewußtseinsentwicklung beschäftigt sein.

Daß das fast unglaublich scheint, liegt wieder daran, daß wir bei Überschlagprognosen die rasante Beschleunigung exponentiellen Wachstums zu wenig berücksichtigen. Denken wir doch nur mal daran zurück, daß vor bloß zwanzig Jahren die Zahl der in der Computerindustrie Beschäftigten noch recht klein war – kleiner als die der heute an der Erweiterung ihres Bewußtseins Arbeitenden. Und wie ist diese Kurve inzwischen hochgeschnellt!

Ein Teil der Leute, die sich mit Bewußtseinserhöhung befassen, tut das bereits beruflich (als Therapeuten, Medita-

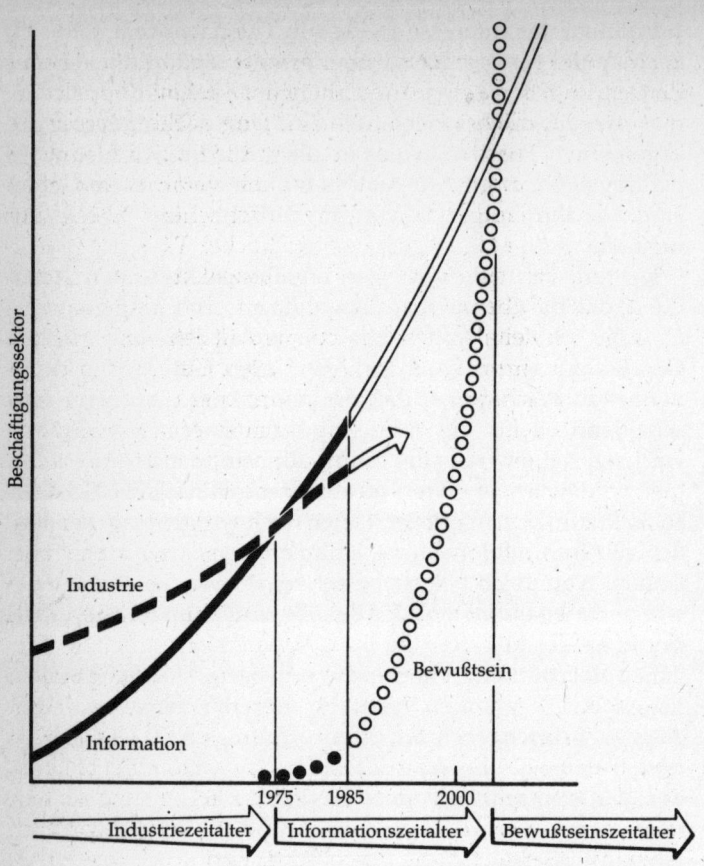

Abb. 14: *Projektierte Wachstumskurve des mit innerer Entwicklung befaßten Teils der Bevölkerung (›Bewußtseinskurve‹). Obwohl zur Zeit noch klein, wird die Zahl der auf diesem Gebiet arbeitenden Menschen, wenn die gegenwärtige Wachstumsrate anhält, schließlich die der im Informationssektor Beschäftigten überholen.*

tionslehrer und so weiter). Wenn das Interesse weiter so stark ansteigt, wird auch die Zahl der auf diesem Gebiet hauptberuflich Tätigen immer mehr zunehmen und erreichen wir, möglicherweise schon Anfang nächsten Jahrhunderts, jenen Punkt, wo die Kurve für die Branche ›Bewußtseinsverarbeitung‹ die für Informationsverarbeitung überholt. Die Höherentwicklung des menschlichen Bewußtseins wird dann zum Hauptgebiet menschlicher Tätigkeit geworden sein – wir sind vom Informationszeitalter ins Bewußtseinszeitalter übergetreten.

In diesem Zeitalter dürfen wir eine Zeit sehen, in der aller Bedarf an Nahrungsmitteln, materiellen Gütern und Information hinreichend gedeckt sein wird und die Menschheit sich vorwiegend der Erforschung unserer inneren Terra incognita widmen kann. Unser Hauptstreben wird der Selbstentwicklung gelten, und spirituelle Erfahrungen werden so zum Alltag gehören wie heute Taschenrechner und Tonbandkassetten. Das mag sich anhören wie Science Fiction, ist aber, wie ich glaube, eine absolut mögliche Entwicklung – die natürliche Verlängerung des Weges, den ein Teil der Menschheit bereits eingeschlagen hat.

Die obigen Argumente beziehen sich auf Trends innerhalb des Westens, speziell der USA und Großbritanniens. Selbstredend gelten sie nicht für unterentwickelte Länder, von denen viele ja noch nicht einmal den Übertritt ins Industriezeitalter vollzogen haben. Doch wie bereits aufgezeigt, verringert sich der Abstand zwischen den unter- und den hochentwickelten Ländern zusehends und werden die ersteren für den Übergang zum Industriezeitalter und von dort dann zum Informationszeitalter sicher nicht so lange brauchen wie seinerzeit der Westen. Somit steht zu erwarten, daß sie auch weit schneller ins Bewußtseinszeitalter eintreten werden. Ist das erst einmal geschehen, dann kann Bewußtseinsentwicklung durchaus schon im nächsten Jahrhundert zur Hauptbeschäftigung der Menschen werden.

Es kann sogar noch viel früher dazu kommen. Erstens einmal: Jene, die jetzt an innerer Entwicklung arbeiten, tun das im Kontext einer vorwiegend materialistischen, am Äußeren orientierten Kultur. Sie haben gegen die Trägheit des alten Bewußtseins anzukämpfen. Mit steigendem Prozentsatz derer, die höhere Bewußtseinszustände erreichen, wird diese Trägheit schwächer werden und sich gleichzeitig mehr Antrieb entwickeln. Das heißt, man wird es zunehmend leichter finden, auf dem inneren Weg voranzukommen.

Und zweitens: Wahrscheinlich brauchen wir gar nicht zu warten, bis die Mehrheit unserer Landsleute Bewußtseinswandel betreibt, sondern können die Wirkung schon weit früher spüren. Denn auch schon eine kleine Zahl von Menschen in höheren Bewußtseinszuständen kann in überproportionalem Grad positiv auf die Gesamtgesellschaft einwirken, und zwar dadurch, daß der Bewußtseinszustand des einen sich auf irgendeine Weise und in direkter Form auf die der anderen überträgt. So unwahrscheinlich das auch klingen mag, es mehren sich die Beweise, daß dies schon fortwährend geschieht.

Geistige Verbindungsdrähte

Das Phänomen des direkten Einwirkens eines Geistes auf einen anderen führt uns ins Reich der außersinnlichen Wahrnehmungen (ASW), speziell der Telepathie. Das ist seit jeher ein heißumstrittenes Thema. Das ganze Gebiet bedeutet potentielle Gefahr für das derzeitige Wissenschaftsparadigma: Erfahrungen wie Präkognition oder Hellsehen passen nicht in das gegenwärtige Modell von der Funktionsweise der Welt; also muß die Erfahrung abgestritten oder wegerklärt werden; weil sonst ja eine Änderung des Modells nötig würde. Für einen Überblick über den jetzigen Stand der Debatte fehlt hier der Platz (schon eine bloße Zusammenfassung würde ein ganzes Buch füllen), und so können wir nicht der Frage nachgehen, welche dieser Wahrnehmungen sich mit orthodoxer Wissenschaft erklären lassen und welche echt paranormal sind. Ich möchte nur so viel sagen, daß meine eigene Erfahrung es mir äußerst schwermacht, am Vorkommen solcher Erscheinungen zu zweifeln.

Die Forschung hat sich hier bislang hauptsächlich nur mit speziellen Erfahrungen befaßt: Kann ein Mensch wissen, was ein anderer denkt oder empfindet? Wie genau vermag er Vorstellungen zu beschreiben, die jemand anders im Kopf hat? Wir aber wollen uns allgemeinen Wirkungen zuwenden: Wie weit können eines Menschen Bewußtseinszustand und seine Hirntätigkeit durch andere direkt beeinflußt werden?

Das ist ein noch relativ neues Forschungsfeld. Richtig wissenschaftlich befaßt man sich damit erst seit Mitte der siebziger Jahre; vorher fehlte es noch an geeigneten Techniken und Geräten. Eine der ersten Versuchsreihen auf diesem Gebiet wurde von Russell Targ und Harold Puthoff im Stanford Research Institute durchgeführt. Sie nahmen jeweils zwei Personen, die sich gut kannten und einen gefühlsmäßigen ›Draht‹ zueinander hatten (meist Ehepaare oder nahverwandte Personen), und setzten sie in getrennte, an entgegengesetzten Enden eines Gebäudes liegende Räume, wo sie völlig voneinander isoliert waren. Zu unregelmäßigen Zeiten wurde dem einen der beiden Probanden ein schnell aufleuchtendes Licht in die Augen geblitzt. Das bewirkte ein vorübergehendes Nachlassen der Alpha-Aktivität, jenes Hirnwellenrhythmus, der eine Begleiterscheinung entspannter Zustände ist. Inzwischen wurde die zweite Person aufgefordert anzugeben, wann ihrem Gefühl nach ihr Partner in dem anderen Raum das blitzende Licht wahrnehme. Das war ihr nicht möglich; versuchte sie es trotzdem, kam letztlich nur ein Raten heraus. Aber wenn sie auch nicht ›sagen‹ konnte, in was für einem Zustand sich ihr Partner befand, zeigte ihr Gehirn doch zur gleichen Zeit wie das des anderen Probanden einen verlangsamten Alpha-Rhythmus.

Inzwischen haben andere Forscher ähnliche Versuche durchgeführt und noch andere physiologische Variablen untersucht. Statt bei dem ersten Partner einen bestimmten Gehirnzustand zu erzeugen, setzten sie ihn einer Streßsituation aus und maßen dann die Belastungsreaktion an den Veränderungen des Hautwiderstandes und anderer Parameter. Auch hier konnte die zweite Person zwar nicht angeben, wann ihr Partner unter Streß stand, doch ihr Hautwiderstand änderte sich trotzdem. Die Folgerung aus diesen Versuchen: Unter bestimmten Umständen teilen sich uns mentale Zustände und Vorgänge in anderen auf irgendeine Weise mit, auch wenn wir es bewußtseinsmäßig nicht wahrnehmen.

Es gibt keinen Grund zu der Annahme, daß solche Wirkungen auf Alpha- oder Streßzustände beschränkt seien. Wenn das Phänomen authentisch ist, wird es bei vielen anderen Bewußtseinszuständen ebenfalls vorkommen, besonders bei den höheren, die mit Erleuchtung einhergehen. Und in vielen mystischen und spirituellen Lehren finden wir dafür auch Beweise.

Ein wichtiges Element indischen Denkens ist ›Darshan‹: der Glaube, daß ein Erleuchteter auf einen anderen ein Gefühl von Erleuchtetsein übertragen kann. Manchmal ist es eine Berührung oder ein Blick seitens des Meisters, was die Erfahrung überspringen läßt, doch kann das auch schon durch bloße Anwesenheit eines Erleuchteten erfolgen. Einigen Lehren zufolge braucht der Erleuchtete oder Guru gar nicht persönlich, sondern nur geistig zugegen zu sein.

Auf welche Weise Darshan auch eintreten mag, die Wirkung ist ungemein stark. Oft gleicht sie jener, die von außergewöhnlich tiefer Meditation herrührt. Manchmal kann eine nur fünf Minuten während Begegnung einen wochen- oder gar monatelangen höheren Bewußtseinszustand herbeiführen. Und der ist nicht nur ein Wohlgefühl, sondern man erfährt tatsächlich Aspekte des Erleuchtetseins.

Man könnte einwenden, zu solchen Vorkommnissen bedürfe es nicht unbedingt irgendwelcher ›Drähte‹ von einem Geist zum anderen; sie würden lediglich zeigen, daß bei Vorhandensein der richtigen psychologischen Auslöser die meisten von uns die Fähigkeit haben, es zu solchen Erfahrungen kommen zu lassen. Dennoch: Die Erfahrung ist sehr real und kann eines Menschen Leben radikal ändern. Erleuchtung hat etwas Ansteckendes.

Ähnlich verhält es sich mit dem christlichen Begriff der Gnade. Christus, so heißt es, habe dem Menschen die Gnade

Gottes gebracht, und durch diese können sie geistlicher Erweckung teilhaftig werden. Das gewöhnlich mit ›Gnade‹ übersetzte Wort lautet im griechischen Urtext des Neuen Testaments *charis*. Und unter ›Charisma‹ wurde ursprünglich die Gabe verstanden, Gnade zu übertragen. Es gibt heute viele charismatische christliche Sekten, die auf dem Glauben basieren, eine göttliche Erfahrung sei unmittelbar auf jemand anders übertragbar.

Wir können die Hypothese aufstellen, daß während der Meditation ähnliche Übertragungen möglich seien. Ein Meditierender befindet sich in einem anderen Bewußtseinszustand (auch wenn dies noch nicht der der Erleuchtung ist) als bei Aktivität und hat folglich auch andere Gehirntätigkeitsmuster. Und diese können sich dann mehr oder minder ebenso bei jemandem in seiner Nähe zu zeigen beginnen, wobei das dem Betreffenden aber gar nicht bewußt sein muß. Wäre die zweite Person gleichfalls beim Meditieren, würde sie sehr wahrscheinlich spüren, daß ihr das jetzt irgendwie leichter fällt oder gründlicher gelingt. Darüber hinaus kann ihr Meditieren in ähnlicher Weise auf die erste Person zurückwirken. Ein solches gegenseitiges Feedback liegt wahrscheinlich der Beobachtung vieler Meditierender zugrunde, daß sie eine weit tiefere Meditation erfahren, wenn sie in einer Gruppe praktizieren – je größer diese, um so stärker die Wirkung.

Phänomene dieser Art ergeben sich nicht nur innerhalb ein und desselben Raumes. Eine 1979 durchgeführte Untersuchung hat gezeigt, daß sie auch bei durch große Entfernungen getrennten Gruppen vorkommen. Im Zuge einer noch laufenden Studie über die Wirkungen kollektiven Meditierens versammelten sich in Amherst/Massachusetts fast 3000 TM-Anhänger, die alle das sogenannte Sidhi-Programm praktizierten – eine fortgeschrittene Meditationstechnik, bei der sich erwiesenermaßen die Kohärenz der Gehirntätigkeit erhöht (Kohärenz hier als das Maß für den ›Gleichschritt‹ unterschiedlicher Teile des Gehirns).

Es ging darum, herauszufinden, ob das gleichzeitige Meditieren dieser 3000 Menschen auf eine andere, kleinere Gruppe, die ähnliche Techniken im tausend Meilen entfernten Fairfield in Iowa praktizierte, einwirken würde. Weder die Meditierenden noch die Versuchsleiter wußten, zu welcher Zeit sich die andere Gruppe zum Meditieren niedersetzte, doch bei der in Fairfield vorgenommenen Messung der Gehirntätigkeit während der Meditation zeigte sich eine zunehmende Kohärenz zwischen Individuen immer dann, wenn die zweite Gruppe meditierte – die Gehirne arbeiteten synchron.

Wie es zu solchen Wirkungen kommt, ist noch reichlich unklar, obwohl schon mannigfache theoretische Erklärungen vorgebracht worden sind. Eine davon, die sich im Rahmen konventioneller Physik bewegt, ist besonders interessant: Von den Meditierenden würden resonierende elektromagnetische Wellen aufgeworfen, die dann um den ganzen Planeten gehen, ähnlich wie ein Blasen quer über die Öffnung einer Flasche resonierende Töne entstehen läßt, die ein Summen erzeugen. Diese Hypothese fußt darauf, daß die Eigenresonanz-Frequenz elektromagnetischer Wellen, die bei ihrem Weg um die Erde abwechselnd an deren Oberfläche und der Hochatmosphäre abprallen, 7,5 Hertz, also 7,5 Schwingungen pro Sekunde, beträgt. Eine Welle dieser Frequenz, die um die Erde gegangen ist, kommt in exaktem Gleichschritt mit sich selbst zu ihrem Ausgangspunkt zurück, verstärkt sich dadurch und läßt eine Resonanz, eine Mitschwingung, entstehen.

Die gleiche Frequenz hat auch ein großer Teil der Gehirntätigkeit während des Meditierens, jedenfalls bei den meisten Techniken. Wenn nun, so die Hypothese, beim Meditieren vom Gehirn schwache elektromagnetische Wellen dieser Frequenz ausgestrahlt werden, dann könne das weltweite Resonanzen auslösen und den Planeten in meditative Mitschwingung versetzen.

Der Haken bei dieser Theorie ist, daß solche Wellen nur äußerst schwach wären, selbst mit Resonanz. Und so bleibt fraglich, ob das Gehirn – trotz festgestellter besonderer Empfänglichkeit für Wellen dieser Frequenz – sie überhaupt spüren würde.

Eine andere Erklärung der Fernübertragung höherer Bewußtseinszustände arbeitet mit dem Begriff der impliziten Ordnung, der nicht wahrnehmbaren Seinsebene, über die wir im 8. Kapitel gesprochen haben: Wenn wir alle auf einer tiefen Ebene miteinander verbunden sind und diese Ebene des Einsseins dem reinen Selbst entspricht, dann könne ein tief Meditierender, da er mit dieser ja in größerer Berührung ist, sozusagen Wellenkräusel durch die implizite Bewußtseinsebene gehen lassen. Und haben andere Menschen ebenfalls Kontakt zu dieser Ebene, seien sie für solche Impulse anscheinend empfänglich.

Es gibt noch weitere Hypothesen zu dem Phänomen. Manche sind sehr kompliziert, gehen von schwierigen Begriffen der modernen Physik aus wie der Quantentheorie der Felder, während andere völlig außerhalb der gängigen Wissenschaftsparadigmen ansetzen und solche Erfahrungen auf einen sechsten Sinn oder auf Kontakt mit höheren Wesen zurückführen.

Welche der Erklärungen, wenn überhaupt eine, richtig ist, darüber brauchen wir uns hier aber nicht den Kopf zu zerbrechen. Auf irgendeine Weise jedenfalls scheint eines Menschen allgemeiner Bewußtseinszustand bei anderen Menschen ähnliche, jedoch meist weniger intensive Zustände auslösen zu können. Das bedeutet, wenn immer mehr Menschen solche hohen Bewußtseinszustände erfahren, werden das auch andere in sich spüren und es somit leichter haben, ebenfalls solche Zustände zu erreichen.

So unglaublich das alles klingen mag – für das tatsächliche Vorkommen solcher Phänomene in der Natur gibt es bereits Beweise. In einer Versuchsreihe, die der Psychologe William McDougall 1920 in Harvard durchführte, wurden Ratten daraufhin beobachtet, wie schnell sie lernten, aus einem mit Wasser gefüllten Labyrinth herauszufinden. Zum großen Erstaunen zeigte sich, daß jede neue Generation dazu weniger lange brauchte als die vorhergehende.

War damit der Lamarckismus bewiesen, jene Abstammungslehre, die besagt, daß erworbene Fähigkeiten vererbbar seien? Nein, denn andere Forscher, die in Schottland und in Australien den Versuch wiederholten, stellten fest, daß ihre erste Generation Ratten, gezüchtet aus völlig anderen Stämmen, mit einem Vorwissen begann, wie es bei McDougall erst die letzte Generation gehabt hatte. Manche bewältigten die Aufgabe sogar, ohne einen einzigen Fehler zu begehen, irgendwie wußten sie bereits Bescheid. Und im weiteren Verlauf des Experiments zeigte sich, daß bei der Kontrollgruppe, also jenen Ratten, die niemals auch nur in die Nähe des Labyrinths gekommen waren, die nachfolgenden Generationen die gleichen Fortschritte machten wie die Versuchsgruppe. Auf irgendeine Weise wurde die Fähigkeit, aus dem Labyrinth herauszufinden, anderen Ratten übertragen, nicht nur im Laboratorium, sondern überall in der Welt.

Der englische Physiologe Rupert Sheldrake sieht darin ein Beispiel für das, was er als ›formative Kausation‹ bezeichnet. In seinem Buch *A New Science of Life* vertritt er die Ansicht, Systeme würden nicht nur durch die der Physik bekannten Gesetze reguliert, sondern auch noch durch unsichtbare organisierende Felder, die er ›morphogenetische Felder‹ nennt (von griechisch *morphé* = Form und *génesis* = Entstehung). Er sieht die Regelmäßigkeiten der Natur mehr als Gewohnheiten denn als Widerspiegelung ewiger physikalischer Gesetze. Seine Theorie postuliert: Lernt ein Individuum einer biologischen Spezies ein neues Verhalten, führt das zu einer – allerdings nur geringen – Änderung des morphogenetischen Feldes für die gesamte Art. Wird das Verhalten lange genug wiederholt, baut es eine ›morphische Resonanz‹ auf, die dann auf die gesamte Spezies einwirkt. Im Fall der Ratten also: Je mehr Individuen die Aufgabe lösen lernen, um so stärker wird das morphogenetische Feld und um so leichter lernen es auch andere Ratten.

Als ein weiteres Beispiel für formative Kausation führt Sheldrake Erscheinungen an, wie sie beim Kristallisieren von organischen Verbindungen aufgetreten sind, die sich vorher noch nie hatten kristallisieren lassen. Aus diesen Verbindungen Kristalle zu züchten ist äußerst schwer; manchmal arbeiten Forscher jahrelang, ohne daß ihnen die Kristallisation glückt. Ist sie aber einmal gelungen, finden es überall auf der

Welt die Wissenschaftler plötzlich viel leichter, selber solche Kristalle zu züchten. Und je mehr Kristalle gezüchtet werden, um so leichter wird es, die Verbindung zu kristallisieren.

Die konventionelle Wissenschaft erklärt das damit, daß mikroskopisch kleine ›Keimkristalle‹ in den Bärten bzw. auf der Haut oder der Kleidung von Wissenschaftlern oder durch Luftströmungen von einem Labor ins andere getragen würden. Erfolgen die späteren Kristallisationen jedoch in versiegelten Gefäßen, so wie es beim Glyzerin der Fall war, versagt diese Erklärung offensichtlich. Sheldrakes Hypothese deutet solche Phänomene dagegen als den Aufbau eines speziellen morphogenetischen Feldes.

Wenden wir seine Theorie auf die Entwicklung höherer Bewußtseinszustände an, ergibt sich folgende Prognose: Je mehr Individuen ihre eigene Bewußtseinsebene zu erhöhen beginnen, desto stärker wird das morphogenetische Feld für höhere Zustände und um so leichter haben es dann die anderen, diese Zustände zu erfahren. Der ›Drive‹ der Gesellschaft gewinnt an Schubkraft. Da die Wachstumsrate jetzt davon abhängt, was die Vorangegangenen erreicht haben, treten wir in eine Phase superexponentiellen Wachstums ein. Und diese kann dann zu einer Kettenreaktion führen, bei der plötzlich jeder mit dem Übergehen zu einer höheren Bewußtseinsebene anfängt.

Erreichen der kritischen Masse

In seinem Buch *Der unbewußte Mensch* berichtet der britische Biologe Lyall Watson von einer auf einer Insel an der Ostküste Japans lebenden Kolonie Affen, deren Freßgewohnheiten von einem Wissenschaftlerteam erforscht wurden. Man legte einer Affenhorde aus dieser Kolonie rohe Süßkartoffeln hin. Da diese frisch ausgegraben und also noch voller Erde waren, mundeten sie den Tieren nicht recht. Bis dann eines Tages ein junges Weibchen mit seiner Kartoffel zum Meer hinunterlief und sie ins Wasser tunkte. Es fand die auf diese Weise sauber gewordene Kartoffel viel schmackhafter, so daß es am nächsten Tag das Eintunken wiederholte und dann wochenlang bei dieser Methode blieb. Ein Hordenmitglied nach dem anderen begann das nachzuahmen. Die neue Gewohnheit, schmutziges Futter im Meer zu waschen, breitete sich immer weiter aus, bis sie auf einmal gang und gäbe war. Watson schreibt:

Nehmen wir an, die Anzahl der Affen habe 99 betragen, und um elf Uhr morgens an einem Dienstag sei die Gemeinde auf die gehabte Weise um einen weiteren Bekehrten vermehrt worden. Doch das Hinzukommen des hundertsten Affen hat die Zahl der Tiere anscheinend über eine Art Schwelle hinausgehen lassen, durch den Neuen hat sie eine Art kritische Masse erreicht, denn am Abend jenes Tages war fast jeder Affe der Kolonie dazu übergegangen, seine Nahrung zu waschen. Und nicht nur das: Der Brauch scheint natürliche Grenzen übersprungen zu haben und . . . in Kolonien auf anderen Inseln und auf dem Festland in einer Horde bei Takasakiyama spontan aufgetreten zu sein.

Wir sehen hier ein weiteres Phänomen: Die neue Gewohnheit breitete sich nicht nur aus, sondern überschritt auch eine Schwelle, ab der sie sich als Kettenreaktion durch die Gesellschaft fortpflanzte. Kann es bei der Bewußtseinsentwicklung zu einem ähnlichen Verlauf kommen? Nach Meinung von nicht wenigen, ja.

Teilhard de Chardin zum Beispiel glaubte, sobald einmal hinlänglicher spiritueller Fortschritt erzielt und die Gesellschaft reif geworden sei, müsse »ein einziger Strahl dieses Lichtes, der, egal wo, wie ein Funke auf die Noosphäre fällt, eine Explosion von solcher Heftigkeit auslösen, daß sie fast augenblicklich die gesamte Erde aufs hellste erleuchtet und völlig erneuert«.

Manche Mystiker meinen, die zur Auslösung einer solchen Kettenreaktion nötige Anzahl Menschen brauche gar nicht sehr groß zu sein. Nach Georges Gurdjieff reichen bereits einhundert voll Erleuchtete aus, die Welt zu verändern. Globale Auswirkungen, und zwar ganz entscheidende, würden sich aber auch schon spüren lassen, wenn genügend

Menschen an innerer Entwicklung arbeiten, beispielsweise mittels Meditation, wobei die Meditierenden nicht unbedingt schon die Erleuchtung erreicht haben müssen. Maharishi Mahesh Yogi erklärt, wenn nur ein Prozent der Weltbevölkerung Transzendentale Meditation (TM) betriebe, würde sich der Lauf der Geschichte grundlegend wandeln – und könne das ›Erleuchtungszeitalter‹ anbrechen.

Um verständlich zu machen, wie eine so kleine Zahl die gesamte Gesellschaft derart tief beeinflussen kann, sei auf eine parallele Erscheinung in der Welt der Physik verwiesen, nämlich auf die Funktionsweise eines Lasers oder Lichtverstärkers. Licht, egal welcher Quelle, besteht aus zahlreichen verschiedenartigen kleinen Wellenpaketen (sogenannten Lichtquanten oder Photonen), die jedes von einem anderen Atom kommen. Bei gewöhnlichem Licht sind diese Wellen in der Regel sämtlich phasendifferent. Wird das Atom während des kurzen Augenblicks, da es sein winziges Wellenpaket ausströmt, aber von Licht bestimmter Frequenz oder Farbe getroffen, kann es stimuliert werden, einen Lichtimpuls auszustrahlen, der mit der Welle, die ihn stimuliert hat, phasenrichtig ist. Die neue Emission vergrößert beziehungsweise amplifiziert somit die passierende Welle. Ist die Kraft nur schwach, bleiben die einzelnen Wellenbündel phasendifferent, ist sie jedoch stark, wird eine bestimmte Ebene erreicht und die sogenannte ›Laserschwelle‹ überschritten: All die kleinen Bündel ordnen sich phasenrichtig, werden kohärent, und die Intensität des erzeugten Lichtes nimmt dadurch gewaltig zu.

Kohärentes Licht verstärkt sich deshalb, weil sich phasendifferente und phasenrichtige Schwingungen auf mathematisch unterschiedliche Weise addieren. Wellen, die phasenrichtig sind, verstärken sich so, wie man es erwartet, nämlich hundert Wellen sind hundertmal so stark wie eine Einzelwelle. Dagegen heben Wellen, deren Phasen bloß ab und an zusammenfallen, zum Teil einander auf; sie verstärken sich lediglich proportional zur Quadratwurzel ihrer Gesamtzahl. Hundert phasendifferente Wellen beispielsweise sind insgesamt nur zehnmal so stark wie eine Einzelwelle. Also kann eine kleine Zahl von Einheiten, die kohärent agieren, leicht eine größere Menge inkohärenter Einheiten an Lichtstärke übertreffen. Und je größer die Gesamtzahl der Einheiten, um so drastischer die Wirkung. Diese tritt schon ein, wenn in einer Million Einheiten jede tausendste (0,1 Prozent) kohärent agiert.

Mit dem Maharishi zusammenarbeitende Wissenschaftler haben ähnliche Prinzipien auf die Gesellschaft angewendet, um Prognosen erstellen zu können, wie viele Menschen zu höheren Bewußtseinszuständen aufsteigen müssen, damit sich das auf die Gesamtgesellschaft auswirke. Bei ihren Berechnungen davon ausgehend, daß jemand, der meditiert, damit nicht nur das eigene Bewußtsein erhöhe, sondern mehr oder minder stark auch das anderer Menschen, sind sie zu dem Ergebnis gekommen: Die Schwelle, von der ab die Menge der Meditierenden eine spürbare Wirkung auf eine ganz Stadt hat, lasse sich zahlenmäßig als 1 Prozent der Bevölkerung ausdrücken.

Das ist natürlich nur ein theoretisches und sehr einfaches Modell, zudem eines, das auf kühnen – in manchen Augen sogar dubiosen – Prämissen basiert. Der Großteil der bisher durchgeführten Forschungen scheint die Hypothese jedoch zu bestätigen.

Eine vorläufige statistische Auswertung der Häufigkeit von Verbrechen in Großstädten, in denen 1 Prozent der Bevölkerung TM betreibt, zeigt jetzt schon ein Abnehmen der dortigen Kriminalitätsrate um durchschnittlich 5,7 Prozent. In anderen Städten gleicher Größe, jedoch mit weniger Meditierenden stieg sie dagegen um rund 1,4 Prozent an. Die Wahrscheinlichkeit, daß dies reiner Zufall ist, beträgt statistischer Berechnung nach nur etwa 1:200; nach den Gesetzen der Statistik heißt das, die Größenordnung ist so hoch, daß da durchaus ein Zusammenhang bestehen kann.

Man ist auch dabei zu untersuchen, ob dieser Wandel auf andere Faktoren wie Einkommen, Bildungsniveau, Arbeitslosigkeit und Alter zurückzuführen sei. Könnte die Ursache für das Sinken der Kriminalität sowie für das Steigen des Interesses an Meditation zum Beispiel in einem höher gewordenen Bildungsniveau zu suchen sein? Die bisherigen Ergebnisse zeigen jedoch, daß von allen mitbestimmenden Faktoren Meditation die wichtigste zu sein scheint.

Wenn Meditierende also derart auf die gesamte Gesellschaft einwirken, ist es möglich, ja sehr wahrscheinlich, daß wir uns einem Schwellenpunkt oder einer kritischen Masse von Bewußtsein nähern, von wo ab die Kraftwirkung des sich erhöhenden Bewußtseins die Trägheit des alten, auf dem Ich basierenden Modells überwiegt. Das Überschreiten dieser Schwelle würde einen gewaltigen Umschwung für die Menschheit darstellen – mit völliger Umgestaltung der Gesellschaft.

Für solche plötzlichen Transitionen fehlt es in der Evolution nicht an Präzedenzien. An früherer Stelle haben wir gesehen, daß zur Zeit des Urknalls, als das Universum noch superheiß war, jede sich bildende Materie sofort wieder zerstört worden wäre. Die umgebende Hitze (ungeordnete Energie) war für das neugeschaffene Paket hochgeordneter Energie einfach zu stark. Auf Dauer halten konnte sich Materie erst, nachdem die Temperatur genügend gefallen, also die allgemeine Ordnung größer geworden war. Als die Bedingungen dann aber richtig wurden, bildete sie sich rasch. Später, im Urbrei, wurde Leben auch ebenso schnell, wie es sich bildete, wieder zerstört. Hier war das gleiche Prinzip am Werk: Die Unordnung in den Umgebungen ließ die hochorganisierten Molekulargefüge gleich wieder untergehen. Erst nach Herausbildung einer genügenden Menge von lebenden Systemen konnte Leben festen Fuß fassen.

Das scheint ein allgemeiner Entwicklungs-Trend zu sein, und so ist damit zu rechnen, daß bei diesem nächsten Schritt in der Evolution anfangs das neue Phänomen der Erleuchtung zwar vielmals erscheinen, aber auch wieder verschwinden wird, weil die ringsum waltende niedere Bewußtseinsebene es in der ersten Zeit noch untergehen läßt. Erst wenn die gesellschaftliche Atmosphäre genügend geordnet und organisiert ist, höhere Bewußtseinszustände also weitverbreitet sind, erst dann kann permanente Erleuchtung erreicht werden.

Das dürfte der Hauptgrund sein, warum sie bislang so selten gewesen ist. Die Gesellschaft als Ganzes war einfach noch nicht so weit. So gesehen waren Christus, Buddha, Moses, Mohammed und all die anderen großen Lehrmeister viel zu früh gekommen.

Die vielen spirituellen Lehrer der letzten paar tausend Jahre lassen sich vergleichen mit den ersten Dampfbläschen, die in Wasser hochwallen, wenn sich dieses dem Siedepunkt nähert. Anfangs ist es noch nicht heiß genug, daß sich solche ersten Blasen halten können, und sie werden rasch wieder absorbiert, werden also wieder zu Wasser. Sie sind lediglich Herolde, künden den Dampf nur an. Wird aber der Siedepunkt erreicht, ist auch genügend Energie da, daß sie alle aufsteigen und sich freisetzen können und das Wasser sehr schnell zu Dampf wird.

Auf ähnliche Weise sind die Erkenntnisse und Lehren der großen Meister nach deren Tode verdreht worden oder untergegangen; die Weisheit wurde gleichsam von der waltenden Ebene spiritueller Unwissenheit aufgesogen. Heute jedoch kommen Trends zusammen, die das ganz anders werden lassen können. Die potentielle Ehe zwischen Wissenschaft und Mystik, die immer effizienter werdenden Methoden zur Verbreitung spirituellen Wissens, das sprießende Interesse an innerer Entwicklung und die Möglichkeit zu direkter Übertragung höherer Bewußtseinszustände, all das wirkt zusammen, es zum ersten Mal in der Geschichte der Menschheit möglich werden zu lassen, daß sich die Weisheit der Ewigen Philosophie bleibend durchsetzt.

Aller Wahrscheinlichkeit nach nähern wir uns im Eiltempo einer Zeit, in der die ›Blasen‹ der Erleuchtung nicht mehr absorbiert werden, sondern aufsteigen und sich freisetzen – die gesamte Menschheit sich also auf den großen Übergang begibt. Plötzlich werden sich alle anschicken, Rishis, Roshis, Heilige und Buddhas zu werden.

Außerdem wird dieser Umstieg zur gleichen Zeit erfolgen, wo die rapide Beschleunigung in vielen menschlichen Tätigkeitsbereichen auf einen evolutionären Umschwung hindeutet, wo sich die Weltbevölkerung der kritischen Größe 10^{10}

nähert und wo die Verbundenheit innerhalb des Menschengeschlechts eine ähnliche Komplexität erreicht, wie sie das menschliche Gehirn aufweist.

Es sieht also so aus, als könnten wir das Kommen einer Gesellschaft mit hoher Synergie – eines gesunden sozialen Superorganismus – noch erleben. Dann wären wir wirklich eine der privilegiertesten Generationen, die es auf diesem Planeten je gegeben hat.

12
Die Gesellschaft mit hoher Synergie

*Für Minderes als Utopia
ist die Welt heute zu gefährlich.*

BUCKMINSTER FULLER

Wie wird sich die zunehmende Erleuchtung des einzelnen auf die Gesellschaft auswirken? Wie werden sich unsere Werte wandeln? Wie wird das Leben sein, wenn wir den Evolutionssprung zu einer Gesellschaft mit hoher Synergie tatsächlich vollzogen haben? Das sind einige Fragen, mit denen wir uns nun beschäftigen wollen.

Zunächst einmal ist zu beachten, daß die *gesamte* Menschheit den Umstieg machen wird, die wichtigsten Veränderungen also mehr im Verhalten der Gesellschaft als in dem des Individuums erfolgen werden. Kehren wir zurück zu dem Vergleich mit dem kurz vorm Kochen stehenden Wasser. Vor dem Erreichen des Siedepunkts verhalten sich die Moleküle kollektiv als Flüssigkeit. Kocht das Wasser dann aber und wird zu Dampf, ändert sich das radikal – die Moleküle verhalten sich jetzt kollektiv als Gas und nicht mehr als Flüssigkeit. Dabei aber haben sich die Einzelmoleküle keineswegs verändert, ebensowenig wie die für sie geltenden Gesetze der Quantenphysik. Verändert hat sich lediglich ihre Beziehung zueinander, wodurch ein ganz anderes kollektives Verhalten entstanden ist, das auch ganz anderen physikalischen Gesetzen unterliegt. Es ist das eingetreten, was man in der Physik als ›Zustandsänderung‹ bezeichnet.

Ähnliche Umformungen stehen bei einer ›Zustandsänderung‹ der Gesellschaft zu erwarten. Zwar werden sich die Gesetze der Physik, Chemie und Biologie wohl nicht drastisch ändern; jeder von uns wird weiterhin als individuelles biologisches Wesen funktionieren, wird nach wie vor atmen, essen, trinken, arbeiten, spielen und lieben. Zu entscheidenden Umwälzungen aber kommt es auf der kollektiven Ebene, da unser neues Verhältnis zu uns selbst wie zu unseren Mitmenschen ja eine völlig andere Gesellschaft entstehen läßt. Was sich radikal ändern wird, das sind die ›Gesetze‹ der Wirtschaft, Politik und Soziologie – Gesetze, die vom kollektiven Verhalten vieler Menschen abhängen. Die neuen Gesetze werden mit den gegenwärtig geltenden so wenig gemein haben wie das Verhalten von Dampf mit dem von Wasser.

Unser kollektives Verhalten wird sich so sehr vom heutigen unterscheiden, daß alle Prognosen, die wir darüber anstellen mögen, weit danebengehen können. Doch wenn wir uns eine Gesellschaft mit hoher Synergie auch nicht völlig vorzustellen vermögen, dürfte es von Nutzen sein, die allgemeine Richtung, in die wir steuern, ein bißchen zu erkunden, denn wie wir später sehen werden, spielt unser Bild von der Zukunft eine Rolle beim Schaffen der Zukunft.

Beginnen wir damit, daß wir uns ein paar ganz allgemeine Züge der Synergie ansehen, wie wir sie in der Gesellschaft erwarten. Hohe Synergie besteht erstens darin, daß die Ziele des Individuums mit den Bedürfnissen des Gesamtsystems harmonieren. Infolgedessen bestehe wenig Konflikt sowohl zwischen den einzelnen Elementen des Systems wie auch zwischen diesen Elementen und dem System selbst. Zeichen solch niederen Konfliktgrades in menschlichen Gesellschaften hat man bereits gefunden, und zwar bei einigen Stammesgruppen mit von Natur aus hoher Synergie; zwischen den einzelnen sowie zwischen diesen und der Gruppe zeigte sich sehr wenig Aggressivität. Ähnlich dürfen wir auch bei einer Globalgesellschaft mit hoher Synergie eine starke Reduktion von Kriminalität, Gewalt, Völkerfeindschaft und Terrorismus erwarten. Haben wir erst einmal richtig begriffen, daß wir sämtlich ein und desselben Geistes sind, ja ein und denselben Geist haben, werden alle Menschen weltweit als unantastbar gelten; Krieg, Mord, Raub, Vergewaltigung und alle anderen Formen persönlicher Gewalt würden verbannt.

Zweitens: Zu der Gesellschaft mit hoher Synergie kommt es durch einen auf breiter Ebene vollzogenen Wandel im Selbstgefühl, nämlich vom derivativen Selbst zum universalen Selbst. Wir werden also anfangen, auf das Heil der Welt fast ebenso intensiv zu achten wie jetzt auf das unseres eigenen Körpers. Daß wir demnach die Umwelt anders behandeln werden, daran dürfte wohl kaum zu zweifeln sein.

Unseren Körper vorsätzlich zu schädigen, etwa durch Abhacken eines Fingers, ein solcher Gedanke macht die meisten von uns grausen. Und zwar deshalb, weil wir sehr gut wissen, daß der Finger ein Teil von uns ist. Und wenn wir anfangen, so auch gegenüber der gesamten Umwelt zu empfinden, werden wir erkennen – aber nicht bloß vom Verstand her, sondern als unmittelbare, unausweichliche Bewußtheit –, daß alle Aspekte der Welt genauso Teil von uns sind wie unser Körper. Den tropischen Regenwald zu irgendeinem kurzfristigen Zweck abzuholzen käme uns dann nicht minder irrsinnig vor als uns einen Finger abzuhacken, bloß weil er schmerzt oder irgendwobei stört. Kurz gesagt, die Menschheit wird anfangen, in Eintracht mit sich und der Umwelt zu leben.

Drittens ist auch mit einer Abkehr von den vielen unangebrachten, verschwenderischen und schädlichen Verhaltensweisen zu rechnen, die, wie wir gesehen haben, die Folge eines derivativen Selbstgefühls sind. Da wir für unsere persönliche Identität nicht mehr von unserer Interaktion mit unserer Umgebung abhängig sind, müssen wir auch nicht mehr nach psychologischen Rückhalten suchen und Angst vor Kritik haben. Wir brauchen dann weder übermäßig viele Besitztümer anzusammeln, um als zur richtigen Gesellschaftsschicht gehörend angesehen zu werden, noch bestimmten Überzeugungen anzuhängen, um uns zu beweisen, wer wir sind. Nicht länger unter dem Zwang stehend, unser Selbstgefühl ständig bestätigen zu müssen, werden wir so handeln können, wie es die Gesamtsituation erfordert, und nicht wie es die Bedürfnisse unseres Ich gebieten.

Außerdem wird die weitverbreitete Entwicklung höherer

Bewußtseinszustände zu einer Gesellschaft führen, in der spirituelle Werte ein allgemein akzeptierter Teil des Lebens sind. Selbstentwicklung und inneres Wachstum werden als rechtes und legitimes Ziel allen menschlichen Strebens angesehen werden und als die Grundlage unserer weiteren Evolution gelten.

Eintracht mit allen Menschen und mit der Umwelt bedeutet jedoch keineswegs Vereinheitlichung, weder des Verhaltens noch der Bedürfnisse. Die Zellen in unserem Körper müssen ja auch nicht alle gleich sein, damit wir als gesunder Organismus funktionieren können; die Einheitlichkeit, das Einssein liegt auf viel tieferer Ebene. In einer Gesellschaft mit hoher Synergie wird es eine nicht minder reiche Vielfalt von Menschen und Interessen geben als jetzt. Erlöst von dem psychologischen Bedürfnis, zu einer Norm zu gehören und sich ihr anzupassen, können wir unsere Individualität nun viel freier ausdrücken. Das Trachten aller nach mehr Gleichheit wird sich ins Gegenteil verkehren. Vielfalt wird als ein gesunder und produktiver Aspekt einer evolvierenden organischen Gesellschaft angesehen werden.

Auch auf Völkerebene steht kein Verlust an Mannigfaltigkeit zu befürchten. Gruppen werden ihr spezielles ethnisches und kulturelles Erbe stärker ausbauen. Diese Tendenz zu größerer Vielfalt widerspricht durchaus nicht der komplementären Tendenz zu größerer Kollektivität und der Bildung und Expansion von übernationalen Gruppen wie der EG. So wie in unserem Körper Herz, Lunge, Nieren und Leber mit hohem Grad von Autonomie arbeiten und gleichzeitig als Teile eines größeren Ganzen kooperieren, so wird es in einer hochsynergetischen Gesellschaft eine Synthese von Autonomie und Kooperation geben, und das auf allen Ebenen, vom einzelnen über Familie, Gemeinde und Staat bis zur ganzen Welt. Gesellschaftliche Synergie impliziert also keine totalitären Regierungsformen.

Andererseits bedeutet der Wandel zur hochsynergetischen Gesellschaft jedoch nicht, daß sich die vielen Probleme, mit denen wir heute zu ringen haben, sogleich und wie durch Zauberhand lösen werden. Wir werden weiterhin gegen Umweltverschmutzung, Hungersnöte, Energie- und Mineralienverknappung, Arbeitslosigkeit, Armut, Kriminalität sowie soziale, rassische und sexuelle Ungleichheiten angehen müssen. Nach wie vor wird es dazu individueller Aktion, Reformbewegungen und Interessengruppen bedürfen. Wir werden nicht weniger, ja vielleicht sogar noch mehr Mühe in die Lösung dieser Probleme investieren müssen als jetzt.

Ohne einen großen Bewußtseinswandel stellen die Lösungen, zu denen wir kommen mögen, jedoch lediglich ein anderes Zusammenfügen der Teile eines bereits morschen Gerüstes dar. Sie können nur unvollständig sein und müssen aller Voraussicht nach früher oder später genauso versagen wie die heutigen Methoden.

Von den langfristigen Zielen einer Gesellschaft mit hoher Synergie können viele denen der jetzigen Gesellschaft gleichen, wie zum Beispiel Volksgesundheit, bessere Nahrung, effizientere Nutzungsmethoden für Energie- und Rohstoff-Ressourcen. Der Unterschied besteht aber darin, daß sie von einem erleuchteten Bewußtseinszustand aus nicht bloß verstandesmäßig als nötig begriffen werden, sondern echter Überzeugung entspringen.

Unbegrenztes Wachstum

Dieser Wandel wird die Gesellschaft sehr wahrscheinlich zu einer ganz anderen Sicht von Wachstum kommen lassen. Jetzt wird Wachstum ja vorwiegend materiell gesehen. Bei allgemein herrschendem höheren Bewußtseinszustand werden wir jedoch anfangen, es in weit größerem Kontext zu sehen; persönliches und spirituelles Wachstum wird genauso wichtig werden, vielleicht sogar noch wichtiger als das materielle.

Reports wie *Die Grenzen des Wachstums*, veröffentlicht vom Club of Rome (einer internationalen Gruppe von Wissenschaftlern, die sich mit den Zukunftsaussichten der Menschheit befaßt), haben klargestellt, daß das materielle Wachstum nicht ewig anhalten könne; sehr bald schon werden viele wichtige Rohstoffe zu Ende gehen. Noch vorher aber komme ein Punkt, wo weiteres Wachstum untragbare Umweltschäden sowie soziale und politische Kosten nach sich ziehe, und womöglich seien wir an dieser Wachstumsgrenze bereits angelangt.

Viele Menschen sind deshalb der Meinung, daß wir aus diesem Grunde von unserem Drang nach Wachstum ablassen und lernen müssen, uns mit dem zu bescheiden, was wir haben. Diese Einstellung äußert sich in der Bewegung zur sogenannten ›freiwilligen Beschränkung‹: überlegter Konsum, Abwehr künstlich erzeugter Bedürfnisse und Fingerspitzengefühl bei der Ausbeutung begrenzter Energie-Ressourcen und Bodenschätze. Wertbegriffe wie diese breiten sich zudem immer mehr aus. Nach kürzlich vorgenommenen Umfragen von Gallup, Harris und anderen Meinungsforschungsinstituten würden rund 70 Prozent der US-Bevölkerung lieber menschlichere, weniger materialistische Werte schätzen lernen statt immer mehr Verbrauchsgüter anzuhäufen; über die Hälfte der Befragten meinte, ohne Besitz auszukommen und ein einfaches Leben zu führen wäre eine gute Sache.

Freiwillige Beschränkung ist sicherlich attraktiver als erzwungene Beschränkung, doch haftet auch ihr noch etwas von einer Notwendigkeit an, vom ›Auskommenmüssen ohne alles‹. In einem hochenergetischen System werden wir eine andere Form der Beschränkung erleben: die spontane Beschränkung. Sie bedarf keiner selbstauferlegten Enthaltsamkeit, keiner Resistenz gegen empfundene Bedürfnisse; sie ist Ausdruck einer grundlegenden Wandlung der Bedürfnisse.

Nach Abraham H. Maslow sind diese ›hierarchisch geordnet‹. Ganz unten stehen die Grundbedürfnisse nach Nahrung, Wasser und Sauerstoff. Sind diese befriedigt, wenden wir uns der zweiten Stufe zu, dem Verlangen nach Wärme, Geborgenheit, Unterkunft, Kleidung und langfristigem Überleben. Die dritte Stufe bildet das Bedürfnis nach Liebe und Fortpflanzung zwecks Arterhaltung. Als viertes strebt der Mensch nach gesellschaftlichem Ansehen. Und die oberste Stufe innerhalb dieser Hierarchie wird schließlich von dem Bedürfnis nach Selbstverwirklichung und Erleuchtung eingenommen.

Wir in den Industrieländern haben uns größtenteils auf der vierten Stufe festgefahren, dem Bedürfnis nach sozialem Status, und in der Regel suchen wir es zu befriedigen, indem wir materiellen Besitz anhäufen. Bleibt uns die Befriedigung versagt, geben wir uns dem irrigen Glauben hin, wenn wir noch mehr oder noch bessere Besitztümer hätten, würde alles gut. Dabei haben viele von uns an materiellen Gütern doch mehr als genug, und unsere ständigen Bemühungen, diese vierte Bedürfnisstufe zu befriedigen, führen oft nur zu Gefühlen von Leere und Unerfülltsein.

Wären jedoch höhere Bewußtseinszustände allgemein üblich, ließe das nicht wenige der Wurzeln für unseren Überkonsum verdorren. Sind wir nicht mehr an die Bedürfnisse des derivativen Selbst gebunden, verlieren wir ganz von allein das Interesse an Produkten und Dienstleistungen, die wir in Wirklichkeit gar nicht brauchen. Uns wird klar, daß wir im großen und ganzen bereits genug haben, um die meisten unserer materiellen Bedürfnisse zu erfüllen, und aus eigenem Antrieb schreiten wir weiter zur Selbstverwirklichung, der höchsten Ebene der Befriedigung. Die gesamte Gesellschaft steigt die Hierarchie hinauf und erreicht die fünfte Bedürfnisstufe.

Der Fehler liegt also nicht im Wachstumsdrang an sich, sondern darin, daß wir dessen positive Richtung nicht genügend erkennen. Selbstverwirklichung wird uns deshalb helfen, Wachstum in viel weiterem Kontext zu sehen. Wir brauchen es dann nicht mehr durch Unterdrückung unserer materiellen Wünsche zu beschränken (wie wir ja, wenn das Bedürfnis der ersten Stufe, der Hunger, gestillt ist, auch nicht den Wunsch, weiterzuessen, unterdrücken müssen). Statt beschnitten zu werden, wird Wachstum einen höheren Stellenwert bekommen. Auf dieser Basis kann materieller Konsum sich dann allmählich verringern, ohne daß die menschliche Erfüllung zu kurz kommt.

Umwertung von Arbeitslosigkeit

Der Bedürfniswandel von Selbstachtung zu Selbstverwirklichung wird größere Umschichtungen unserer Werteskala mit sich bringen. Besonders zur Arbeit werden wir eine ganz andere Einstellung gewinnen. Mit ziemlicher Sicherheit nimmt in der Zukunft die Zahl der herkömmlichen Berufstätigen noch weiter ab als bereits jetzt. Immer zahlreichere technologische Verbesserungen und zunehmende Automation in vielen Branchen bewirken, daß die Gesellschaft nicht mehr auf Vollarbeit aller angewiesen ist. Kommen dann noch ein Bewußtseinswandel und als dessen Folge eine Verringerung unserer materiellen Bedürfnisse hinzu, wird es immer weniger zu tun geben.

Nun hat Arbeitslosigkeit aber noch immer viele negative Begriffsinhalte. Diese stammen größtenteils aus vergangenen Zeiten, als – wie es so schön hieß – ›tätiges Schaffen aller‹ wohl nötig gewesen war, um den Grundbedarf an Nahrungsmitteln und Gebrauchsgütern zu decken. Obwohl das heute nicht mehr gilt, ist uns die Einstellung geblieben, Arbeit zu haben sei gut, nicht in Arbeit zu stehen dagegen schlecht. Arbeitslose werden meist als Bürger zweiter Klasse betrachtet. Folglich bedeutet Arbeitslosigkeit nicht nur eine finanzielle, sondern auch eine persönliche Krise. Dem Betroffenen versiegt eine der Hauptquellen für seinen Status, und obendrein muß er noch mit dem ›Schimpf‹ leben, ohne Arbeit zu sein.

Die Diskrepanz besteht hier nicht, wie viele meinen, zwischen dem Recht auf Arbeit und den sich verringernden Möglichkeiten, Arbeit zu bekommen, sondern zwischen dem Bedürfnis nach Status und den sich verringernden Möglichkeiten, dieses durch Arbeit zu befriedigen. In einer Gesellschaft mit hoher Synergie wird das Verlangen, uns durch unseren sozialen Status zu bestätigen, erloschen sein und das erwähnte Mißverhältnis kaum noch auftreten.

Zu erwarten steht auch eine Umwertung des Begriffes Arbeit überhaupt. Viele Tätigkeiten, für die es heute keine Bezahlung gibt, weil sie nicht im kurzzeitigen Interesse einer

Firma oder Institution liegen, werden dann nach ihrem Wert für die Gesamtgesellschaft gewürdigt. Denn jemand, der eine dieser jetzt noch nicht als ›Arbeit‹ geltenden Beschäftigungen betreibt – sich beispielsweise mit seiner Weiterbildung befaßt, sein Wissen anderen mitteilt, zum künstlerischen oder kulturellen Erbe beiträgt oder auch nur tief meditiert –, kann damit der Gesellschaft langzeitigen Nutzen bringen. Und ist diese erst einmal soweit, das zu erkennen, wird sie es auch durch Bezahlung lohnen. Es besteht dann kein prestigemäßiger Unterschied mehr, ob man solches ›Stempelgeld‹ bezieht oder seinen Lebensunterhalt mit ›normaler‹ Erwerbstätigkeit verdient.

Arbeit wird heute oft als Mittel angesehen, Zeit auszufüllen. Da Wahrnehmung und Bewußtheit der meisten Menschen vornehmlich auf die Außenwelt gerichtet sind, müssen sie ihre Zeit mit Erfahrung füllen. Die täglich acht Stunden Arbeit machen ihnen das leicht, und abends daheim helfen ihnen dabei aufs bequemste das Fernsehen und die anderen Unterhaltungsmedien. Was dann noch an Zeit übrigbleibt, wird mit Hobbys, Hausarbeit, Gesprächen, gesellschaftlichen Zusammenkünften und legalen Rauschmitteln vertrieben. Infolgedessen scheinen viele ihr Leben so zu führen, als käme es darauf an, so wenig wie möglich mit seinem Selbst allein zu sein.

Hat die Gesellschaft aber die fünfte Stufe, also das Bedürfnis nach Selbstverwirklichung, erreicht, wird sie mehr und mehr Zeit der inneren Entwicklung widmen. Statt ihre freie Zeit damit zu verbringen, daß sie sich in der Erfahrungswelt zu verlieren suchen, werden viele Menschen froh sein, sich öfter aus der Außenwelt zurückziehen zu können, um ihr inneres Selbst zu erforschen. Vom ›Recht auf Arbeit‹ zum ›Recht auf Sein‹. Das Mehr an zur Verfügung stehender Zeit werden wir zu einem nicht geringen Teil auch damit verbringen, uns zu bilden, allerdings nicht im engen Sinne schulmäßigen Lernens, sondern viel weiter gefaßt – als Weg zur Entfaltung von Potentialen. Bildungserwerb wird zu einer lebenslangen Beschäftigung werden, statt bloß Vorbereitung aufs Erwachsenenleben zu sein.

Heute ist es doch so, daß die meisten unserer geistigen Fähigkeiten von etwa der Zeit an, da wir unsere formale Ausbildung abgeschlossen haben, praktisch keine Weiterentwicklung mehr erfahren, es sei denn wir üben einen Beruf aus, der ständiges Informiertsein über alles Neue verlangt. Bei lebenslanger Weiterbildung wird es hier zu einer Trendwende kommen: Stetiges Wachstum und Entfaltung unserer latenten Kräfte und Möglichkeiten bleiben kein Privileg, sondern werden zur Norm.

Bildung konzentriert sich heute auf Fakten und Information. Das wird sich verschieben zugunsten eines Gleichgewichts zwischen der Entwicklung von Wissen und der Entwicklung von Wissenden. Die Gesellschaft tritt in eine neue Renaissance ein, denn Kreativität, Intuition und persönliche Entfaltung erfahren eine so hohe Bewertung wie heute Wissenschaft, Technologie und wirtschaftliches Wachstum. Technischer Fortschritt wird nicht als Bedrohung gesehen, sondern als Befreiung, die den Weg zur Selbstverwirklichung ermöglicht und erleichtert, die Lebensqualität also auf bestmögliche Weise erhöht.

Vor langer Zeit befreiten Arbeitsteilung und weitgehende Industrialisierung viele Menschen davon, Landarbeit verrichten zu müssen, und ermöglichten ihnen damit, mehr Zeit ihrem materiellen Wachstum zu widmen. Heute befreien Technologie und Automation uns immer mehr davon, langweilige manuelle Arbeit ausüben zu müssen, und ermöglichen uns damit, unserem inneren Wachstum mehr Zeit zu widmen. So gesehen, steht die nachlassende Notwendigkeit von Arbeit im Einklang mit dem Grundziel der menschlichen Evolution, nämlich der Bewußtseinsentwicklung.

Heilsein und Heiligsein

Von einer hochsynergetischen Gesellschaft dürfen wir auch erwarten, daß sie gesund ist; Synergie und Gesundheit gehören ja, wie wir gesehen haben, eng zusammen. Unter Gesundsein verstehen wir heute gemeinhin einen Zustand ohne jegliche Symptome von Krankheit oder Gebrechen. Funktioniert unser Körper einigermaßen gut, halten sich Temperatur, Puls und Blutdruck innerhalb der Normalwerte und haben wir keine wiederkehrenden Schmerzen, Hautausschläge oder Ohnmachtsanfälle, sind wir gesund.

Wirkliches Gesundsein heißt aber weit mehr. Ein altes Synonym für ›gesund‹ ist ›heil‹. Dieses Wort geht auf griechisch *holos* zurück, das die Grundbedeutung ›ganz‹ hat. Auch ›heilig‹ leitet sich davon her. Ein gesunder oder heiler Mensch muß also ganz sein – ein in sich geschlossenes Ganzes bilden, körperlich, geistig und seelisch. Die ursprüngliche Bedeutung von ›heilen‹ ist deshalb: zur Ganzheit, zur Vollständigkeit bringen, und ein Geheilter ist ein Heiliger; er hat die spirituelle Reife erreicht, ist erleuchtet.

In einer spirituell transformierten Gesellschaft wird sich dieser Zusammenhang zwischen Synergie und größerer Gesundheit auf vielerlei Weise zeigen. Erstens ist mit den meisten Techniken, die zum Erfahren des reinen Selbst führen, sowohl körperliche wie auch geistige Entspannung verbunden. Die zahlreichen wissenschaftlichen Untersuchungen von Meditation, Yoga und ähnlichen Techniken haben ganz allgemein ergeben, daß sie das genaue Gegenteil von Streß-Reaktion erzeugen. Blutdruck, Herzschlag, Muskelspannung und andere mit Streß gewöhnlich einhergehende Variablen sinken ab und desgleichen der Spiegel verschiedener ›Streß-Hormone‹ im Blut. Man weiß heute, daß bei den meisten psychischen wie physischen Krankheiten auch Streß mehr oder weniger mit im Spiele ist. Demnach müßten Menschen, die solche Techniken betreiben, nicht nur entspannter sein, sondern auch generell weniger zu Krankheiten neigen – und die wenigen Studien, die darüber bisher durchgeführt worden sind, scheinen das tatsächlich zu bestätigen.

Zweitens wird die Bewußtseinsentwicklung nicht bloß entstandenen physiologischen Streß abbauen, sondern auch dazu führen, daß weniger Situationen als stressig empfunden werden. Das kommt einerseits durch den für hohe Synergie charakteristischen geringeren Grad von Konflikt und Aggression und andererseits durch ein Abnehmen psychologischer Bedrohungen. Diese sind im wesentlichen ja nur Bedrohungen des derivativen Identitätsgefühls. Geht die Identität aber zum reinen Selbst über, wird einer der Hauptfaktoren für Streß ausgeschaltet.

Drittens gäbe es weniger Krankheiten, die sich der Mensch selber zuzuschreiben hat. So manche unserer heutigen Gesundheitsprobleme haben ihre Ursache in den exploitativen Aspekten einer Gesellschaft mit niedriger Synergie: verschmutzte Luft, Trinkwasser, in das Schadabfälle gelangt sind, krebsfördernde Zusätze in Nahrungsmitteln, Zigaretten, Spirituosen und andere Genußmittel, von denen zwar bekannt ist, daß sie gesundheitsschädigend sind, die aber um des Profits willen weiterhin produziert und propagiert werden, und dergleichen mehr.

Viertens wird man sich häufiger ganzheitlicher Heilmethoden bedienen. Die Grundposition der westlichen Medizin ist die von ›Mensch versus Natur‹, die sich darin zeigt, daß sie sehr viel mit Antibiotika, mit Chirurgie und mit Bestrahlung arbeitet. Diese Methoden haben zwar zu beachtlichen Erfolgen geführt, doch sind sie nicht frei von unerwünschten Nebenwirkungen. (Man schätzt, daß in den USA jede dritte Krankenhausaufnahme auf Grund eines iatrogenen, das heißt durch vorherige ärztliche Behandlung verursachten Leidens erfolgt.) Menschen, die in irgendeiner Form innere Entwicklung betreiben, machen die Erfahrung, daß sie sich nicht nur ihres Einsseins mit der übrigen Welt, sondern auch des Zusammenspiels von Geist und Körper stärker bewußt werden. Es zeigt sich immer deutlicher, daß Behandlung allein der physischen Symptome unter Ignorierung ihrer psychologischen und geistigen Korrelate dem Gesamtsystem nicht weiterhilft.

Diese wachsende Erkenntnis führt zu mehr Rücksicht und Achtung für den eigenen Körper. Auf ihrer Suche nach Ich-Bestätigung mißhandeln viele von uns ihren Körper, indem sie sich der ›richtigen‹ (oft aber ganz falschen) Kost unterwerfen, Hautkrebs herausfordern, um sonnengebräunt auszusehen, sich verunstalten, damit sie Aufmerksamkeit erregen, oder der Kläglichkeit einer begrenzten Identität mittels Alkohol entfliehen. Wenn das derivative Selbst nicht mehr das Handeln beherrscht, werden solche Verhaltensweisen weit weniger üblich sein. Wir werden dann mehr auf uns achten. Dieses Achtgeben ist die eigentliche vorbeugende Medizin und die natürliche Grundlage ganzheitlicher Gesundheit. Es bedeutet, nach den Worten des Philosophen Henryk Skolimowski, »daß man für jenes Teilstück des Universums, das uns am nächsten steht, die Verantwortung übernimmt – daß man durch sich selbst Ehrfurcht vor dem Leben bekundet«.

Das Konzept der ganzheitlichen Gesundheit gewährt auch dem noch weithin unergründeten Heilpotential des Geistes stärkere Anerkennung. Die wenigen Forschungen, die auf diesem Gebiet betrieben worden sind, lassen erkennen, daß wir wahrscheinlich alle die Fähigkeit haben, uns von jedem Leiden zu heilen, vom gewöhnlichen Schnupfen bis hin zu Krebs (womit wir uns im nächsten Kapitel etwas mehr beschäftigen werden). Ferner sind die geistigen Haltungen, die dieser Fähigkeit am meisten helfen, jenen beim Meditieren sehr ähnlich – ein Zustand entspannter Aufmerksamkeit.

Links *und* rechts

Ganzheitliche Gesundheit beschränkt sich nicht auf den Körper, sondern bezieht auch das Gehirn mit ein. Und da können wir ebenfalls damit rechnen, daß es zu einem besser integrierten Funktionieren kommen wird. Seit Mitte der sechziger Jahre zeigen mannigfache psychologische Versuche und Studien, daß die linke und die rechte Hälfte unseres Gehirns auf unterschiedliche Tätigkeiten spezialisiert sind. Die linke Hälfte scheint stärker auf rationales, logisches Denken und auf linguistische Fähigkeiten wie Sprechen, Lesen und Schreiben ausgerichtet zu sein, und die rechte mehr auf visuell-räumliche Funktionen, auf ästhetisches und gefühlsmäßiges Begreifen und vielleicht auch auf intuitives Denken. Ganz allgemein läßt sich sagen, links werde analytisch, also im Nacheinander, gedacht, rechts dagegen verknüpfend, also ganzheitlich. Außerdem schreibt man der linken Hälfte aktive, auf Handeln ausgerichtete Denkweisen zu und der rechten solche, die rezeptiv sind und bei denen das Individuum eher geneigt ist, den Dingen ihren Lauf zu lassen (was aber nicht mit Passivität verwechselt werden darf).

In den meisten modernen Gesellschaften herrscht die Tendenz, sich mehr der mit der linken Gehirnhälfte verbundenen Funktionen zu bedienen. Das zeigt sich in unserem allgemeinen Verhalten zur Welt, in unseren Beschäftigungen, in unserer Berufswahl sowie in unserer Höherbewertung und Förderung bestimmter Tätigkeiten. Wenn wir zum Beispiel von jemandem sagen, er habe ›Geist‹, wollen wir damit in der Regel zum Ausdruck bringen, er könne logisch denken, gut urteilen und sich klar ausdrücken – alles Tätigkeiten, die überwiegend der linken Gehirnhälfte zuzuordnen sind.

Diese Präferenz der linken Hirnseite geht zum Teil auf unsere Bildungssysteme zurück. Den meisten Menschen ist in der Schule beigebracht worden, die linkshirnigen Fähigkeiten (also Lesen, Schreiben und Rechnen) mehr als die rechtshirnigen zu benutzen und auszubauen. Jedenfalls bedeutet die in unserer Kultur übliche Ausrichtung aufs Tun und Erreichen statt aufs Sein ein einseitiges Trainieren der Denkweisen der linken Gehirnhälfte.

Messungen der Hirnwellen von Menschen in tiefer Meditation haben einen zunehmenden Gleichlauf der von beiden Gehirnhälften kommenden elektrischen Aktivität gezeigt; je tiefer die Meditation, um so höher die Integration. Dieses Synchrongehen weist auf mehr Gleichgewicht zwischen den beiden Denkweisen hin. Somit kann angenommen werden, daß beim Zustand der Erleuchtung das Denken analytisch *und* ganzheitlich, rational *und* intuitiv, aktiv *und* rezeptiv ist.

In vielen Kulturen haben die rechts- und linkshirnigen Fähigkeiten ihre Entsprechung im Symbolismus von männlich und weiblich: Maskulin wird gleichgesetzt mit aktiv, dynamisch und rational, feminin dagegen mehr mit passiv, rezeptiv und intuitiv.

Nehmen wir die Menschheit als Ganzes, so deutet die Dominanz der linkshirnigen Denkweisen darauf hin, daß das Globalhirn ebenfalls ›linkslastig‹ ist. Ein Zeichen dafür können wir in dem maskulinen Wesen fast aller heutigen Gesellschaften sehen. Die meisten Nationen scheinen ausgerichtet auf Wissenschaft, Technologie, Rationalität und Aktion. Das weibliche Prinzip dagegen symbolisiert die Kraft der lebenden Erde, die Geburt und Erhaltung von Leben und die ökologische Harmonie mit dem Planeten. Das ist die heute noch zu wenig genutzte rechte Hälfte des Globalhirns. So gesehen kann die steigende Feminismuswelle durchaus mehr sein als die überfällige Revolte gegen eine von Männern beherrschte Gesellschaft; vielleicht ist auch sie ein Zeichen für zunehmenden Bewußtseinswandel auf individueller wie gesellschaftlicher Ebene.

Nach einer allgemein erfolgten Bewußtseinsänderung und der Integration des Männlichen und Weiblichen in uns allen dürften die gesellschaftlichen Einstellungen und Werte androgyn werden. Denn so sehr die männlichen und die weiblichen Denkweisen und Fähigkeiten auch ganzheitlich zusammenwirken werden, die wichtigen Unterschiede zwischen ihnen bleiben gewahrt und gewürdigt. Linke und rechte Hälfte des Globalhirns balancieren sich aus und gehen eine Synthese ein.

Synchronizität

Weitverbreiteter Bewußtseinswandel wird wahrscheinlich auch mehr Synchronizität zur Folge haben, das heißt ein Zunehmen seltsamen und unerklärlichen Zusammenfallens von Ereignissen. Ja, es kann sogar der Fall eintreten, daß man diese Koinzidenzen gar nicht mehr als außergewöhnlich empfindet. Das zu glauben beziehungsweise sich vorzustellen fällt sicher schwer, mehr noch als manche der anderen zu erwartenden Entwicklungen, die wir bereits diskutiert haben. Doch diese wäre ein natürliches Korrelat der auf dem Wege zum sozialen Superorganismus befindlichen Menschheit.

Der Begriff Synchronizität wurde von dem berühmten Schweizer Psychologen Carl Gustav Jung geprägt. Er sah darin ein im Universum waltendes Prinzip akausaler Zusammenhänge: »zeitliche Koinzidenz zweier oder mehrerer nicht kausal aufeinander bezogener Ereignisse, welche von gleichem oder ähnlichem Sinngehalt sind. Dies im Gegensatz zu Synchronismus, welcher die bloße Gleichzeitigkeit zweier Ereignisse darstellt.« Als Beispiel für Synchronizität zitiert er folgenden Fall:

Ein M. Deschamps erhielt als Knabe einmal in Orléans ein Stückchen Plumpudding von einem M. de Fontgibu. Zehn Jahre später entdeckte er in einem Pariser Restaurant wieder einen Plumpudding und verlangte ein Stück davon. Es erwies sich aber, daß der Pudding bereits bestellt war, und zwar von M. de Fontgibu. Viele Jahre später wurde M. Deschamps zu einem Plumpudding als einer besonderen Rarität eingeladen. Beim Essen machte er die Bemerkung, jetzt fehle nur noch M. de Fontgibu. In diesem Moment öffnete sich die Türe, und ein uralter, desorientierter Greis trat herein: M. de Fontgibu, der sich in der Adresse geirrt hatte und fälschlicherweise in diese Gesellschaft geraten war.

Solche Koinzidenzen sind gar nicht so ungewöhnlich. Alan Vaughan führt in seinem Buch *Incredible Coincidences* zahlreiche Vorfälle dieser Art an. Zum Beispiel: Eine Frau hatte ihre Haustür von draußen zugeschlagen, den Schlüssel aber in der Diele liegengelassen und konnte nun nicht ins Haus. Während sie noch krampfhaft überlegte, wie sie dennoch in die Wohnung gelangen könne, kam der Postbote mit einem Brief von ihrem Bruder, der ihr darin einen Zweitschlüssel für die Haustür zurückschickte, den sie ihm geliehen hatte. Ein weiterer Fall: Jemand stieg in der New Yorker Untergrundbahn versehentlich an der falschen Station aus, merkte am Ausgang dann den Irrtum und wollte gerade zum Bahnsteig zurückgehen, als er mit eben demjenigen zusammenstieß, den zu besuchen er unterwegs war.

Nun ließe sich vorbringen, Koinzidenzen dieser Art fielen statistisch nicht ins Gewicht; gewiß, so etwas käme dann und wann mal vor, aber für jedes zufällige Zusammentreffen fände man wahrscheinlich hundert oder gar tausend andere ohne Koinzidenz. Doch all das statistische Material zusammenzubringen, das nötig wäre, diese Argumentation zahlenmäßig zu belegen, ist praktisch unmöglich. Weniger schwierig läßt sich dagegen die Wahrscheinlichkeit einer besonders ungewöhnlichen Koinzidenz berechnen; Vaughan hat auf der Grundlage mehrerer Fälle eine solche Berechnung angestellt und ist zu dem Ergebnis gekommen, daß sich deren Wahrscheinlichkeit bei 1:1 000 000 000 000 bewegt. Die Schwierigkeit liegt dabei im Veranschlagen all der möglichen, wenn auch unerwarteten Koinzidenzen, die hätten eintreten können, zu denen es aber nicht gekommen ist.

Doch gibt es zwei allgemeine Charakteristika solcher Erfahrungen, die zu bestätigen scheinen, daß es sich bei ihnen um mehr als Zufall handelt, und die auch wichtige Folgerungen für eine hochsynergetische Gesellschaft haben.

Erstens endet eine Koinzidenz für den Betroffenen in der Regel positiv, indem sie seine augenblicklichen Wünsche oder Bedürfnisse erfüllt. Bei einer Koinzidenz profitiert man zudem nicht auf Kosten anderer; gewöhnlich werden ja jedem der Beteiligten seine eigenen speziellen Bedürfnisse durch die Interaktion erfüllt. Wären diese Ereignisse bloß Zufall, müßten sie ebensooft negativ wie positiv ausgehen. Offenbar ist das aber nicht der Fall. Negative Beispiele sind zwar schon berichtet worden, allerdings verschwindend wenige; und daß den Leuten nur die positiven auffallen, dürfte unwahrscheinlich sein.

Zweitens scheint die Häufigkeit der Koinzidenzen direkt beeinflußt vom mentalen Zustand des Beteiligten. Damit soll nicht gesagt werden, sie würden sich willentlich herbeiführen lassen. Das zu versuchen kann sogar gegenteilige Wirkung haben. Der erwähnte New Yorker wäre wohl kaum an der falschen Station ausgestiegen, hätte er eine solche Begegnung bewußt gesucht. Wollen ist schon Tun, eine Aktivitätsform, bei der das Individuum die Welt manipuliert. Das ist die falsche Einstellung für solche Erfahrungen, die öfter einzutreten scheinen, wenn man sich in einem rezeptiven

Zustand befindet, offen für unbewußte Entscheidungen und im Fluß mit der Welt, statt sich gegen sie zu stemmen. Das Vorkommen von Synchronizität läßt sich also fördern durch einen entspannten, friedlichen Geisteszustand – ähnlich jenem, wie ihn Meditation bewirkt.

Viele Leute, die Meditation dieser oder jener Art betreiben, haben festgestellt: je tiefer die Meditation, um so häufiger erfahren sie seltsame Koinzidenzen, und das speziell nach dem Ende ausgedehnten Meditierens; gehen sie dann wieder ihrer normalen Tätigkeit nach, könne jeder Tag wie eine ununterbrochene Folge unwahrscheinlichster – und stärkendster – Koinzidenzen sein.

Skeptiker werden vielleicht vorbringen, unter solchen Umständen sei man einfach empfänglicher dafür, Synchronizität zu bemerken. Da die Koinzidenzen aber so auffällig und bezeichnend sind, daß sie wesentliche Aspekte unseres Lebens beeinflussen, läßt sich schwer glauben, daß sie andernfalls unbemerkt bleiben würden.

Daß zwischen Synchronizität und Bewußtseinszustand ein Zusammenhang besteht, ist keine erst jetzt gemachte Entdeckung. Schon seit zweieinhalbtausend Jahren steht in den Upanishaden zu lesen:

Ruht der Geist rein und lauter, erfüllt sich all dein Begehr.

Auf im Prinzip dasselbe läuft hinaus, was in unserem Jahrhundert der englische Erzbischof William Temple sagt: »Bete ich, beginnen Koinzidenzen einzutreten. Bete ich nicht, treten sie auch nicht ein.« Diese Beobachtung deutet an, daß bei einem Gebet weniger die speziellen Bitten wichtig zu sein scheinen als vielmehr der erzeugte Bewußtseinszustand. Vielen Religionslehrern zufolge liegt der Sinn ›echten Gebets‹ nicht so sehr in der Anrufung Gottes um Erfüllung von Bitten, sondern darin, den Geist in Ruhe zu versetzen und ihn für höhere Bewußtseinszustände zu öffnen.

Wenn mehr und mehr Menschen anfangen, ihre Bewußtseinsebene zu erhöhen, ist also damit zu rechnen, daß Synchronizität viel häufiger aufscheinen wird. Nach Meinung mancher sind Anzeichen davon jetzt schon zu bemerken. In Findhorn zum Beispiel, einer schottischen Landkommune von einigen hundert Leuten, die sich innerem Wachstum und karitativer Arbeit widmen, gehören Ketten von Koinzidenzen zum Alltag. Es gibt sogar Leute, die sagen, im Falle ihres Ausbleibens müßten wir uns Sorgen machen, denn das sei ein Beweis mangelnden inneren Einklangs. Werden höhere Bewußtseinszustände einmal Wirklichkeit, können wir also auf eine Gesellschaft hoffen, in der man sich über stärkende Koinzidenzen nicht mehr wundert, sondern sie als etwas ganz Natürliches ansieht.

Diesen Trend sagt auch die Sicht einer hochsynergetischen Gesellschaft als gesunden sozialen Superorganismus voraus. Stellen wir uns abermals eine Zelle in unserem Körper vor und schauen wir uns an, wie sie, hätte sie irgendeine Art von Bewußtheit, Synchronizität erfahren würde. Sie bemerkt, daß das Blut den Sauerstoff und die Nahrung, die es braucht, ständig und auch immer zur richtigen Zeit anliefert und die Abfallstoffe abtransportiert. Sehr wahrscheinlich wird sie sich wundern über die unglaubliche Kette von Koinzidenzen, die sie am Leben erhalten und die meisten ihrer Wünsche spontan erfüllt. Immer scheint alles richtig zu gehen. Und all ihre Gebete werden stets erhört. Vielleicht glaubt sie sogar an die Existenz eines Gottes.

Wir aber, die wir die Situation aus der Perspektive des Gesamtorganismus betrachten, wissen, daß das, was die Zelle als eine Kette ›seltsamer Koinzidenzen‹ ansieht, in Wirklichkeit der hohen Synergie zugeschrieben werden kann, die daher rührt, daß der gesamte Körper als ein einziges lebendes System funktioniert. Wenn sich die Zelle auch nicht direkt des Körpers als eines Lebewesens bewußt sein mag, sie profitiert von der hohen Synergie, die aus dem Ganzen resultiert. Und je gesünder der Körper ist, um so stärkendere Koinzidenzen wird sie bemerken.

Vielleicht sind die Synchronizität, die wir erfahren, ebenso wie die, die sich auf der Ebene des Individuums zeigt, Manifestationen eines höheren Organisationsprinzips auf der kollektiven Ebene – des jetzt noch rudimentären sozialen

Superorganismus. Je integrierter die Menschheit wird, je mehr sie als ein gesundes System mit hoher Synergie funktioniert, um so häufiger werden wir stärkende Koinzidenzen erleben können. Synchronizität, die durch immer breitere Teile der Bevölkerung erfahren wird, kann daher das erste größere Anzeichen der Emergenz einer globalen Organisationsebene sein.

Außersinnliche Wahrnehmungen und übernatürliche Fähigkeiten

Ein weiteres Indiz dafür, daß der Wandel zu hoher Synergie schon im Gange ist, kann die Zunahme paranormaler Phänomene sein wie Telepathie, Hellsehen und Präkognition – die unter dem Begriff außersinnliche Wahrnehmungen (ASW) zusammengefaßt werden. Eine zufriedenstellende Erklärung, wie solche Erscheinungen zustande kommen, hat bisher noch niemand finden können, obwohl es an Versuchen dazu wahrlich nicht fehlt. Eben darin sehen manche einen Grund, sie überhaupt abzustreiten, aber andere wie C. G. Jung halten sie für Beispiele eines synchronizistischen Phänomens – Anzeichen eines höheren Prinzips oberhalb der kausalen Raum-Zeit-Arena, mit der die meisten Wissenschaften befaßt sind. Eine Zunahme von ASW wäre dann ein weiterer Beweis einer allgemeinen Synchronizitätssteigerung.

Manche Leute haben die Vorstellung, ASW schließe die Fähigkeit ein, eines anderen Gedanken zu lesen oder die Lottozahlen vorauszusagen. Dergleichen mag zwar möglich sein, ist aber nicht die übliche Erscheinungsform dieser Phänomene. Telepathie zum Beispiel heißt wörtlich ›Fernfühlung‹ (von griechisch ›tele‹ = ›fern, weit‹ und ›pathein‹ = ›leiden, erleiden‹) und scheint sich auch viel öfter auf der Gefühlsebene zu ergeben – man hat eher das Gefühl, daß ein enger Freund krank sei, als daß man eine plötzliche klare Botschaft von diesem Freund bekommt.

Meist wird geglaubt, solche Fähigkeiten seien, wenn überhaupt, nur einigen wenigen gegeben. Neuere wissenschaftliche Untersuchungen zeigen jedoch, daß wir alle sie latent besitzen können. So haben Targ und Puthoff ein Phänomen untersucht, das sie ›Fernschau‹ nennen. Sie verstehen darunter die Gabe, zu beschreiben, wie es an einem willkürlich bestimmten, unbekannten Ort aussieht. Sie begannen ihre Experimente mit Personen, die bereits gut entwickelte, außersinnliche Fähigkeiten zu haben schienen, doch mit dem Fortschreiten der Versuche stellten sie fest, daß das Beschreiben des Zielortes allen gelingen konnte. Die Büroangestellte zum Beispiel, die behauptete, keine besonderen Begabungen zu haben, schnitt nicht weniger schlecht ab als der anerkannte Spiritist. Wichtig schien eine allgemeine Bereitschaft zu sein, einige der schwachen Bilder und Ahnungen tiefer zu erforschen, die einem oft ganz plötzlich kommen, die man dann aber meist als bloße Täuschungen oder als belanglos abtut. Untersuchungen wie diese zeigen, daß ASW mit ziemlicher Sicherheit öfter und bei mehr Menschen vorkommt, als wir uns bewußt sind.

Andere Versuche haben ergeben, daß bei diesen Phänomenen die visuell arbeitende rechte Gehirnhälfte stärker beteiligt ist als die verbal-analytische linke und daß die schon so alte Neigung, sich mehr auf die linkshirnigen Fähigkeiten zu konzentrieren, wohl der Grund dafür sein dürfte, daß so viele von uns weder Telepathie noch andere ASW-Formen erfahren. Erstens können Probanden bei ASW-Experimenten die Bilder, die sie dabei haben, viel genauer beschreiben als ihre verbalen Gedanken. Zweitens lösen Leute mit Schäden in der linken Gehirnhälfte ASW-Aufgaben oft besser, wahrscheinlich infolge der geringeren Interferenz mit den rechtshirnigen Funktionen. Und drittens scheint ein rezeptiver Geisteszustand (charakteristisch für die rechte Gehirnhälfte) am leichtesten zu ASW zu führen. Wie auch bei anderen Formen von Synchronizität ist es sehr schwer, diese Dinge willentlich herbeizuführen.

Wenn höhere Bewußtseinszustände tatsächlich eine Integration der linken und der rechten Gehirnhälfte bewirken, dürfte ASW häufig, ja alltäglich werden. Die meisten spirituellen Lehren sagen auch, mit dem Aufsteigen zu einer höheren Bewußtseinsebene würden sich diese Fähigkeiten ganz von selbst ergeben.

Außersinnliche Wahrnehmung ist aber sicher nicht die einzige paranormale Fähigkeit, die sich in einer Gesellschaft spirituell erleuchteter Seelen entwickeln wird. Die Schriften der meisten spirituellen Traditionen und vieler Mystiker künden das Kommen verschiedener anderer Fähigkeiten an, von denen manche ASW wie spirituellen Kinderkram erscheinen lassen.

Vedische Überlieferungen sprechen zum Beispiel von ›Siddhis‹ genannten Kräften, die sich als Folge von Erleuchtung einstellen. In den Yoga-Sutras, der wichtigsten Lehrschrift der Yoga-Philosophie, werden zweiundfünfzig solcher Kräfte beschrieben, von Telepathie, Hellsehen und Levitation bis zu den Fähigkeiten, sich unsichtbar zu machen, auf Wasser zu wandeln und an zwei Orten zugleich zu sein.

Im Anguttara Nikaya, einer Sammlung von Buddhas Lehren, werden ähnliche übernormale Fähigkeiten angeführt: »Er ist der... welcher sich zu vervielfachen vermag... der erscheint und wieder verschwindet, ohne daß Wände ihn hindern... Er taucht in die Erde ein und aus ihr auf, als wäre sie Wasser. Und auf Wasser läuft er wie auf festem Land. Im Sitz mit gekreuzten Beinen erhebt er sich vogelgleich in die Lüfte.« Solche Kräfte wurden nicht nur Buddha selber zugeschrieben, sondern auch Hunderten seiner Mönche.

In der Bibel lesen wir, Christus habe ähnliche Kräfte gehabt. Das wird zuweilen als Beweis seiner Göttlichkeit angesehen, er selber aber erklärte, solche Fähigkeiten könne jeder entwickeln: »Alle Dinge sind möglich dem, der da glaubet.« Nachdem Petrus hatte Jesus auf dem Wasser wandeln sehen, vermochte er es ebenfalls zu tun – allerdings nur solange ›er da glaubte‹. Von vielen Heiligen wird berichtet, sie hätten ähnliche Wunder getan. So sollen die spanischen Mystiker Theresia von Jesus und Johannes vom Kreuz, beides christliche Heilige, der Levitation fähig gewesen sein. Wie sehr Kräfte solcher Art als natürliche Folge spiritueller Erleuchtung angesehen werden, geht schon daraus hervor, daß die katholische Kirche das Vollbringen von Wundern zur Vorbedingung für die offizielle Heiligsprechung gemacht hat.

Die Physik sieht sich außerstande, solche Phänomene zu erklären – sie stehen ja oft in direktem Widerspruch zum gängigen Paradigma. Doch wird ihr Vorkommen von so vielen Lehren bestätigt, daß es töricht wäre, sie völlig abzustreiten, auch wenn wir sie nicht zu begreifen vermögen.

Die erwähnten Lehren und Behauptungen implizieren, eine Gesellschaft erleuchteter Menschen könne eine Gesellschaft sein, in der wir alle über solche Fähigkeiten verfügen. Unglaublich? Unmöglich? Oder deuten sie uns an, wie ungeheuer tief der Wandel sein wird – gleichsam als wären wir ein Wassermolekül und erhaschten einen kurzen Blick auf Dampf.

Ob solche Fähigkeiten nun zu einer transformierten Gesellschaft gehören werden oder nicht und was sonst auch noch für Entwicklungen eintreten mögen, von denen wir bislang nichts ahnen, es bleibt die Frage: Kann es wirklich zu dieser Transformation kommen?

Wenn wir auch meinen, es deute vieles darauf hin, daß die Menschheit vor einem großen Evolutionssprung steht und daß es bis dahin vielleicht gar nicht mehr so viele Jahre dauern wird – unausweichlich ist der Sprung jedoch nicht.

Überhaupt ist die Zukunft nicht unabänderlich vorfixiert. Wie wir im nächsten Kapitel sehen werden, hängt es zum größten Teil von uns selber ab, ob wir diese Richtung einschlagen werden oder nicht.

13
Die Wahl der Zukunft

*Der größte Mangel unserer Zeit
ist der Zeitmangel.*

FRED POLAK

Dieses Buch hindurch habe ich eine sehr optimistische Sicht der Menschheit und ihrer Zukunft vertreten – und zwar ganz bewußt. Nicht bloß, weil Optimismus erfreulich ist und ich diese Zukunft sehr erhoffe, sondern mehr, weil ich glaube, daß die Vorstellung, die wir von der Zukunft haben, mit dazu beitragen kann, eine solche Zukunft auch entstehen zu lassen. Zeichne ich ein negatives Zukunftsbild und rege andere an, diese Sicht zu teilen, flöße ich damit eine negative mentale Einstellung zur Zukunft ein und trage mit dazu bei, diese Zukunft möglicher zu machen. Und ebenso kann ein Anregen zu positiven Zukunftsvisionen uns tatsächlich helfen, eine positive Richtung einzuschlagen.

Die heute vorherrschende Einstellung zur Zukunft ist pessimistisch und bedrückend. Die Mehrheit der Menschen hält es für sehr wahrscheinlich, daß uns eine kollektive Katastrophe ins Haus steht. Und die meisten Informationen, die wir über die Welt vorgesetzt bekommen, stützen dieses negative Bild noch. Die Medien vermelden uns jeden Tag, was es an Problemen und Desastern gegeben hat. Nachrichten, so scheint es, sind immer schlechte Nachrichten.

Je düsterer die Gesellschaft ihre Zukunft sieht, um so mehr scheint sie um Produktion von Untergangs-Stories bemüht, mit denen sie ihre pessimistische mentale Einstellung bestätigen kann. (Zum Beispiel hat eine kürzliche Prüfung der in London laufenden Filme ergeben, daß – die pornographischen ausgenommen – über 80 Prozent davon Desaster,

Zerrüttung und Gewalt in irgendeiner Form zum Inhalt hatten.) So wird die Vorstellung vom bevorstehenden Untergang der Gesellschaft schließlich immer stärker. Negatives erzeugt Negatives.

In den vedischen Lehren gibt es den Spruch: Sarvam annam – »Alles ist Nahrung«. Also nicht nur Essen und Trinken und die Luft, die wir einatmen, sondern auch das, was wir mittels der Sinne aufnehmen. Negative, destruktive oder aggressive Erfahrungen nähren negative, destruktive und aggressive Einstellungen. Das heißt, wir verseuchen unseren Geist genauso, wie wir das mit unserer physischen Umwelt tun, und das kann sich auf unser Leben nicht minder schädlich auswirken als die Umweltverschmutzung, vielleicht sogar noch schädlicher.

Eine in Großbritannien angestellte Untersuchung hat ergeben, daß in den TV-Nachrichten gezeigte Gewalt bei Kindern zu gewalttätigeren Einstellungen führt. Jene Kinder, die die Nachrichten im nordirischen Sender sahen, wo viermal soviel Gewalt gezeigt wurde als in den Programmen der überregionalen BBC, entwickelten eine wesentlich gewalttätigere Einstellung als jene, die die BBC-Nachrichten sahen, unabhängig davon, ob sie in Nordirland oder in Britannien lebten.

Entgegen dem, was viele Nachrichtenredakteure zu glauben scheinen, hat eine Untersuchung in den USA erbracht, daß bei Ersetzung der negativen Meldungen durch positive die Nachrichten nicht minder gerne gesehen werden. Und noch wichtiger, die Testpersonen gewannen allmählich eine andere Einstellung zu ihren Mitmenschen, sahen diese jetzt in viel positiverem Licht.

Unsere Einstellungen zur Gesellschaft können sich weit über die Ebene der individuellen Verhaltensweisen hinaus auswirken. In seinem Buch *The Image of the Future* zeigt der holländische Futurologe Fred Polak, daß unsere Vorstellungen von der Welt eine entscheidende Rolle bei der Gestaltung der Gesellschaft spielen. Er nahm einige blühende Kulturen daraufhin unter die Lupe und stellte fest, daß bei jeder davon eine positive Zukunftsvorstellung am Werke gewesen war.

Als Beispiel führt er die Juden an. Trotz jahrtausendelanger Befeindung seien sie spirituell intakt geblieben; Israels Stärke beruhe auf seiner lebendigen Vorstellung von der Zukunft. Die Propheten und Revolutionäre hätten ihre Kraft aus lodernden Zukunftshoffnungen gezogen. Hatten Kulturen dagegen nur schwache Zukunftsvorstellungen, seien sie verfallen – siehe den Untergang Roms.

Polak stellte außerdem fest, daß sich die latente Kraft einer Gesellschaft in der Intensität und Stärke ihrer Zukunftsvorstellungen widerspiegelt. Diese wären das Barometer, das potentiellen Niedergang oder Aufstieg einer Kultur anzeigt. Anhand des engen Zusammenhangs zwischen Zukunftsvorstellung und Zukunft selbst lasse sich der Weg von Kulturen voraussagen. Kühnes, visionäres Denken, so Polaks Schluß, sei die Grundvoraussetzung für eine erfolgreiche Umwandlung der Gesellschaft.

Heilende Vorstellungen

Die Vorstellungen, die wir in unserem Geist haben, können sehr stark auf unsere Physiologie einwirken und die Heilung von Krankheiten entscheidend beeinflußen. Die Wissenschaft hat sich hier speziell mit der Rolle mentaler Einstellungen bei der Behandlung von Krebs befaßt, und es lohnt, bei diesen Forschungen kurz zu verweilen, denn sie weisen auf einen weiteren möglichen Ansatz zur Heilung des planetaren Krebses hin.

Die westliche Gesellschaft sieht Krebs generell als etwas Negatives: eine potentiell tödliche Krankheit, die weit verbreitet und so gut wie unheilbar ist. In manchen Gesellschaftsbereichen gilt es sogar als tabu, dieses Thema anzuschneiden oder gar einzugestehen, daß man selber Krebs habe. Für den Krebspatienten kommen zu diesem negativen Bild nun noch die in der Regel alles andere als positiven Prognosen seiner Überlebenschancen hinzu. Wird ihm die mentale Einstellung gegeben, er habe nur noch ein halbes Jahr zu leben, und hat er den üblichen unbedingten Glauben an das, was Ärzte sagen, erfüllt er die Prognose dann meist auch. Medizinmännern von Naturvölkern sind solche Dinge nur zu gut bekannt.

Zugleich gibt es aber eine Anzahl anerkannter Fälle von spontanem Krebsrückgang, den Patienten trotz negativer Prognosen aus sich selber heraus erzielt haben. Bei vielen dieser oftmals dramatischen Heilungen hat man festgestellt, daß der Kranke aus irgendeinem Grund (nicht selten infolge einer tiefen spirituellen Erfahrung) seine gesamte Lebenseinstellung geändert und wieder starken Lebenswillen gewonnen hatte. Allgemein gesprochen: Je positiver die Sicht, um so größer die Chancen auf Genesung.

Einige Krebsspezialisten sind dabei, die Heilkraft dieser Einstellungen und Vorstellungen zu erforschen und zu nutzen. Pioniere auf diesem Gebiet waren Carl und Stephanie Simonton, die in Fort Worth in Texas arbeiteten. Sie entdeckten: Wird der Patient in tiefe Entspannung versetzt und stellt er sich während dieses Zustandes vor, seine weißen Blutkörperchen fallen über die Krebszellen her und verschlingen sie, führte das oft dazu, daß sich das Karzinom nicht weiter ausbreitete und anfing zurückzugehen; in vielen Fällen schwand es sogar völlig.

Je hoffnungsvoller die Vorstellungen, beobachteten die beiden Wissenschaftler, um so besser das Ergebnis. Sah ein Patient die Krebsgeschwulst beispielsweise als einen Haufen im Wasser treibende Baumstämme, die sich festgekeilt haben und die, da sie den ganzen Fluß versperren, ein einziger Mensch – ein einziges weißes Blutkörperchen – wegzuräumen sucht, so vermittelte dieses Bild nur wenig Hoffnung auf Erfolg und bewirkte nicht viel. Wurden die weißen Blutkörperchen jedoch als ein riesiges Heer weißer Ritter visualisiert, die in voller Attacke gegen die viel kleineren und sich langsamer bewegenden Krebszellen anreiten und sie niedermachen, hatte das eine wesentlich stärkere Wirkung. Das entscheidende Kriterium scheint also Optimismus zu sein.

In vieler Beziehung verhält sich die Menschheit wie ein Krebsgeschwür des Planeten; wie wir bereits aufgezeigt haben, sind sowohl die Auswirkungen wie auch die Grundursachen ihrer bösartigen Tendenzen dem eines Karzinoms sehr ähnlich. Vielleicht lassen sich daher einige dieser Prinzipien der Arbeit der Simontons auch dafür verwenden, den planetaren Krebs zu heilen.

Bei ihrer Methode sind zwei Grundelemente wichtig: erstens ein entspannter, fast schon meditativer Mentalzustand, und zweitens eine konkrete Vorstellung des erwünschten Ergebnisses. Entspannung erhöht Gleichlauf der Gehirntätigkeit; die Milliarden Einzelzellen arbeiten synchron, der Rhythmus der elektrischen Aktivität wird gleichmäßiger. Was nun könnte zu einem entsprechenden Synchronismus im globalen Nervensystem führen? Unseren früheren Ausführungen nach könnte die Antwort lauten: Menschen, die gemeinsam und gleichzeitig meditieren, die durch das universale Selbst in Gleichklang kommen.

Wenn eine Million Menschen, verteilt über die ganze Welt, simultan meditieren und sich aus der Tiefe ihrer Meditation beispielsweise vorstellen, daß die Wale nicht mehr bis zur Ausrottung bejagt, sondern von den Menschen gehegt würden oder daß irgendein internationaler Konflikt ohne Waffengewalt und auf für alle Beteiligten zufriedenstellende Weise langfristig gelöst werde – wie könnte sich das auswirken? Würde es tatsächlich zu einer kollektiven Gleichschaltung kommen? Fänden der Walfang ein Ende und der Konflikt eine Schlichtung?

Das läßt sich heute noch nicht klar beantworten. Zwar behaupten manche, die solch kollektives Imaginieren versucht haben, sie hätten positive Ergebnisse erzielt, doch da es allgemein noch an gut kontrollierten Untersuchungen mangelt, können Skeptiker berechtigterweise einwenden, die Ergebnisse wären reiner Zufall. Andererseits läßt sich vorbringen, daß wir gegenwärtig eben nur marginal echte Ergebnisse erwarten können. Erstens ist die kollektive Trägheit des alten Bewußtseins noch zu stark. Zweitens war bei den bisherigen Versuchen die Zahl der Menschen stets zu klein und das, was sie gemeinsam imaginierten beziehungsweise visualisierten, nicht immer richtig gewählt. Und drittens haben die dabei angewendeten Meditationstechniken die universaleren Bewußtseinsebenen vielleicht nicht genügend geöffnet.

Allgemein an einen Tumor zu denken, der sich auflöst, wirkt längst nicht so stark, wie in besonders entspanntem Zustand mit der konkret gezielten Vorstellung dazusitzen, daß die bösartigen Zellen von weißen Blutkörperchen angegriffen und vernichtend geschlagen werden. Ebenso bringt es, wenn man sich zu bestimmten Zeiten hinsetzt und einfach an den Weltfrieden denkt – so wertvoll das auch sein mag –, weit weniger, als wenn man sich zur Erreichung des richtigen Bewußtseinszustandes einer vorgegebenen Technik und ebenso auch eines vorgegebenen Bildes bedient. Doch steht zu hoffen – wenn die Bewußtseinstechnologie zu einer anerkannten und produktiven Wissenschaftsdisziplin geworden ist –, daß wir noch genau herausfinden, welche Bewußtseinszustände und Vorstellungen hier am geeignetsten sind und wie sie sich am leichtesten hervorrufen lassen.

Mancher mag das alles für versponnen halten, und allein die Zeit kann sagen, ob es sich bewahrheiten wird oder nicht. Sollten sich solche Methoden aber als tatsächlich wirksam herausstellen, dann können sie bei der Heilung des Planeten zu einem effizienten Zusatz zur Meditation werden – ja vielleicht sogar zu einem der stärksten Mittel zum Besseren, über die die Menschheit je verfügt hat.

Die Menschheit auf dem Prüfstand der Evolution

Um ein positives Zukunftsbild zu gewinnen, genügt es nicht, daß wir uns mit naivem Optimismus vollpumpen und uns dann zurücklehnen und hoffen, es werde schon alles gutgehen. Immerhin befindet sich die Menschheit in einer ernsten Krise, und es gibt kein Naturgesetz, auf Grund dessen unser Überleben gesichert ist. Selbst wenn die Menschheit jene hier gezeigte visionäre Transformation erfährt, werden sich die heutigen Probleme mit ziemlicher Sicherheit weiter vertiefen, und es kann sehr gut sein, daß wir erst noch eine Periode sehr großer weltweiter Instabilität durchstehen müssen, ehe eine neue Integrationsebene emergiert.

Aus der Sicht der Theorie dissipativer Systeme lassen sich diese Krisen sehen als die Katalysatoren, die die Menschheit zu einer neuen Evolutionsebene emporschieben. Paßt sich die Menschheit den Krisen erfolgreich an, kann sie den Aufstieg zu einer höheren Organisationsstufe schaffen. Gelingt ihr diese Adaption jedoch nicht, kann sie, wenn die Krisen stark genug sind, total zusammenbrechen.

Es gibt eine Menge kollektiver Katastrophen, die uns befallen können, ehe sich die neue Bewußtseinsebene genügend herausgebildet hat, um die erforderliche Transformation zu ermöglichen. Selbst wenn es uns gelingt, diese Katastrophen abzuwenden, kann uns immer noch vieles andere Negative ins Haus stehen: noch mehr Terrorismus, Kriminalität und persönliche Gewalttätigkeit; aus Profitgier geführte Kriege um die abnehmenden Bodenschätze (die Anfänge sind schon da); Wirtschaftskrisen, die dazu führen, daß durch Hunger aus den Städten getriebene Menschen in Horden auf dem Lande umherziehen; Gettos, die über Kontinente dahinwuchern. Oder anders: Gelingt es uns, auf unserem jetzigen Weg zu bleiben, und gehen wir die heutigen Probleme auf dieselbe teilweise erfolgreiche Weise an wie bisher, dann wird die Menschheit zwar vielleicht nicht untergehen, sich aber auch nicht zu einem integrierten sozialen Superorganismus weiterentwickeln.

Vollziehen wir die Wende nicht, kann es Jahrtausende dauern, bis die Menschheit abermals die Schwelle erreicht. Möglich auch, daß es gar nicht mehr dazu kommt. Löschen wir uns selber aus, können Millionen Jahre vergehen, ehe sich eine neue Spezies mit gleichem Potential entwickelt. Wozu es auf diesem Planeten allerdings kaum mehr kommen dürfte. Doch gibt es ja genügend andere in unserer Galaxis, und auch genügend andere Galaxien. Das Universum wird fortfahren, zu höheren Integrations- und Komplexitätsebenen zu evolieren, ob wir da nun mitmachen oder nicht.

Findet die Menschheit aber doch einen Weg zur Lösung der diversen Probleme und Konflikte, vor denen sie steht, beweist sie damit, daß sie sich erfolgreich anpassen kann. Denn in dieser Beziehung dienen Krisen nicht nur als evolutionäre Katalysatoren, sondern auch als Prüfsteine für Anpassungsvermögen und Lebensfähigkeit des Systems. Die jetzt so besonders starke Konfrontation der Menschheit mit Krisen läßt sich als eine Probe unserer weiteren Evolutionsfähigkeit ansehen.

Dies ist kein physischer Test, sondern eine Prüfung des Bewußtseins. Sie soll zeigen, ob wir psychologisch und spirituell tauglich sind, auf dem Planeten Erde zu leben, unser Verhältnis zu Mitmenschen und Umwelt grundlegend zu ändern, in Harmonie statt in Streit zu arbeiten, Jahrhunderten materiellen Fortschritts ein gleichermaßen schweres Gegengewicht inneren Wachstums entgegenzusetzen und jene Ebene der Einheit zu erreichen, die wir theoretisch – und in begnadeten magischen Momenten auch empirisch – kennen.

Außerdem ist dieser Test zeitlich terminiert. Wir haben keine Ewigkeiten mehr zum Herumexperimentieren. Diese Fragen müssen eigentlich von uns heute Lebenden beantwortet werden.

Wie die Prüfung aussieht, liegt ganz allein an uns. Bestehen wir sie, können wir wahrscheinlich in unsere nächste Evolutionsphase eintreten – die Integration zu einer Ganzheit. Bestehen wir sie nicht, werden wir wohl als evolutionäre Blindgänger verworfen, als ein Versuch, der danebengegangen ist. Der weiteren Vermehrung der Menschen würde ein natürlicher Riegel vorgeschoben, egal wie nahe wir dem Übergang auch schon sein mögen. Wir wären nicht die erste Spezies, die infolge mangelnden Adaptionsvermögens ausgestorben ist.

Mutter Natur wird es aus ihrer kosmischen Perspektive nicht übermäßig beunruhigen, wenn wir versagen. Sie gerät ja auch nicht in Verzweiflung, wenn ein Grashalm zertreten wird, eine Zelle abstirbt oder ein Samenkorn nicht aufgeht. Wird die Vermehrung abgestoppt, dann hat das auch seine guten Gründe. Und für Gaia in ihrer Gesamtheit ist es irrelevant, ob wir die Prüfung bestehen oder durchfallen.

So oder so, wir müssen jetzt zeigen – und zwar jeder von uns –, ob die Menschheit weiter lebensfähig ist. Im Gegensatz zu anderen Spezies kann der Mensch die Zukunft abschätzen, gezielte Entscheidungen treffen und seinen Lebensweg willentlich ändern. Zum erstenmal in der gesamten Evolutionsgeschichte ist die Verantwortung für die weitere evolutionäre Entfaltung dem Evolutionsmaterial selbst in die Hand gegeben. Wir sind nicht mehr passive Zeugen des Geschehens, sondern können aktiv die Zukunft gestalten. Ob wir mögen oder nicht, wir sind jetzt die Sachwalter des Evolutionsprozesses auf der Erde. In unseren Händen – oder besser, in unseren Köpfen – ruht die evolutionäre Zukunft dieses Planeten.

Die Entscheidung zum Überleben liegt bei uns.

Werden wir sie noch rechtzeitig treffen können?

Das vermag niemand zu sagen. Doch solange uns das Tor offensteht und solange uns noch der Drang nach Weiterentwicklung erfüllt, sollten wir diesem inneren Antrieb folgen. Der Kosmos gebietet es.

Epilog

14
Über Gaia hinaus

Einem Wanderer, der in gebirgiger Landschaft durch den Nebel irrt und sich von Felsen zu Felsen vorantastet, kann es passieren, daß sich die Nebelschleier plötzlich vor ihm öffnen und er sich am Rande eines Abgrunds befindet. Unter sich sieht er Täler und Hügel, Ebenen, Flüsse und Städte, das Meer mit seinen Inseln und darüber die Sonne. In jenem höchsten Augenblick kosmischen Erlebens trat ich auf gleiche Weise aus dem Nebel meiner Endlichkeit hinaus und sah mich einer Unzahl von Kosmen gegenüber, die in einem Licht erstrahlten, das nicht nur erhellt, sondern selbst die Ursache allen Lebens ist.

OLAF STAPLEDON, Der Sternenschöpfer

Hat sich die Menschheit zu einem gesunden, integrierten sozialen Superorganismus entwickelt, signalisiert das die Ausreifung und Ingangsetzung des globalen Nervensystems. Gaia erreicht dann ihr Äquivalent von selbstreflexivem Bewußtsein, und es kann sich eine fünfte Evolutionsebene bilden – das Gaia-Feld. Gaia wird zu einem Wesen mit Bewußtsein, Auffassung, Denkvermögen und, da sie ja auf einer neuen Evolutionsebene funktioniert, noch anderen Fähigkeiten, die weit über unsere Vorstellungskraft hinausgehen.

Was wird sie entdecken, wenn ihr Bewußtsein zu arbeiten anfängt?

Zunächst einmal wird sie ihre unmittelbare Umwelt wahrnehmen, also unser Sonnensystem. Sie wird anfangen, den Weltraum ringsum zu untersuchen, die nährende Sonne, die anderen Planeten samt ihren Monden, und schauen, ob es dort draußen Zeichen von Leben gibt. Ja, sie hat damit bereits begonnen.

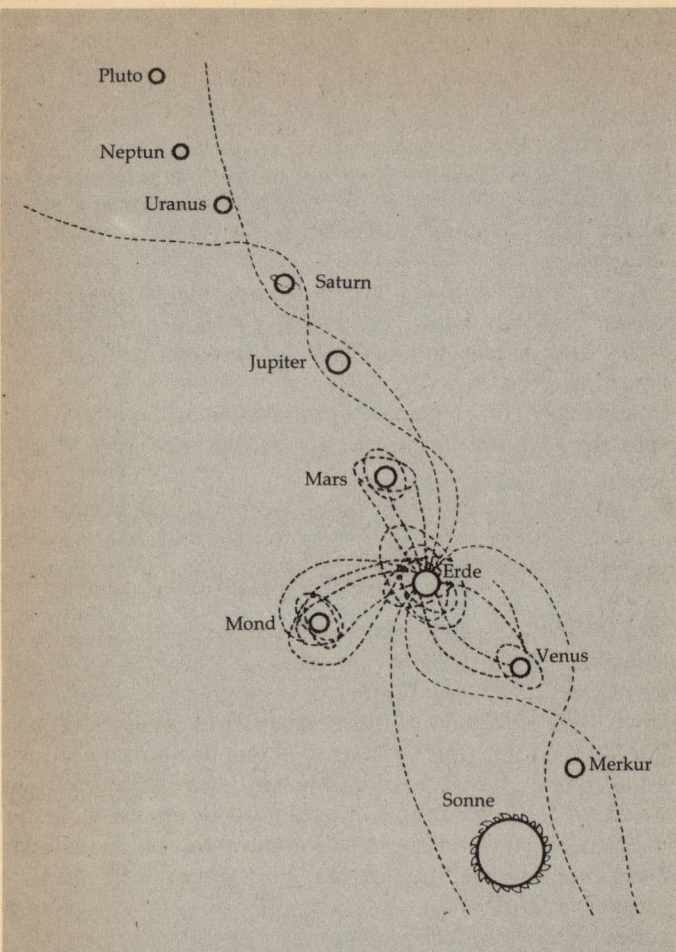

Abb. 15: Gaias wachsendes Nervensystem zur sensorischen Wahrnehmung ihrer unmittelbaren Umwelt – eine Folge der Erforschung des Weltraums durch den Menschen.

In den letzten beiden Jahrzehnten hat Gaias Nervensystem angefangen, den Weltraum ringsum sensorisch wahrzunehmen. Einige tausend künstliche Satelliten umkreisen unseren Planeten; an die hundert Menschen waren schon im All, einige sogar auf dem Mond, man hat Sonden hochgeschickt, damit sie Mars, Venus, Saturn und Jupiter näher in Augenschein nehmen, und einige Sonden suchten auch nach Leben; für die Sonne und die Kometen sind ähnliche Missionen geplant.

Sähe man das aus dem Weltraum, würde man wohl meinen, die Erde beginne, Nerven ins Sonnensystem hinauswachsen zu lassen, feine Ranken zur sensorischen Erkundung ihrer unmittelbaren Umwelt.

Sie hat bereits entdeckt, daß dieses Sonnensystem weit mehr enthält als die Sonne und ihre neun bekannten Planeten. Es gibt mindestens achtunddreißig natürliche Monde, die um die Planeten kreisen, und zwischen den Planeten Tausende von Planetoiden. Außerdem bewegen sich schätzungsweise mehrere Milliarden Kometen um die Sonne; manche in so riesiger Umlaufbahn, daß sie das Sonnensystem praktisch schon bis halb zum nächsten Stern ausdehnen.

Zu den vielen Kometen, Monden und Planetoiden kommt noch der Sonnenwind hinzu, eine von der Sonne ausgestoßene Protonenwolke, die weit in den Raum vordringt. Das tun auch die UKW- und TV-Signale, die der Mensch in den letzten dreißig Jahren in den Äther geschickt hat. Mit Lichtgeschwindigkeit dahinbrausend, sind Gaias erste Aussendungen bereits an rund vierhundert der uns nächsten Sterne vorbei.

Könnten wir die Umlaufbahnen der Kometen, den Sonnenwind und die immer mehr werdenden Funkwellen direkt wahrnehmen, würden wir unser Sonnensystem nicht als eine Gruppe von Objekten sehen, die sich um die Sonne herumbewegen, sondern als eine riesengroße komplexe Einflußsphäre, deren Bereich weit in andere Sternsysteme hineinragt.

Von Gaia zur Galaxis

Gaias bisherige Erkundungen lassen auf wenig Leben außerhalb unseres Sonnensystems schließen, und schon gar nicht auf reiche Biosysteme, aus denen andere Gaias entstehen könnten. Aber was ist mit anderen Sternsystemen? Wenn Gaia bei ihren Erforschungen über das hiesige Sonnensystem hinausgeht, wird sie dort draußen dann planetare ›Wesen‹ vorfinden, andere zu Bewußtsein evolvierte Entitäten, die ebenfalls Kontakt suchen? Durchaus möglich.

Gegen die Galaxis ist unser Sonnensystem winzig. Ließen wir, um uns die Relation vorstellen zu können, unsere Galaxis auf die Maße Nordamerikas zusammenschrumpfen, betrüge der Durchmesser der Erde ein viertel Mikron (0,00025 mm), und ihre Umlaufbahn würde nicht größer sein als ein Stecknadelkopf; das kleinste der in dessen Mitte noch mit bloßem Auge erkennbaren Pünktchen wäre die Sonne, und das gesamte Sonnensystem hätte nicht mehr Volumen als ein Apfel – ein Apfel irgendwo auf dem weiten Kontinent Nordamerika.

Jüngsten Schätzungen zufolge gibt es in unserer Galaxis an die hundert Milliarden Sterne. Ein großer Prozentsatz davon dürfte von Planeten begleitet sein. Astronomische Berechnungen der siebzehn sonnennächsten Sterne haben bei mindestens vier eindeutige Anzeichen von Planeten erkennen lassen. Ferner zeigen Computer-Simultationen von Sternbildung, daß die Gaswolke, die einen neugeborenen Stern umgibt, sich aller Wahrscheinlichkeit nach zu einem Planeten kondensiert und daß die entstehenden Systeme in ihrer allgemeinen Struktur gewöhnlich unserem Sonnensystem durchaus vergleichbar sein dürften: nahe dem Stern felsige, der Erde ähnliche Planeten und weiter weg größere, eiskalte, jupiterähnliche. Von diesen Sternsystemen, so schätzt man, gibt es allein in unserer Galaxis zehn Milliarden (10^{10}) mit Planeten, auf denen Leben, so wie wir es kennen, möglich ist.

Wie viele von diesen Planeten würden tatsächlich Leben entwickeln? Vielleicht die meisten. Auf der Erde ist Leben allem Anschein nach sehr schnell entstanden – sobald die richtigen Bedingungen herrschten, schien es praktisch unausweichlich – und sollte dann wohl auch erhalten bleiben, wie zu schließen ist aus der Gaia-Tendenz, optimale Bedingungen für die Erhaltung und Weiterentwicklung von Leben zu wahren. Wenn das allgemeine, im gesamten Universum zu findende Tendenzen sind, müßte auf praktisch jedem dafür geeigneten Planeten Leben entstehen und evolvieren können, geschützt und gehegt von dieses Planeten eigener ›Gaia‹. Somit dürfte es in unserer Galaxis zehn Milliarden solcher potentiellen Gaias geben.

Nun scheint, wie wir gesehen haben, 10^{10} die Zahl von Einheiten zu sein, die ein System besitzen muß, ehe eine neue Evolutionsebene entstehen kann. Die Möglichkeit von 10^{10} lebenden Planeten in unserer Galaxis – kündigt das die Emergenz eines galaktischen Superorganismus an, dessen Zellen erwachte Gaias sind?

Wenden wir hier dieselben Kategorien wie für einen sozialen Superorganismus an, wird deutlich, daß 10^{10} über eine Galaxis verteilte Gaias allein keinen galaktischen Superorganismus bilden können. Dazu bedürfte es noch dichter und enger kommunikativer Vernetzung der vielen Gaias von ähnlich hohem Grad wie bei der komplexen Interaktion und Organisation im menschlichen Gehirn.

Auf welche Weise werden diese Gaias kommunizieren und interagieren? Interplanetare Expeditionen wären viel zu langsam – eine einzige Reise durch die Galaxis würde Millionen Jahre dauern. Elektromagnetische Kommunikation, ob per Licht, Funk, Infrarot- oder Röntgenstrahlen, wäre weit schneller, doch selbst bei Lichtgeschwindigkeit würde eine Botschaft noch Jahrtausende brauchen, die Galaxis zu durchqueren. Dies mag zwar nur eine Minute im Leben von Gaia sein, ist aber wahrscheinlich immer noch zu langsam, als daß sich ein hochkomplexes Kommunikationsnetz bilden könnte. Möglicherweise sind manche Formen von außersinnlicher Wahrnehmung nicht an die Lichtgeschwindigkeit gebunden und könnten somit viel schnellere und komplexere Verbindungen bewirken. Vielleicht verfügt auch das Gaia-Feld über ureigene Mittel der Interaktion, wie wir sie uns noch gar nicht vorzustellen vermögen, und diese könnten den Kontakt zwischen den Gaias ermöglichen.

Sind die Gaias auf irgendeine Weise in der Lage, miteinander in Kontakt und Wechselwirkung zu treten, kann in Millionen Jahren eine Zeit kommen, wo diese Interaktion und Kommunikation einen hinreichenden Grad von Komplexität und Synergie erreicht haben wird, daß es den 10^{10} Gaias in unserer Galaxis möglich sein dürfte, sich zu einem einzigen System zu integrieren. Unser eigenes Sonnensystem existiert dann vielleicht gar nicht mehr; die Sterne in der Galaxis kommen und gehen wie die Zellen in einem lebenden Organismus. Selbst wenn unsere Gaia noch leben sollte, ist die Menschheit dann wahrscheinlich zur Unkenntlichkeit evolviert, oder es ist zur Herausbildung neuer Formen von Leben gekommen, die die Rolle der Menschheit übernommen haben.

Wann immer das eintreten mag, dieser nächste Evolutionssprung bedeutet den Übergang zum galaktischen Superorganismus. Die Galaxis bekäme ihr Äquivalent von Bewußtsein. Das wäre die Emergenz einer sechsten Evolutionsebene, und die wird so verschieden vom Gaia-Feld sein, wie sich das Gaia-Feld vom Bewußtsein, das Bewußtsein vom Leben und das Leben von der Materie unterscheidet.

Die Evolution – ein Kreislauf?

Wir haben die Größe unseres Sonnensystems in der Galaxis mit der eines Apfels irgendwo in den Weiten Nordamerikas verglichen. Im Gesamtuniversum aber ist diese Galaxis bloß ein Minigebilde – auch nur ein Apfel in einem weiten Kontinent. Die Dimensionen hier sind so gigantisch, daß es sich kaum vorstellen läßt, wie riesig groß das Universum und wie winzig klein darin unsere Galaxis ist.

Bei klarer Nacht können wir am Firmament Tausende von Sternen sehen, doch bis auf ein, zwei Ausnahmen sind all diese Lichtpunkte, selbst die bloß ganz schwach erkennbaren, nur Sterne unserer eigenen Galaxis. Wir sehen noch nicht einmal den *milliardsten* Teil unseres Universums. Wenn wir durch ein starkes Teleskop ins All schauen, merken wir, daß die dunklen Stellen zwischen diesen Sternen voller Myriaden kleinster Lichtpünktchen sind. Und jedes dieser Pünktchen ist nicht bloß ein Stern, sondern eine ganze Galaxis. Außerdem handelt es sich dabei lediglich um jene Galaxien, die nahe genug sind, um für uns sichtbar zu sein.

Als die Astronomen die Verteilung der Galaxien näher untersuchten, entdeckten sie, daß sie nicht, wie man bisher angenommen hatte, lose im Weltraum verstreut sind, sondern dazu neigen, sich zu Verbänden zusammenzuschließen, zu Galaxienhaufen. Einige dieser Supergalaxien sind klein, bestehen aus zehn, zwanzig Galaxien, während andere bis zu tausend enthalten können.

Unsere eigene Galaxis gehört zu einem kleinen Haufen, von dem uns siebenundzwanzig Mitglieder bekannt sind, und überall ringsum befinden sich ähnliche Galaxienhaufen und in deren Mitte ein sehr viel größerer, der sogenannte Virgo-Superhaufen.

Weiter draußen im Universum rechnet man mit zahlreichen ähnlichen Zusammenballungen von jeweils Tausenden und aber Tausenden Galaxien.

Vergleichen wir eine ganze Galaxis mit einem einzelnen Atom, dann erinnert das, was die Astronomen beobachten, an die Art und Weise, wie sich Atome sammeln, um einfache Moleküle zu bilden, die sich dann ihrerseits zu komplexen Makromolekülen gruppieren. Wenn Tausende von Makromolekülen eine lebende Zelle aufbauen können, können sich dann auch die zahlreichen Superhaufen zu einem einzigen System integrieren? Kann das Universum als Ganzes zum lebenden System werden?

Als wir zu Beginn unserer Expedition die Möglichkeit betrachteten, daß unser Planet ein lebendes System sein könne, entdeckten wir eine Reihe seltsamer Koinzidenzen, die sich als optimal für die Evolution von Leben erwiesen. Sie waren entweder eine sehr unwahrscheinliche und überaus glückliche Zufallshäufung oder aber Absicht des Planeten.

Physiker entdecken jetzt, daß es ähnliche seltsame Koinzidenzen im Universum als Ganzem gibt.

Aus irgendwelchen noch unbekannten Gründen bildeten sich beim Urknall etwas mehr Elektronen als Positronen (Anti-Elektronen). Elektronen und Positronen löschen einander aus, wenn sie aufeinanderstoßen, und so blieben nach jenem ersten Zusammenprall einige Elektronen übrig. Diese Elektronen wurden die Basis aller heutigen Materie im Universum.

Wäre die ursprüngliche Anzahl der Elektronen und Positronen gleich gewesen, gäbe es keine Galaxien, keine Sterne, keine Planeten, ja nicht einmal Gase.

Hätte sich das Universum nur um ein geringes langsamer ausgebreitet, wäre es schon sehr, sehr bald in sich zusammengefallen und zu einem schwarzen Loch geworden; ein Bruchteil schneller, und die Galaxien hätten nie die Möglichkeit gehabt, sich zu kondensieren.

Wäre die Feinstrukturkonstante der Kernphysik nur minimal anders, würde sich die Umwandlung von Wasserstoff zu Helium entweder wesentlich langsamer oder aber wesentlich schneller vollziehen. Wenn langsamer, wäre das Universum überwiegend Wasserstoff geblieben; wenn schneller, wäre es überwiegend zu Helium geworden. In beiden Fällen hätten die Sterne, wie wir sie kennen, allerdings nicht entstehen können.

Das Verhältnis von Elektronen- und Protonenmasse auch nur um ein Prozent anders, und es wäre nie zur Bildung komplexer Moleküle gekommen.

Eine Änderung um mehr als zwei Prozent der Nuklearkräfte, die die Atomteilchen zusammenhalten, und es hätten sich keine schweren Elemente bilden können. Es hätte keine Basis für Leben gegeben.

Die Gravitationskräfte einen Bruchteil stärker, und es hätte keine Konvektion innerhalb von Sternen gegeben, keine thermalen Instabilitäten, die zu Supernovae-Explosionen führten, keine in den Raum geschleuderten schweren Elemente und keine Evolution von Materie zu komplexen Formen.

Also nur einige dieser Faktoren anders, und das uns bekannte Universum würde nicht existieren. Ist das alles nur eine Kettung von glücklichen Zufällen? Oder ist das Universum, gleich Gaia, so angelegt, daß lebende Systeme evolvieren können? Wenn ja, kann dann das Universum als Ganzes zu einem kosmischen Wesen werden?

Entwickeln sich im Laufe Tausender Jahrmillionen die 10^{10} Galaxien im Universum nicht nur zu galaktischen Superorganismen, sondern fangen sie auch untereinander zu kommunizieren und zu interagieren an, kann die Endstufe der Evolution erreicht werden: der universale Superorganismus. Das wäre die Emergenz einer siebenten Evolutionsebene, einer Ebene, die wir ›Brahman‹ nennen können – nach dem indischen Wort für die Einheit des Universums in seinen manifesten wie unmanifesten Formen.

Wenn das tatsächlich das Evolutionsziel ist, schließt sich der gesamte Prozeß somit zu einem Kreis: Von einer Einheit reiner Energie ist das Universum über Materie, Leben, Bewußtsein, Gaias und Galaxien zu schließlicher Wiedervereinigung mit dem Brahman evolviert. Von totaler Undifferenziertheit über mannigfaltigste Vielfalt zu totaler Integration. Vom Brahman zum Brahman.

Möglich, daß das Universum einfach in sich zusammenfällt. Und dann? Wäre das das Ende? Oder nur das Ende eines der Kreisläufe des Universums?

Vielleicht gibt es einen neuen Urknall und setzt eine neue lange Kette von Evolutionen ein. Vielleicht sind im nächsten Universum die physikalischen Konstanten leicht verändert, so daß es sich ein bißchen anders entwickelt. Jeder Zyklus kann ein neues Experiment sein, eine leichte Verbesserung gegenüber dem vorherigen, eine Evolution der Evolution. Das Brahman, in jedem neuen Zyklus reinkarniert, würde von Mal zu Mal vollkommener. Und das Endziel der Folge von Universum auf Universum könnte die Erleuchtung des Brahmans sein – der vollkommene Kosmos.

Mit dieser schließlichen Einswerdung kann die Zeit kommen, von der Olaf Stapledon in seinem Buch *Der Sternenschöpfer* geträumt hat:

Von diesem letzten Wesen kann ich nur sagen, daß in seiner organischen Struktur das Wesen aller seiner Vorgänger eingeschlossen war; und noch weit mehr. Es war wie der letzte Satz einer Symphonie, der in der Bedeutung seiner Themen die Wesen der ersten Sätze umfassen mag; und weit mehr...

Und der Sternenschöpfer, diese deutliche Macht und erleuchtete Intelligenz, fand in der greifbaren Lieblichkeit seines Wesens die Erfüllung seines Strebens. Und in der Freude des Sternenschöpfers und seines höchsten Kosmos wurde auf seltsame Weise der absolute Geist selbst deutlich, der Geist, in dem alle Zeiten gegenwärtig und alle Wesensformen eins sind...

Weiterführende Literatur

Die folgende Liste enthält Bücher, die bereits im Text erwähnt wurden, Bücher, die die hier entwickelten Themen komplementieren, und schließlich Bücher, die mich inspiriert haben. Jedes einzelne davon ist höchst empfehlenswert. Treffen Sie also Ihre Wahl – und viel Genuß beim Lesen!

AUROBINDO, SRI, *The Live Divine*, Pondicherry, Indien (Sri Aurobindo Ashram), 1970; dt.: *Das Göttliche Leben*, 3 Bde., Gladenbach i. H. (Hinder & Deelmann), 1974. Sri Aurobindos umfangreiches Hauptwerk, in dem er seine Grundphilosophie über die Evolution des Menschen und die künftige Höherentwicklung von dessen Bewußtsein zum ›Supramental‹ darlegt. Stellt allerdings hohe Ansprüche an den Leser. Eine gute und leicht lesbare Einführung in Aurobindos Gedanken bietet der von Robert A. McDermott herausgegebene Auswahlband *The Mind of Light*, New York (Dutton) 1971. [Eine Einführung in Deutsch gibt Püschl, Rainer, *Selbsttransformation. Integraler Yoga nach Sri Aurobindo und esoterisches Christentum*. Gladenbach i. H. (Hinder & Deelmann) 1981. Anm. d. Ü.]

BENTOV, ITZHAK, *Stalking the Wild Pendulum*, New York (Dutton) 1977 u. London (Wildwood House) 1978. Eine ganzheitliche und kreative Sicht des menschlichen Bewußtseins und des Universums, fußend auf Holographie, Quantenphysik und Transzendentaler Meditation. Vergnüglich zu lesen und äußerst anregend.

BOULDING, KENNETH, *The Meaning of the Twentieth Century*, New York (Harper & Row) 1965. Eines Wirtschaftswissenschaftlers visionärer Abriß der ›großen Transition‹ – zu einer nachindustriellen Gesellschaft – und deren evolutionsmäßiger Bedeutung.

CAPRA, FRITJOF, *The Turning Point*, New York (Simon and Schuster) 1982 u. London (Wildwood House) 1982; dt.: *Wendezeit. Bausteine für ein neues Weltbild*, Bern, München u. Wien (Scherz) 1983. Eine umfassende und fundierte Analyse der heutigen Krisen in Wirtschaft, Gesellschaft, Politik und anderen Bereichen als Folgeerscheinungen eines überholten mechanistischen Weltbildes. Zur gleichen Zeit geschrieben wie mein eigenes Buch, geht Capras Arbeit auf viele von mir nur angeschnittene Fragen näher ein. Sehr zu empfehlen.

CURLE, ADAM, *Mystics and Militants*, London (Tavistock Publ.) 1972. Eine ausführliche und ausgewogene Betrachtung des alten Disputs zwischen militanter Aktion und innerem Wachstum samt einer gründlichen Analyse der Rolle der Zugehörigkeits-Identität.

FERGUSON, MARILYN, *The Aquarian Conspiracy: Personal and Social Transformation in the 1980s*, Los Angeles (J. P. Tarcher) 1980 u. London (Routledge & Kegan Paul u. Granada) 1981; dt.: *Die sanfte Verschwörung. Persönliche und Gesellschaftliche Transformation im Zeitalter des Wassermanns*. Basel (Sphinx) 1982. Ein breiter und sehr informativer Überblick über die vielen Erscheinungsformen der führerlosen, aber immer stärker werdenden ›New Age‹-Bewegung.

GRIBBIN, JOHN, *Genesis*, London (Dent) 1981. Wem an einer detaillierten und fesselnden Geschichte des Universums gelegen ist, in chronologischer Reihenfolge erzählt, Schritt für Schritt, vom Urknall bis zum Heute, für den ist dies das richtige Buch.

HARMAN, WILLIS W., *An Incomplete Guide to the Future*, Palo Alto, Calif. (Stanford Alumni Ass.) 1976 u. San Francisco (San Francisco Book Co.) 1976; dt.: *Gangbare Wege in die Zukunft. Zur transindustriellen Gesellschaft*, Darmstadt (Darmstädter Blätter) 1978. Eine ausgezeichnete Analyse der Grundkrisen, vor denen die Menschheit steht, mit dem Resümee, daß sie sich nur durch eine evolutionäre Umwandlung der Gesellschaft langzeitlich lösen lassen.

HUXLEY, ALDOUS, *The Perennial Philosophy*, London (Fontana) 1958; dt.: *Die ewige Philosophie (Philosophia perennis)*, Zürich (Steinberg) 1949 u. München (dtv) 1964. Eine inzwischen klassische Sammlung von Passagen aus Mystikern, Propheten und Heiligen, die direkter Kenntnis des Göttlichen nahegekommen sind. Zeigt das Gemeinsame der Themen durch die Kulturen und Zeiten hindurch auf.

JANTSCH, ERICH, *Die Selbstorganisation des Universums. Vom Urknall zum menschlichen Geist*, München (Hanser) 1979 u. München (dtv) 1982. Eine Darstellung des gesamten Evolutionsprozesses als natürliche

Folge physikalischer Gesetze. Auch zu empfehlen als eine der lesenswertesten Einführungen in die Theorie der dissipativen Systeme.

KUHN, THOMAS S., *The Structure of Scientific Revolutions*, 2. Aufl. Chicago (Chicago University Press) 1970; dt.: *Die Struktur wissenschaftlicher Revolutionen*, Frankfurt a. M. (Suhrkamp) 1967. Das grundlegende Werk über Wissenschaftsparadigmen und Pradigmawechsel.

LEONARD, GEORGE, *The Transformation: A Guide to the Inevitable Changes in Humankind*, Los Angeles (J. P. Tarcher) 1981. Ein sehr lesenswerter Überblick über die nötigen Wandlungen in Bewußtsein und Gesellschaft, die zu vollziehen der Menschheit noch möglich ist. Ferner *The Silent Pulse*, New York (Dutton) 1978 u. London (Wildwood House) 1980; dt.: *Der Rhythmus des Kosmos*, Bern, München u. Wien (O. W. Barth-Buch im Scherz Verlag) 1983. Unsere Identität und Verbundenheit, und wie ein Intaktkommen mit dem kosmischen Puls der persönlichen Transformation helfen kann.

LOVELOCK, JIM E., *Gaia. A New Look at Life on Earth*, London u. New York (Oxford University Press) 1979; dt.: *Unsere Erde wird überleben. GAIA – eine utopische Ökologie*. München (Heyne TB 01/7246) 1984. Einer der Urheber der Gaia-Hypothese geht im Detail die physikalischen, chemischen und biologischen Indizien für die Theorie durch, daß die Erde ein eigener lebender Organismus sei.

MARX HUBBARD, BARBARA, *The Hunger of Eve*, Harrisburg (Stackpole Books) 1976. Ein autobiographischer Bericht über die Bemühungen einer Frau, evolutionäres Denken zu fördern.

MILLER, JAMES GRIER, *Living Systems*, New York (McGraw-Hill) 1978. Millers voluminöses Magnum opus über die Allgemeine Theorie lebender Systeme. Zeigt auf, wie sich die neunzehn charakteristischen Subsysteme des Lebens auf allen Ebenen, von der Einzelzelle bis zur übernationalen Gesellschaft, finden lassen.

MURCHIE, GUY, *The Seven Mysteries of Life*, New York (Houghton Mifflin) 1978 u. London (Rider/Hutchinson) 1979. Ein Buch, an dem siebzehn Jahre geschrieben wurde, wovon sich jedoch jede Minute gelohnt hat. Ein gedankenreicher und sehr inspirierter Blick auf das Leben, wobei einfach so gut wie alles – von Kristallen bis zum Gesamtplaneten – behandelt wird. Äußerst empfehlenswert.

POLAK, FRED, *The Image of the Future*, San Francisco (Jossey-Bass) 1973. Eines der grundlegenden Bücher über die Rolle von Gesellschaftsvorstellungen bei der Gestaltung der Zukunft.

ROBERTSON, JAMES, *The Sane Alternative*, Ironbridge (Robertson) 1978 u. St. Paul, Minn. (River Basin Publ. Co.) 1979; dt.: *Die lebenswerte Alternative*, Frankfurt a. M. (Fischer TB) 1979. Ein weiteres Buch über die uns bedrohenden Krisen und die dringende Notwendigkeit, eine ökologisch heile und menschliche Zukunft zu schaffen. Sowohl theorie- wie auch praxisbezogen, mit wertvollen Anregungen für Gruppendiskussionen.

SATIN, MARK, *New Age Politics*, New York (Delta Books) 1979. Über die vielen Facetten der ›New Age‹-Bewegung: ihre Weltbilder, Denkweisen, Wertbegriffe und Ethik.

SHELDRAKE, RUPERT, *A New Science of Life: The Hypothesis of Formative Causation*, New York (State Mutual Books) 1981. Vertritt die herausfordernde These, biologische Systeme würden durch unsichtbare Schalt- beziehungsweise Organisationspläne – sogenannte morphogeneti- sche Felder – reguliert. Eine nicht einfach von der Hand zu weisende Erklärung von Verhaltens-Fernübertragungen, die, wenn sie ihre Bestätigung findet, das derzeitige biologische Paradigma in Frage stellen wird.

SIMONTON, O. CARL, MATTHEWS-SIMONTON, STEPHANIE u. CREIGHTON, JAMES, *Getting Well Again*, Los Angeles (J. P. Tarcher) 1978 u. New York (Bantam Books) 1978; dt.: *Wieder gesund werden*, Reinbek (Rowohlt) 1982. Über die Rolle, die gesteuerte visuelle Vorstel- lungen und Meditation bei der Heilung von Krebs – und im Prinzip auch bei anderen Krankheiten – spielen können.

STACE, WALTER, *Mysticism and Philosophy*, London (MacMillan) 1960. Eine profunde Analyse der Schriften von Mystikern und religiösen Lehrern unter Herausarbeitung von deren gemeinsamem Kern.

STAPLEDON, OLAF, *Starmaker*, London (Methuen & Co.) 1937; dt.: *Der Sternenschöpfer*, München 1982, Bibliothek der Science Fiction Literatur Band 5 (HEYNE-BUCH Nr. 06/5). Vielleicht das am weitesten in Kosmos und Zukunft hinausgehende aller Science Fiction-Bücher. Dabei aber mehr Evolutionsprojektion als Zukunftsroman. Ein Buch, das man einfach gelesen haben muß. Obwohl nunmehr bald fünzig Jahre alt, findet es erst jetzt breite Wertschätzung.

TARG, RUSSELL, u. PUTHOFF, HAROLD, *Mind-Reach*, London (Pala- din) 1978 u. New York (Dell) 1978; dt.: *Jeder hat den sechsten Sinn*, Bergisch Gladbach (Lübbe-Bastei) 1980. Eine der überzeugendsten Beweisfüh- rungen jüngeren Datums, daß wir alle latente außersinnliche Wahr- nehmungen haben.

TEILHARD DE CHARDIN, PIERRE, *Le Phénomène humain*, in: *Œuvres*, Bd. I, Paris (Editions du Seuil) 1962; dt.: *Der Mensch im Kosmos*, in: *Werke*, Bd. I, Olten u. Freiburg i. Br. (Walter) 1963. Das wohl bekannteste Werk Teilhards, obwohl es nur einen Teil seines Denkgebäudes umfaßt und die Lektüre als nicht eben leicht gilt. [Eine Einführung in die vielen Schriften Teilhards bietet der von Lorenz Häfliger herausgegebene Auswahlband *Aufstieg zur Einheit*, Olten und Freiburg i. Br. (Walter) 1974.]

THOMPSON, WILLIAM IRWIN, *Passages About Earth*, New York (Harper & Row) 1973, und *Darkness and Scattered Light*, New York (Anchor/ Doubleday) 1978. Zwei Bücher des Gründers der Lindisfarne Association über die Möglichkeit einer planetaren Renaissance.

VAUGHAN, ALAN, *Incredible Coincidences*, New York (Lippincott) 1979. Die erste größere Sammlung von Synchronizitäts-Fallgeschichten.

WATSON, LYALL, *Lifetide. A Biology of the Unconscious*, London (Hodder and Stoughton) 1979; dt.: *Der unbewußte Mensch*, Frankfurt a. M. (Umschau) 1979. Die zunehmende Bewußtheit unseres ›Teilseins‹ im Universum, untersucht aus der Perspektive von Biologie und Evolution und mit des Autors üblicher verblüffender Fülle von Faktenmaterial.

WATTS, ALAN, *The Book On the Taboo Against Knowing Who You Are*, New York (Random House) 1972 u. London (Abacus) 1973; dt.: *Die Illusion des Ich. Westliche Wissenschaft und Zivilisation in der Krise. Versuch einer Neuorientierung*, München (Kösel) 1980. Watts' ungemein flüssig geschriebenes Buch über das Selbstmodell beziehungsweise die Halluzination des ›hautverkapselten Ich‹.

WILBER, KEN, *The Atman Project*, Wheaton, Ill. (The Theosophical Publ. House) 1980. Wilber selbst faßt sein Thema so zusammen: »Entwicklung ist Evolution, Evolution ist Transzendenz, und der Transzendenz Endziel ist Atman oder das Bewußtsein letztlichen Einsseins.« Zwar keine leichte Lektüre, aber wohl das tiefschürfendste aller Bücher über innere Evolution. Ein sehr wichtiges Werk.

Register

Kursiv gesetzte Begriffe verweisen auf Buchtitel